华 章 图 书

一本打开的书，一扇开启的门，

通向科学殿堂的阶梯，托起一流人才的基石。

技术丛书

Flink技术内幕

架构设计与实现原理

罗江宇 赵士杰 李涵淼 闵文俊◎著

机械工业出版社
China Machine Press

图书在版编目（CIP）数据

Flink技术内幕：架构设计与实现原理 / 罗江宇等著. -- 北京：机械工业出版社，2022.1
（大数据技术丛书）
ISBN 978-7-111-69629-2

I.① F… II.①罗… III.①数据处理软件 IV.① TP274

中国版本图书馆CIP数据核字（2021）第242643号

Flink技术内幕：架构设计与实现原理

出版发行：机械工业出版社（北京市西城区百万庄大街22号 邮政编码：100037）
责任编辑：杨绣国 罗词亮 责任校对：马荣敏
印 刷：三河市宏图印务有限公司 版 次：2022年1月第1版第1次印刷
开 本：186mm×240mm 1/16 印 张：21.25
书 号：ISBN 978-7-111-69629-2 定 价：99.00元

客服电话：（010）88361066 88379833 68326294 投稿热线：（010）88379604
华章网站：www.hzbook.com 读者信箱：hzjsj@hzbook.com

Preface 前　言

为什么要写本书

近些年来，流计算技术发展迅速，被广泛应用于数据 ETL、数据 BI、实时数据仓库建设和 AI 等方面。Flink 作为流计算领域的一颗璀璨的明星，自问世以来发展迅猛，其技术生态圈也日益壮大，现已成为 Apache 顶级开源项目中最活跃的项目之一。很多企业选择用 Flink 来构建其流计算体系或流批一体体系，使用 on YARN 或 on Kubernetes 部署模式来进行大规模生产。

转眼间，我从事 Flink 研发工作已经 4 年，其间我对 Flink 的 1.2、1.3、1.5、1 .8、1.9、1.11 和 1.13 版本源代码进行维护和改造，提供 Flink 大规模集群生产支持，并在公司内提供业务解决方案。在为业务方提供支持的过程中，我逐渐萌生写一本剖析 Flink 内部机制的书的想法，原因有二。

其一，随着流计算的流行和应用于大规模生产，公司对 Flink 的性能、可用性和效能等方面的要求更加迫切，因而更加需要流计算方面的人才，尤其是拥有 Flink 性能调优、可用性和效能等方面经验的人才。而单纯查看官方文档，对 Flink 机制的认识只能流于黑盒形式。只有深入源代码才能深刻理解 Flink 的内部机制，才能更好地进行性能调优，做好可用性保障和优化，以及做好效能方面的优化。

其二，市场上缺少深入剖析 Flink 源代码和设计的图书。我希望借助自己多年从事大规模生产以及进行多个 Flink 版本维护与改造的经验，对 Flink 的设计与实现进行深入剖析，帮助读者更好地了解 Flink 源代码与机制。

通过了解源代码，读者能有以下收获：

- 编写出更健壮的流计算代码；

- ❑ 更好地对流计算作业进行调优，使得作业性能更高；
- ❑ 更好地维护 Flink 引擎，并对 Flink 引擎进行二次开发。

读者对象

本书适合以下几类人员阅读：

- ❑ 流计算开发人员、大数据开发人员；
- ❑ 大数据架构人员；
- ❑ 对 Flink 计算引擎底层感兴趣的相关人员。

本书特色

- ❑ 基于使用方式及其背后的原理、原理背后的设计及源代码实现来剖析 Flink 内部机制，由浅入深。
- ❑ 尽量用图来展示原理和机制，以便于读者理解。
- ❑ 尽可能结合实际生产分析 Flink 内部机制，对读者的实际生产具有指导意义。
- ❑ 讲解的设计和实现原理有助于读者提升架构设计与实现能力。

本书结构与内容

本书基于 Flink 1.9 版本的源代码来解析 Flink。全书共 11 章，主要内容如下。

❑ 第 1 章　阅读 Flink 源代码前的准备

主要介绍 Flink 源代码阅读环境准备以及 Flink 的设计理念和基本架构，包括 Flink 源代码的导入流程和调试方式，Flink 与 Hadoop MapReduce、Spark 的设计差异，以及 Flink 的分层架构和运行时架构。

❑ 第 2 章　编程模型与 API

主要介绍 Flink DataStream 的算子的使用和实现原理。首先讲解 DataStream 底层的转换，接着介绍常用算子（如 FlatMap、Join、Aggregation、Union），最后解析窗口的设计与实现。

❑ 第 3 章　运行时组件与通信

深入剖析运行时组件、组件间通信及运行时组件的高可用。首先介绍运行时组件

REST、Dispatcher、ResourceManager、JobMaster 和 TaskExecutor，接着介绍运行时组件间通信的框架 Akka，并以 Slot 申请为例讲解运行时组件之间的通信，最后介绍运行时组件高可用的功能、存在的问题及其解决方案。

- 第 4 章　状态管理与容错

从状态、检查点、状态后端三个概念入手，对 Flink 状态管理和容错的设计与实现进行深度剖析。

- 第 5 章　任务提交与执行

主要介绍 Flink 任务提交的整个流程，从客户端、JobManager 和 TaskManager 端对应任务各个阶段的转换入手进行深入的梳理与分析。

- 第 6 章　Flink 网络栈

首先介绍 Flink 的内存管理机制，然后讲解什么是 Flink 网络栈以及网络传输流程，其中涵盖 Flink 的两种背压实现方式，最后介绍流批一体的 shuffle 架构的设计和实现。

- 第 7 章　Flink Connector 的设计与实现

首先以 Kafka Connector 为切入点介绍 Connector 模块设计时需要考虑的消费、分区管理、一致性语义保障等关键问题，然后以 HBase 为例介绍 SQL/Table Connector 的使用和实现原理。

- 第 8 章　部署模式

主要介绍 Flink 中常用的三种部署模式：Local 模式、Standalone 模式和第三方部署模式。首先介绍用于本地调试的 Local 模式、Standalone 模式中 Session 模式的构建与实现，然后介绍 Flink on YARN 的 Session 模式和 Per-Job 模式的设计与实现，最后介绍 Flink on Kubernetes 基于 YAML 的实现。

- 第 9 章　Flink Table 与 SQL

主要介绍 Flink Table 与 SQL 中 StreamTableEnvironment 的实现过程、SQL 的解析过程、Table Connector 以及 UDF 和内置算子的实现。

- 第 10 章　Flink CEP 原理解析

主要介绍 Flink CEP 的基本概念和语法，如何使用 Flink CEP 编写作业，以及 Flink CEP 内部基于 NFA 的实现原理。

- 第 11 章　Flink 监控

主要介绍 Flink 监控指标、常用系统指标和监控体系的建设，以及常用的定位手段。

勘误与支持

由于作者的水平有限，加之写作时间仓促，书中难免存在不妥之处。为此，我们在 GitHub 上创建了本书专属工程（https://github.com/streaming-olap/deep-in-flink-book）来支持在线反馈。大家如有任何意见或建议，欢迎在该工程下创建 issue，我们会尽快处理。

致谢

感谢 Flink 社区提供了如此优秀的流处理框架。

感谢我们的家人和朋友，没有他们的支持和鼓励，我们不可能完成本书。

感谢机械工业出版社华章公司的编辑杨福川和罗词亮，他们的细致工作让本书得以顺利出版。

谨以此书献给大数据行业的关注者和建设者！

罗江宇

2021 年 12 月

Contents 目　　录

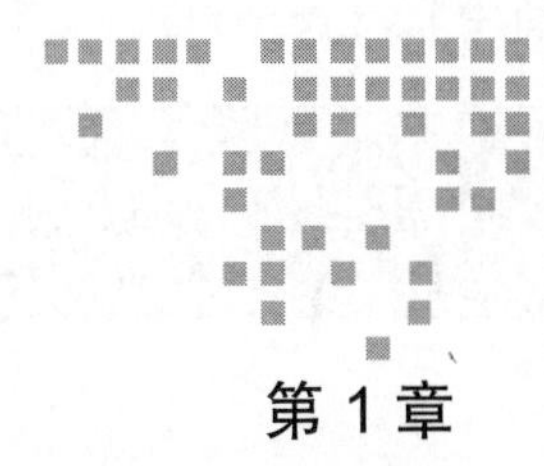

第 1 章 Chapter 1

阅读 Flink 源代码前的准备

在阅读 Flink 源代码之前，需要做一些准备工作并了解 Flink 的设计理念与基本架构。本章首先介绍如何搭建阅读 Flink 源代码所需的环境、Flink 源代码的获取和调试方法以及 Flink 源代码的目录结构，然后介绍 Flink 的设计理念与基本架构。

1.1 环境准备

在下载、导入和阅读 Flink 源代码之前，需要准备好所需的环境。

1. JDK 环境

根据计算机的操作系统类型，下载相应版本的 JDK 并安装。注意，需要保证 JDK 的版本在 1.8 及以上，原因是 Flink 使用了 JDK 1.8 中新增的 lambda 特性。JDK 的下载地址为 https://www.oracle.com/technetwork/java/javase/downloads/index.html。

执行以下命令配置环境：

```
$ vi ~/.bash_profile
```

添加 Java 环境配置：

```
export JAVA_HOME=/usr/local/java
export CLASSPATH=$:CLASSPATH:$JAVA_HOME/lib/
export PATH=$PATH:$JAVA_HOME/bin
```

环境配置设置完成后，执行 source 命令，让配置立即生效。

```
$ source ~/.bash_profile
```

最后，使用 java -version 命令确认安装正常，如图 1-1 所示。

```
$ java -version
java version "1.8.0_201"
Java(TM) SE Runtime Environment (build 1.8.0_201-b09)
Java HotSpot(TM) 64-Bit Server VM (build 25.201-b09, mixed mode)
```

图 1-1　检查 JDK 是否安装正常

2. Git

Flink 源代码使用 Git 作为版本控制工具。访问 Git 的下载地址 https://git-scm.com/downloads 下载最新版本的 Git 并安装。

下面介绍如何配置 SSH 公钥。

1）生成 GitHub 使用的 SSH 公钥。输入下面的 ssh-keygen 命令，再按 3 次回车键即可。（注：-C 后面跟的是 GitHub 账号的关联邮箱。）

```
$ ssh-keygen -t rsa -C 'xx@xx.com' -f ~/.ssh/id-rsa-github
```

2）将 SSH 公钥添加到 GitHub。复制生成的公钥 ~/.ssh/id-rsa-github.pub 的内容，再登录 GitHub 账号，在 Account settings 中单击 New SSH key 按钮，在新页面中将刚才复制的内容填入 Key 字段，并单击 Add SSH key 按钮进行保存，如图 1-2 所示。

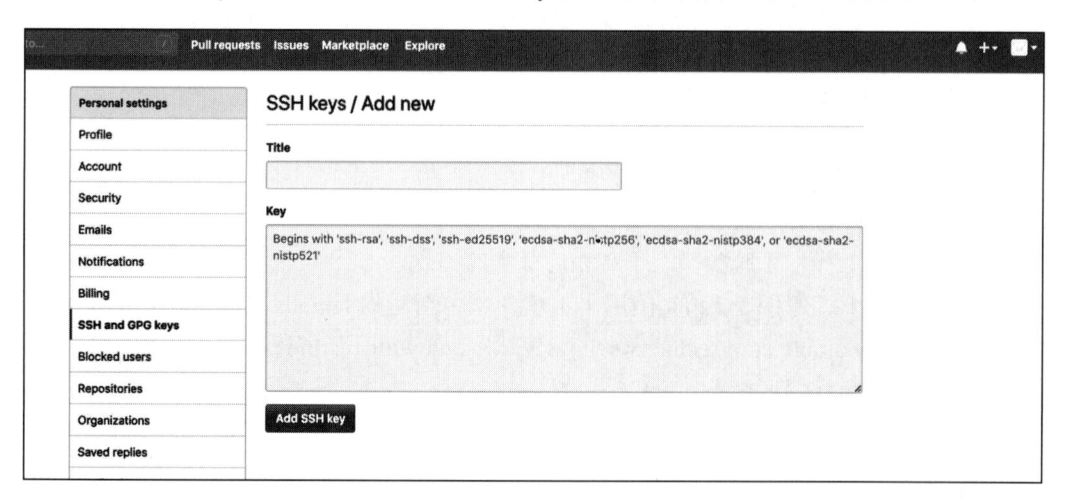

图 1-2　添加 SSH 公钥

3）通过下面的命令测试 SSH 公钥是否生效。

```
ssh -T git@github.com
```

4）出现 GitHub 欢迎界面，则配置成功，如图 1-3 所示。

```
$ ssh -T git@github.com
Hi streaming-olap! You've successfully authenticated, but GitHub does not provide shell access.
```

图 1-3　配置 SSH key 成功

对于一些开发者来说，除了个人的 Git 仓库外，公司也有 Git 仓库，因此需要配置多个 SSH 公钥。公司的 Git 仓库生成 SSH 公钥 的方式与 GitHub 类似，只需创建一个 ssh config 配置即可。

```
$ vi ~/.ssh/config
```

ssh config 配置内容如下：

```
#GitLab
Host gitlab.company.com
    HostName gitlab.company.com
    PreferredAuthentications publickey
    IdentityFile ~/.ssh/id-rsa-company
# GitHub
Host github.com
    HostName github.com
    PreferredAuthentications publickey
    IdentityFile ~/.ssh/id-rsa-github
host *
ControlMaster auto
ControlPath ~/.ssh/master-%r@%h:%p
```

3. Maven

Flink 源代码使用 Maven 作为构建工具。Flink 官方推荐使用 Maven 3.2.5 版本，Maven 的下载地址为 https://maven.apache.org/download.cgi#。注意，如果你下载的是 Maven 3.3.x 版本，则需注意 Shade 存在问题。

4. IntelliJ IDEA

Eclipse 和 IDEA 都是流行的 Java IDE，但由于 Eclipse 存在对 Scala 的兼容性问题，因此 Flink 官方推荐使用 IntelliJ IDEA 作为 IDE。

（1）下载 IntelliJ IDEA

读者可以通过 IntelliJ IDEA 的官方网站，根据自己的计算机操作系统进行下载和安装。下载地址为 https://www.jetbrains.com/idea/download/。

（2）Scala

Scala 是面向函数式编程的语言，在大数据的流式开发方面，相比 Java，Scala 开发更简洁方便。Flink 主要用到的有 Scala API、Flink SQL 和 Akka 通信。IntelliJ IDEA 默认不支持 Scala 开发环境，阅读源代码时需要安装 Scala 插件。

（3）Scala 插件安装

在 IntelliJ IDEA 的菜单栏选择 Preferences 选项，然后选择 Plugins 选项，在搜索框中输入 scala，如图 1-4 所示。在搜索出来的结果列表中选择 Scala 插件并安装，安装后重启 IDEA，Scala 插件即安装完毕。

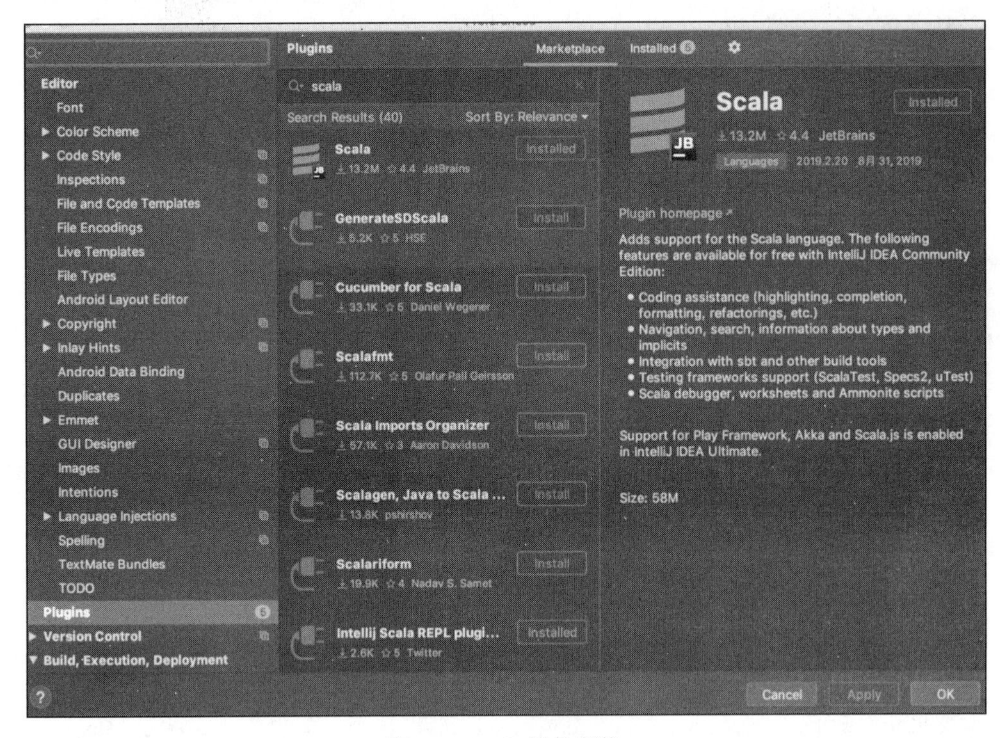

图 1-4　Scala 插件安装

1.2　获取、编译和调试 Flink 的源代码

前面已经介绍了 Flink 依赖的基本环境，接下来看看如何导入 Flink 源代码，对源代码进行编译、构建及调试。

1.2.1　获取与导入 Flink 源代码

1. 下载 Flink 源代码

获取 Flink 源代码的方式有两种：一种是通过官网的源代码下载地址直接下载，另一种是通过 git clone 的方式。

1）官网下载方式。下载地址为 https://flink.apache.org/downloads.html。选择 Flink 1.9.0

的 Source 版本下载。（本书主要基于 Flink 1.9.0 版本进行讲解。）

2）git clone 方式。输入 git clone git@github.com:apache/flink.git 命令将源代码下载到本地，如图 1-5 所示。

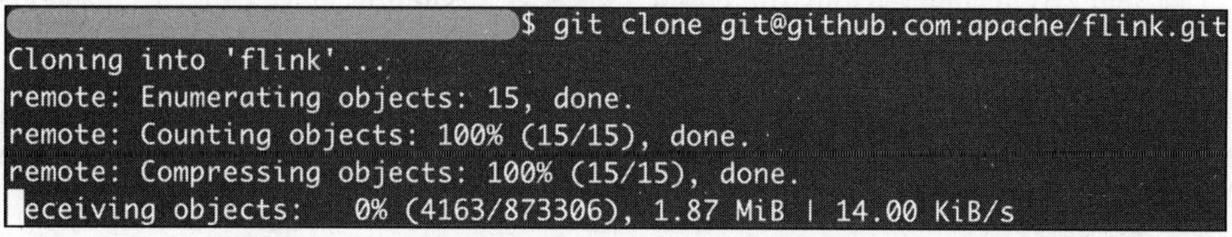

```
$ git clone git@github.com:apache/flink.git
Cloning into 'flink'...
remote: Enumerating objects: 15, done.
remote: Counting objects: 100% (15/15), done.
remote: Compressing objects: 100% (15/15), done.
Receiving objects:   0% (4163/873306), 1.87 MiB | 14.00 KiB/s
```

图 1-5　git clone 方式下载

2. 导入 Flink 源代码

导入 Flink 源代码分成两步，分别是将 Flink 源代码导入 IDEA 和配置 Flink 源代码的 CheckStyle。其中，配置好 Flink 源代码的 CheckStyle 是为了保证 Flink 源代码修改符合 CheckStyle 里的规范要求。

将下载好的 Flink 源代码导入 IDEA，流程如下。

1）启动 IntelliJ IDEA 并单击欢迎窗口右上角的 Open 按钮。

2）在弹出窗口中选择 Flink 源代码的根目录。

3）选择 Import project from external model 和 maven 项，并单击 Next 按钮。

4）选择 SDK。如果之前没有配置过 SDK，单击“+”图标，并点击 JDK，选择你的 JDK 的目录，然后单击 OK 按钮。

5）单击 Next 按钮完成 Flink 源代码的导入。

6）在导入的项目右侧单击 Maven → Generate Sources and Update Folders 的图标，将 Flink Library 构建到 Maven 本地仓库。

7）构建项目（单击 Build → Make Project 图标）。

想对 Flink 进行二次开发或者为开源社区贡献代码的读者可以选择配置 CheckStyle。

（1）Java CheckStyle 配置流程

IntelliJ IDEA 通过 CheckStyle-IDEA 插件来支持 CheckStyle。

1）在 IntelliJ IDEA 的 Plugins Marketplace 中查找并安装 CheckStyle-IDEA 插件。

2）依次选择 Settings → Tools → Checkstyle 并设置 checkstyle。

3）将 Scan Scope 设置为 Only Java sources（including tests）。

4）在 Checkstyle version 下拉列表中选择 checkstyle 版本，并单击 Apply 按钮。（注：官方推荐版本为 8.12。）

5）在 Configuration File 面板中单击“+”图标添加新配置：

- 在弹窗中将 Description 设置为 Flink；

- 选中 Use a local Checkstyle file，并选择 Flink 源代码目录下的 tools/maven/checkstyle.xml 文件；
- 勾选 Store relative to project location 选项，单击 Next 按钮；
- 将 checkstyle.suppressions.file 的属性设置值为 suppressions.xml，单击 Next 按钮即完成配置。

6）勾选刚刚添加的新配置 Flink，以将其设置为活跃的配置，依次单击 Apply 和 OK 按钮，即完成 Java 部分 CheckStyle 的配置。若源代码违反 CheckStyle 规范，CheckStyle 会给出警告。

在 CheckStyle 构建完成后，依次选择 Settings → Editor → Code Style → Java，并单击齿轮图标，选择导入 Flink 源代码目录下的 tools/maven/checkstyle.xml 文件，这样就可以自动调整 import 的布局了。

可以在 CheckStyle 的窗口中单击 Check Module 按钮扫描整个模块，以检测代码的 CheckStyle。

注意：目前 Flink 源代码的 flink-core、flink-optimizer 和 flink-runtime 模块还没有完全符合设置的 CheckStyle 的要求，因此在这三个模块中出现违反 CheckStyle 的警告是正常的。

（2）Scala CheckStyle 配置流程

开启 Scala 的 CheckStyle，依次选择 Settings → Editor → Inspections，再搜索 Scala style inspections 并勾选。将 Flink 源代码目录下的 tools/maven/scalastyle_config.xml 放置到 Flink 源代码的 .idea 目录下，即完成 Scala 部分 CheckStyle 的配置。

1.2.2 编译与调试 Flink 源代码

1. 编译与构建 Flink

源代码已经导入，CheckStyle 也已配置好，接下来开始编译与构建 Flink。

在构建源代码之前，假如有修改 Flink 版本的需求，可以通过修改 Flink 源代码的 tools/change-version.sh 来实现。

Flink 源代码的编译与构建会因 Maven 版本的不同而有所差异。对于 Maven 3.0.x 版本、3.1.x 版本、3.2.x 版本，可以采用简单构建 Flink 的方式，在 Flink 源代码的根目录下运行以下命令。

```
$ mvn clean install -DskipTests
```

而对于 Maven 3.3.x 及以上版本，则要相对麻烦一点，在 Flink 源代码的根目录下运行下面的命令。

```
$ mvn clean install -DskipTests
$ cd flink-dist
```

```
$ mvn clean install
```

在上一节介绍环境安装时推荐使用 Maven 3.2.5 版本，下面就依据这个版本来介绍更多的构建内容。使用如下方式快速构建 Flink 源代码，会跳过测试、QA 插件、Java docs。

```
$ mvn clean install -DskipTests -Dfast
```

在构建 Flink 时，会默认构建一个 Flink 特定的 Hadoop 2 的 jar，以供 Flink 使用 HDFS 和 YARN。大多数开发者有指定 Hadoop 版本的需求（建议选择 Hadoop 2.4 及以上版本）。

```
$ mvn clean install -DskipTests -Dhadoop.version=3.2.2 -Dinclude-hadoop
```

其中加上了 -Dinclude-hadoop 参数，这会将 Hadoop 的类打包到 lib 目录下的 flink-dist*.jar，否则 Hadoop 会作为一个 jar 包放在 opt 目录下。

选择合适的方式构建 Flink 项目，会将 Flink 的构建放到本地 Maven 仓库中，并将 Flink 源代码构建结果放在 build-target 目录（Flink 源代码构建目录）下。可以将 build-target 目录压缩到一个 tar 包，即与官网一样的 Flink 二进制包。

2. Flink 源代码调试

调试 Flink 源代码有助于我们了解源代码的执行流程和排查问题。Flink 源代码调试分为本地调试和远程调试，下面来分别介绍。

（1）本地调试

以 Flink 源代码自带 Streaming 的 WordCount 为例介绍如何进行本地调试。找到 Flink 源代码目录 flink-examples/flink-examples-streaming 的多级子目录下的 WordCount.java，再选择 Debug。读者可以在 Flink 源代码中设置断点进行跟踪调试。

（2）远程调试

本地调试仅限于部署模式中的 Local 模式，对于基于 Standalone、on YARN、on Kubernetes 的部署模式，需要使用远程调试（部署模式会在第 8 章详细介绍）。

远程调试方式有两种：一是修改日志等级，二是修改配置来开启 Java 远程调试。

1）修改日志等级。打开 Flink 源代码的构建目录（build-target）下的 conf/log4j.properties，根据需要将内容中的 INFO 改成 DEBUG，如下所示，只是将 rootLogger 的赋值从 INFO 修改为 DEBUG。修改 log4j.properties 后构建和运行 Flink，即可通过 DEBUG 日志进行远程调试。

```
# 设置全局的日志等级
log4j.rootLogger=DEBUG, file

# 也可以按需改变 Flink、Akka、Hadoop、Kafka 和 ZooKeeper 包以及其他包的日志等级
log4j.logger.org.apache.flink=INFO

log4j.logger.akka=INFO
```

```
log4j.logger.org.apache.kafka=INFO
log4j.logger.org.apache.hadoop=INFO
log4j.logger.org.apache.zookeeper=INFO

# Log all infos in the given file
log4j.appender.file=org.apache.log4j.FileAppender
log4j.appender.file.file=${log.file}
log4j.appender.file.append=false
log4j.appender.file.layout=org.apache.log4j.PatternLayout
log4j.appender.file.layout.ConversionPattern=%d{yyyy-MM-dd HH:mm:ss,SSS}
    %-5p %-60c %x - %m%n

# Suppress the irrelevant (wrong) warnings from the Netty channel handler
log4j.logger.org.apache.flink.shaded.akka.org.jboss.netty.channel
    .DefaultChannelPipeline=ERROR, file
```

2）修改配置来开启 Java 远程调试。首先打开 IDEA，创建 Remote 项（见图 1-6）并复制 Remote 项的 Java 运行参数内容，然后修改 Flink 构建目录下的 conf/flink-conf.yaml，添加 env.java.opts 属性与值，添加的内容如下：

```
env.java.opts: -agentlib:jdwp=transport=dt_socket,server=y,suspend=n,
    address=5005
```

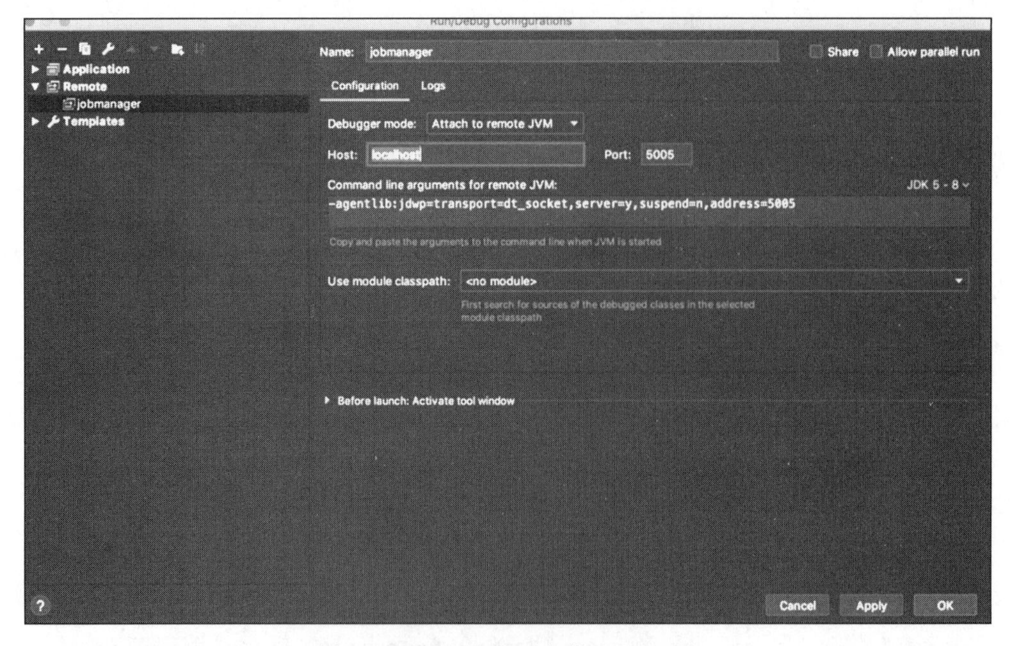

图 1-6 配置远程调试中的 Remote 项

还可以通过 env.java.opts.jobmanager 与 env.java.opts.taskmanager 来设置 JobManager

和 TaskManager 运行的参数，从而设置开启远程调试。设置配置后，基于这个构建目录运行 Flink 应用，根据运行的 JobManager 与 TaskManager 的 IP 修改原先配置的 Remote 项的 host，在 Flink 源代码中设置断点，通过 Debug 配置 Remote 项来进行远程调试。

设置 env.java.opts、env.java.opts.jobmanager 和 env.java.opts.taskmanager 的方法在 on Kubernetes 模式下很适用，因为 Flink 运行的各个组件的 IP 不同。其他模式存在运行组件与 IP、调试端口相同的问题，对于这种情况可以考虑采用修改日志等级的方式。

通过学习 Flink 源代码的编译与构建，我们知道如何根据需要构建一个 Flink 发布包。通过学习 Flink 源代码的调试，我们对源代码的调试有了更深的了解，为后续理解源代码和排查源代码问题打下了基础。

1.3 Flink 源代码的目录结构

Flink 源代码的目录主体结构如图 1-7 所示。

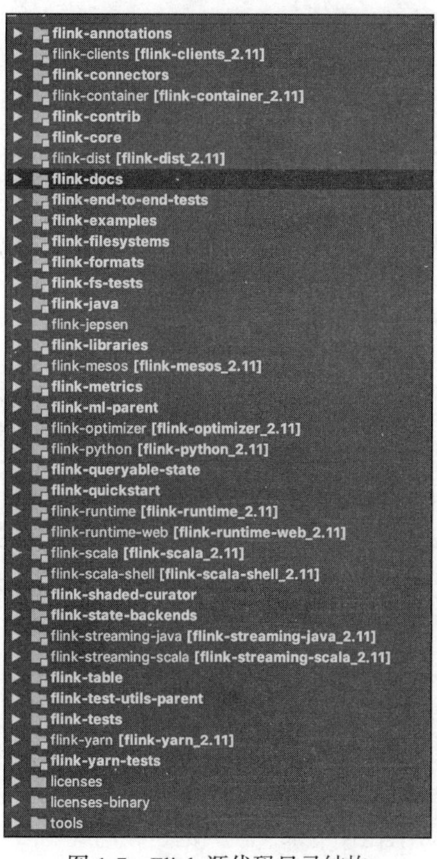

图 1-7　Flink 源代码目录结构

接下来对 Flink 目录下的模块进行简单介绍。

（1）Flink 主体模块

- flink-annotations：主要提供定义文档方面的注解，以及类、方法使用范围的注解。
- flink-clients：提供本地模式和 Standalone 模式的启动方式的提交实现，并提供其他模式的启动接口；提供作业的编译、提交以及对已运行作业进行查看等功能。
- flink-core：提供通用的 API、通用的工具包、各种配置相关的实现、各种数据类型及解析；提供核心文件系统的抽象接口和通用方法，以及内存管理部分和 Flink I/O 部分的接口。
- flink-dist：提供 Flink 构建打包的配置和相关脚本。
- flink-java：提供 Flink 批处理 DataSet 的 Java API。
- flink-metrics：提供 Flink Metric 注册的核心实现以及各种 Metric Reporter。
- flink-ml-parent：提供机器学习的基本抽象模型与接口。原来的版本中有基本的机器学习库，不过该库在 Flink 1.9 版本中被移除。
- flink-optimizer：主要提供编译作业，生成优化后的执行计划（Plan）。
- flink-python：提供 Flink Python 的运行支持，以及 Python DataStream、DataSet 和 Table API。
- flink-queryable-state：提供查询状态的 Client API 和查询状态的服务。
- flink-runtime：提供运行时各个通信组件的实现、数据传输、HA 服务、blob 服务、检查点等（后文会详细介绍）。
- flink-runtime-web：Flink Web 部分，提供外部的 REST API 及 Web UI。
- flink-scala：提供 Flink 批处理 DataSet 的 Scala API。
- flink-state-backends：在 flink-state-backends 中只有 RocksDB backend（RocksDB 后端处理组件）的实现模块，file backend（文件后端处理组件）、memory backend（内存状态后端处理组件）等其他状态后端处理组件的实现都在 flink-runtime 模块中。
- flink-streaming-java：提供 Flink 流处理 DataStream 的 Java API。
- flink-streaming-scala：提供 Flink 流处理 DataStream 的 Scala API。
- flink-table：提供 Flink Table 的 Java API、Scala API、SQL 解析、SQL 客户端以及关于 Table 的运行时。

（2）Flink 部署模块

- flink-container：提供构建 Flink 镜像的 Docker 配置和 Flink on Kubernetes 的相关 YAML 的模板（如 taskmanager.deployments.yaml.template）。
- flink-mesos：Flink on Mesos 的部署模式的启动和集群的管理。
- flink-yarn：Flink on YARN 的部署模式的启动和集群的管理。

（3）Flink 测试模块

- flink-end-to-end-tests：Flink 端到端的测试。
- flink-fs-tests：Flink 文件系统的测试。
- flink-jepsen：基于 Jepsen 的测试，通过模拟异常来验证 Flink 引擎的健壮性。
- flink-test-utils-parent：Flink 测试的一些基本工具类。
- flink-tests：Flink 重要模块的集成测试。
- flink-yarn-tests：Flink on YARN 的集成测试。

（4）Flink 其他模块

- flink-contrib：提供 Docker 启动 Flink 的方式和 Wikipedia 的 connector。
- flink-connectors：多种 Flink connector 的实现和 API。
- flink-docs：Flink 文档的生成方式的实现。
- flink-examples：一些 Flink 的应用实例。
- flink-filesystems：Flink 对 HDFS、S3、Azure 等多种文件系统的支持和实现。
- flink-formats：Flink 对 Avro、Parquet、CSV、JSON 等格式的支持。
- flink-libraries：CEP、Gelly 的实现，Scala、Java API 和状态操作的 API。
- flink-quickstart ：两个分别使用 Scala 和 Java 实现的完整 Flink 应用实例。对应官网 quick start 的应用源代码。
- flink-scala-shell：实现类似于 Spark shell、支持交互式的 Scala shell。
- flink-shaded-curator：Flink curator 的 Shade 实现。
- tools：支持 Shade、CheckStyle、Releasing 等项目代码管理的工具。

1.4　Flink 设计理念与基本架构

到目前为止，我们从整体上对 Flink 的源代码有了初步了解，接下来将从设计理念的角度将 Flink 与主流计算引擎 Hadoop MapReduce 和 Spark 进行对比，并从宏观上介绍 Flink 的基本架构。

1.4.1　Flink 与主流计算引擎对比

1. Hadoop MapReduce

MapReduce 是由谷歌首次在论文“ MapReduce: Simplified Data Processing on Large Clusters”（谷歌大数据三驾马车之一）中提出的，是一种处理和生成大数据的编程模型。Hadoop MapReduce 借鉴了谷歌这篇论文的思想，将大的任务分拆成较小的任务后进行处理，因此拥有更好的扩展性。如图 1-8 所示，Hadoop MapReduce 包括两个阶段——

Map 和 Reduce：Map 阶段将数据映射为键值对（key/value），map 函数在 Hadoop 中用 Mapper 类表示；Reduce 阶段使用 shuffle 后的键值对数据，并使用自身提供的算法对其进行处理，得到输出结果，reduce 函数在 Hadoop 中用 Reducer 类表示。其中 shuffle 阶段对 MapReduce 模式开发人员透明。

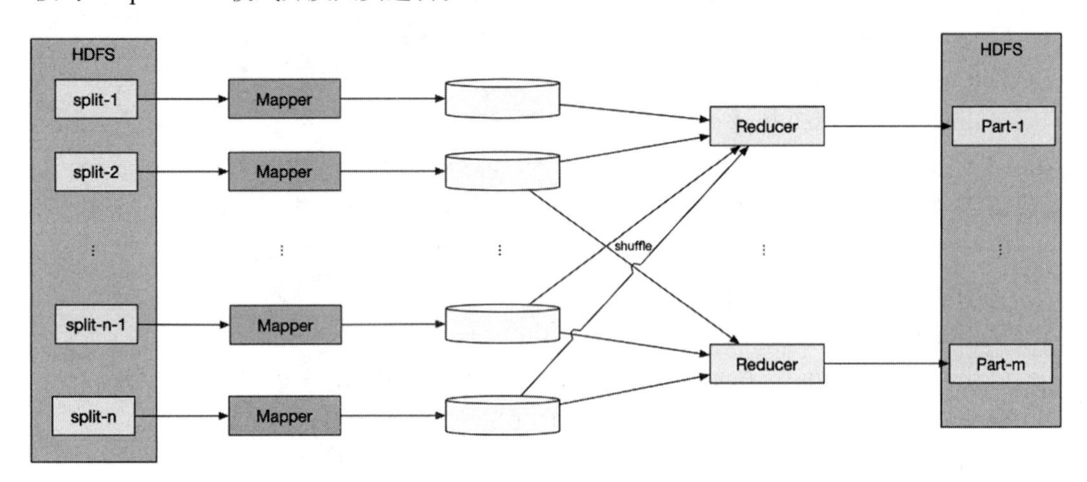

图 1-8 Hadoop MapReduce 处理模型

Hadoop MR1 通过 JobTracker 进程来管理作业的调度和资源，TaskTracker 进程负责作业的实际执行，通过 Slot 来划分资源（CPU、内存等），Hadoop MR1 存在资源利用率低的问题。Hadoop MR2 为了解决 MR1 存在的问题，对作业的调度与资源进行了升级改造，将 JobTracker 变成 YARN，提升了资源的利用率。其中，YARN 的 ResourceManager 负责资源的管理，ApplicationMaster 负责任务的调度。YARN 支持可插拔，不但支持 Hadoop MapReduce，还支持 Spark、Flink、Storm 等计算框架。Hadoop MR2 解决了 Hadoop MR1 的一些问题，但是其对 HDFS 的频繁 I/O 操作会导致系统无法达到低延迟的要求，因而它只适合离线大数据的处理，不能满足实时计算的要求。

2. Spark

Spark 是由加州大学伯克利分校开源的类 Hadoop MapReduce 的大数据处理框架。与 Hadoop MapReduce 相比，它最大的不同是将计算中间的结果存储于内存中，而不需要存储到 HDFS 中。

Spark 的基本数据模型为 RDD（Resilient Distributed Dataset，弹性分布式数据集）。RDD 是一个不可改变的分布式集合对象，由许多分区（partition）组成，每个分区包含 RDD 的一部分数据，且每个分区可以在不同的节点上存储和计算。在 Spark 中，所有的计算都是通过 RDD 的创建和转换来完成的。

Spark Streaming 是在 Spark Core 的基础上扩展而来的，用于支持实时流式数据的处理。如图 1-9 所示，Spark Streaming 对流入的数据进行分批、转换和输出。微批处理无法满足低延迟的要求，只能算是近实时计算。

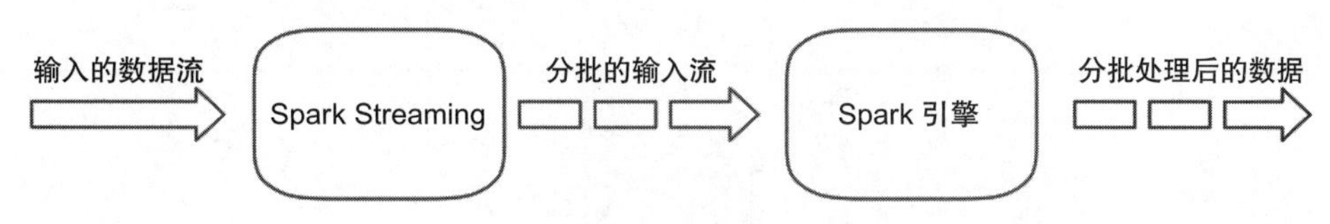

图 1-9　Spark Streaming 处理模型

Structured Streaming 是基于 Streaming SQL 引擎的可扩展和容错的流式计算引擎。如图 1-10 所示，Structured Streaming 将流式的数据整体看成一张无界表，将每一条流入的数据看成无界的输入表，对输入进行处理会生成结果表。生成结果表可以通过触发器来触发，目前支持的触发器都是定时触发的，整个处理类似 Spark Streaming 的微批处理；从 Spark 2.3 开始引入持续处理。持续处理是一种新的、处于实验状态的流式处理模型，它在 Structured Streaming 的基础上支持持续触发来实现低延迟。

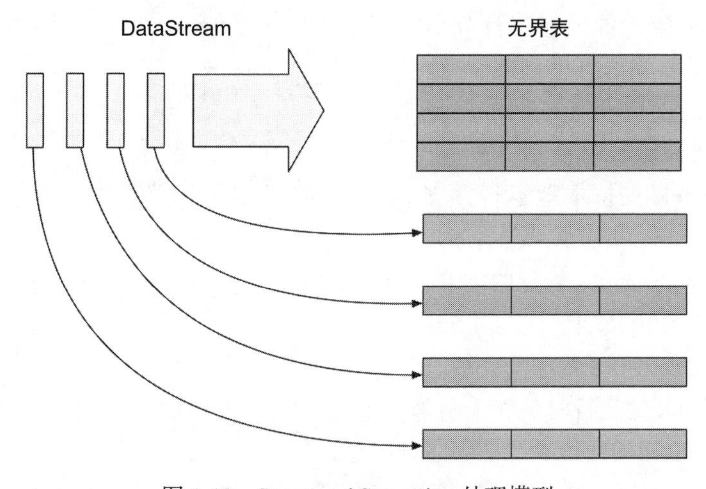

图 1-10　Structured Streaming 处理模型

3. Flink

Flink 是对有界数据和无界数据进行有状态计算的分布式引擎，它是纯流式处理模式。流入 Flink 的数据会经过预定的 DAG（Directed Acyclic Graph，有向无环图）节点，Flink 会对这些数据进行有状态计算，整个计算过程类似于管道。每个计算节点会有本地存储，用来存储计算状态，而计算节点中的状态会在一定时间内持久化到分布式存储，来保证流的容错，如图 1-11 所示。这种纯流式模式保证了 Flink 的低延迟，使其在诸多的实时计算引擎竞争中具有优势。

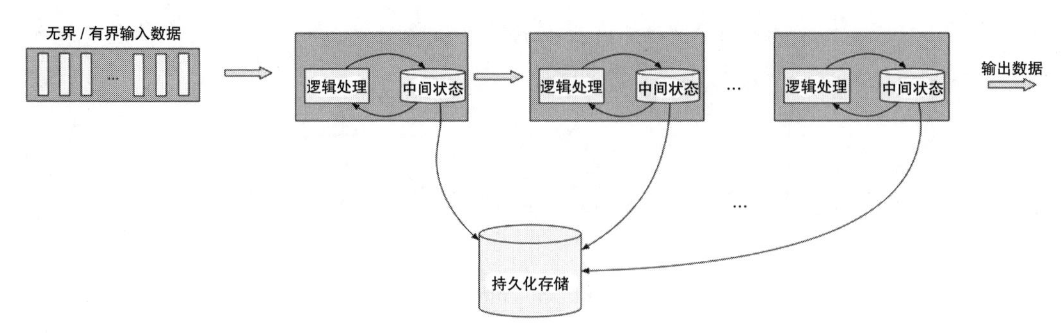

图 1-11　Flink 流式处理模型

1.4.2　Flink 基本架构

本节从分层角度和运行时角度来介绍 Flink 基本架构。其中，对于运行时 Flink 架构，会以 1.5 版本为分界线对前后版本的架构变更进行介绍。

1. 分层架构

Flink 是分层架构的分布式计算引擎，每层的实现依赖下层提供的服务，同时提供抽象的接口和服务供上层使用。整体分层架构如 1-12 所示。

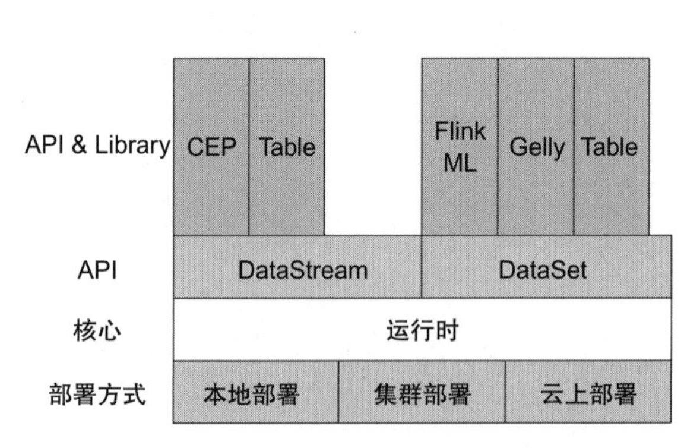

图 1-12　Flink 分层架构

- 部署：Flink 支持本地运行，支持 Standalone 集群以及 YARN、Mesos、Kubernetes 管理的集群，还支持在云上运行。（注：Flink 部署模式会在第 8 章详细介绍。）
- 核心：Flink 的运行时是整个引擎的核心，是分布式数据流的实现部分，实现了运行时组件之间的通信及组件的高可用等。
- API：DataStream 提供流式计算的 API，DataSet 提供批处理的 API，Table 和 SQL API 提供对 Flink 流式计算和批处理的 SQL 的支持。
- Library：在 Library 层，Flink 提供了复杂事件处理（CEP）、图计算（Gelly）及机器学习库。

2. 运行时架构

Flink 运行时架构经历过一次不小的演变。在 Flink 1.5 版本之前，运行时架构如图 1-13 所示。

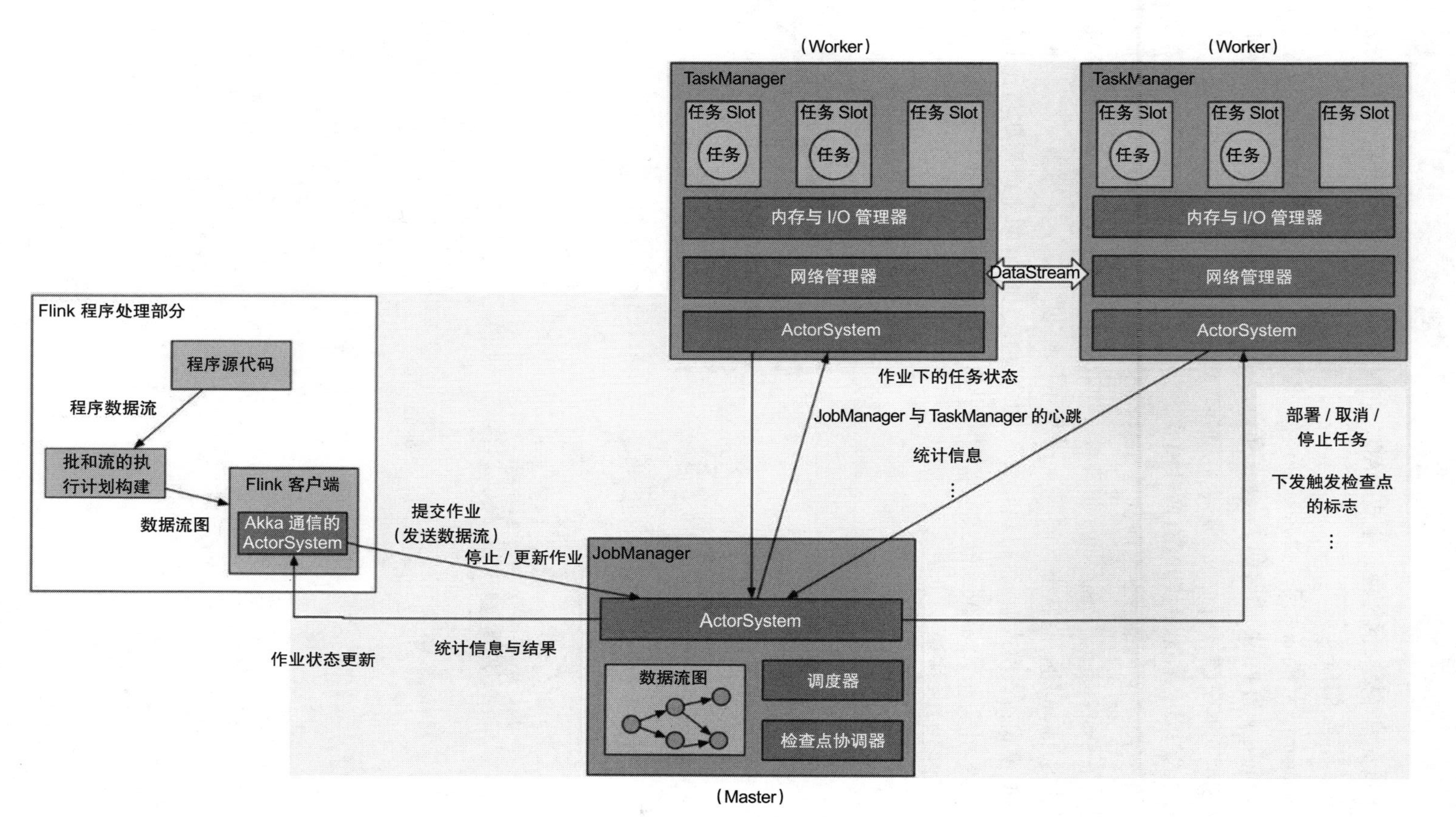

图 1-13　Flink 1.5 以前版本的运行时架构

- Client 负责编译提交的作业，生成 DAG，并向 JobManager 提交作业，往 JobManager 发送操作作业的命令。
- JobManager 作为 Flink 引擎的 Master 角色，主要有两个功能：作业调度和检查点协调。
- TaskManager 为 Flink 引擎的 Worker 角色，是作业实际执行的地方。TaskManager 通过 Slot 对其资源进行逻辑分割，以确定 TaskManager 运行的任务数量。

从 Flink 1.5 开始，Flink 运行时有两种模式，分别是 Session 模式和 Per-Job 模式。

- Session 模式：在 Flink 1.5 之前都是 Session 模式，1.5 及之后的版本与之前不同的是引入了 Dispatcher。Dispatcher 负责接收作业提交和持久化，生成多个 JobManager 和维护 Session 的一些状态，如图 1-14 所示。
- Per-Job 模式：该模式启动后只会运行一个作业，且集群的生命周期与作业的生命周期息息相关，而 Session 模式可以有多个作业运行、多个作业共享 TaskManager 资源，如图 1-15 所示。

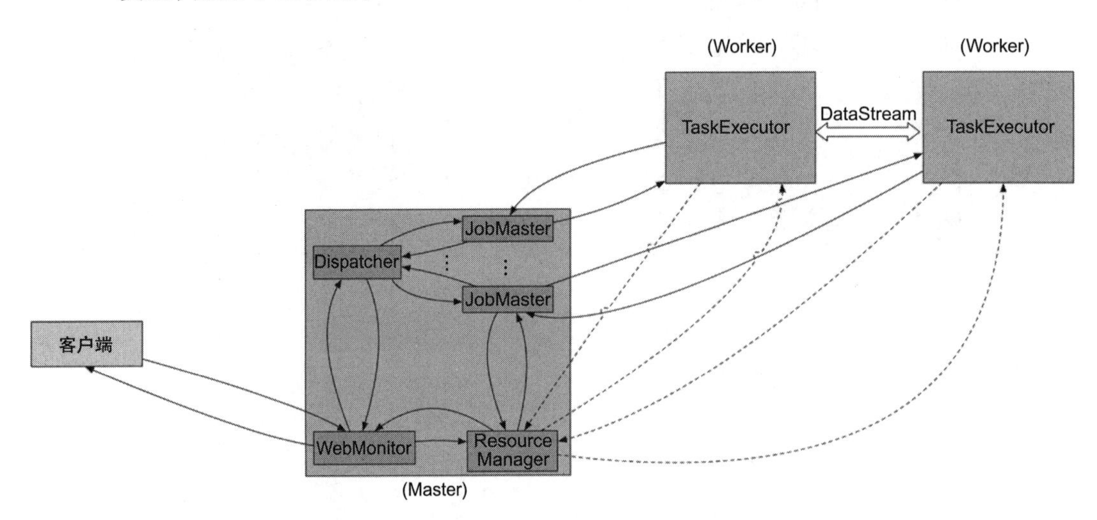

图 1-14　Session 模式

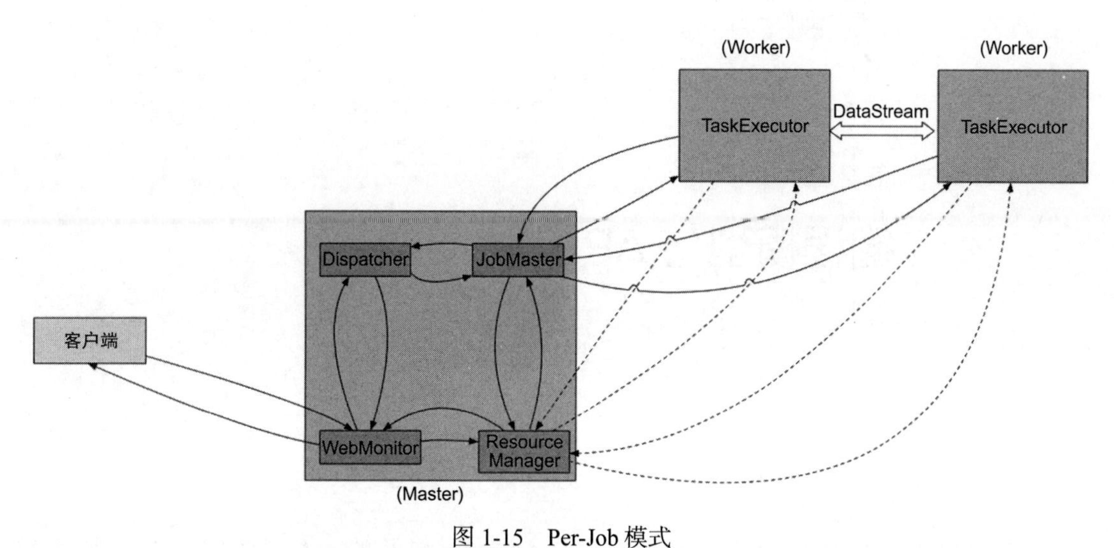

图 1-15　Per-Job 模式

1.5　本章小结

本章首先引导大家搭建阅读 Flink 源代码所需的环境并介绍源代码的调试技巧，然后简要介绍了 Flink 的模块、设计理念与基本架构，让读者从宏观上了解 Flink。

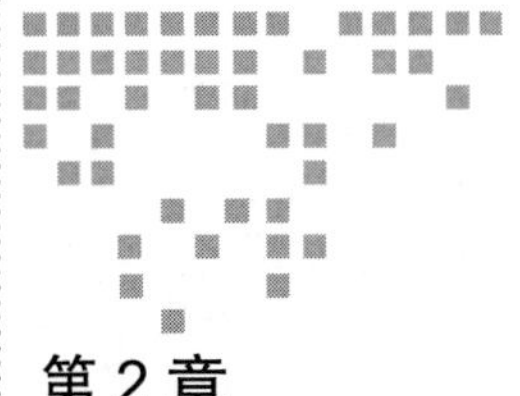

Chapter 2 第2章

编程模型与API

Flink中的主要概念和接口都是围绕DataStream展开的，本章我们就先来看下DataStream的相关概念和接口实现。如果你对相关的内容比较熟悉，可以跳过本章。

由于本书主要介绍Flink流式计算的内容，因此下面的讨论主要针对Flink中Streaming相关的概念和模块。

2.1 DataStream

在Flink中用DataSet和DataStream来表示数据集，DataSet表示有界的数据，DataStream表示无界的数据。当然这只是概念层面的抽象，DataStream并没有真正的数据。DataStream通过初始化Source来构造，通过一系列的转换来表达计算过程，最后通过Sinker把结果输出到外部系统。Flink内部集成了大量与外部系统交互的Source和Sink，这部分对应Flink中的Connectors模块；还有大量的Transformation，这部分对应Flink中的算子（Operator）。

我们来看个官方的例子：

```
import org.apache.flink.api.common.functions.FlatMapFunction;
import org.apache.flink.api.java.tuple.Tuple2;
import org.apache.flink.streaming.api.datastream.DataStream;
import org.apache.flink.streaming.api.environment.StreamExecutionEnvironment;
import org.apache.flink.streaming.api.windowing.time.Time;
import org.apache.flink.util.Collector;

public class WindowWordCount {

    public static void main(String[] args) throws Exception {
```

```
        StreamExecutionEnvironment env = StreamExecutionEnvironment
                .getExecutionEnvironment();

        DataStream<Tuple2<String, Integer>> dataStream = env
                .socketTextStream("localhost", 9999)
                .flatMap(new Splitter())
                .keyBy(0)
                .timeWindow(Time.seconds(5))
                .sum(1);

        dataStream.print();

        env.execute("Window WordCount");
    }

    public static class Splitter implements FlatMapFunction<String, Tuple2<String,
            Integer>> {
        @Override
        public void flatMap(String sentence, Collector<Tuple2<String,
                Integer>> out) throws Exception {
            for (String word: sentence.split(" ")) {
                out.collect(new Tuple2<String, Integer>(word, 1));
            }
        }
    }
}
```

在这个例子中，env.socketTextStream 方法（从 socket 得到数据）得到 DataStream，然后经过 DataStream 的各种转换，这里有 flatMap、keyBy、window 等转换，最后通过 print 把结果输出到标准输出（见图 2-1）。

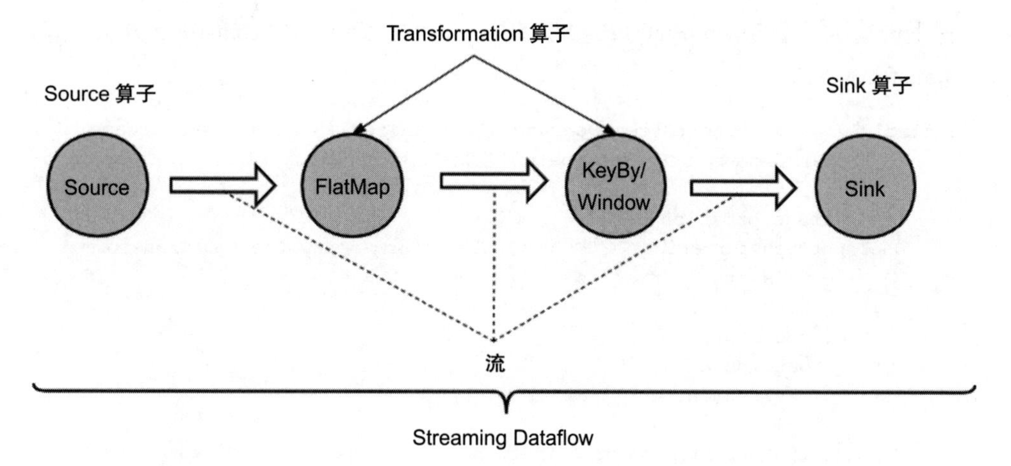

图 2-1　Streaming Dataflow

上面的例子是通过 socketTextStream 从网络端口读取数据得到 DataStream，还有一些其他方式，比如：通过读取文件，readFile (fileInputFormat, path)；通过读取集合数据集，fromCollection (Collection)。当然，也可以通过方法 StreamExecutionEnvironment.addSource (sourceFunction) 来定制数据的读取，用户需要实现 SourceFunction 接口。我们来看下这个方法是怎么得到 DataStream 的，关键代码如下：

```
public <OUT> DataStreamSource<OUT> addSource(SourceFunction<OUT> function,
        String sourceName, TypeInformation<OUT> typeInfo) {
    // 此处省略不相关的代码
    clean(function);

    final StreamSource<OUT, ?> sourceOperator = new StreamSource<>(function);
    return new DataStreamSource<>(this, typeInfo, sourceOperator, isParallel,
            sourceName);
}
```

可以看到该方法新建了一个 DataStreamSource。继续看 DataStreamSource 你会发现，它继承了 SingleOutputStreamOperator（这个类从命名看不是很清楚，很容易让人把它误认为是个算子，但实际上它是个 DataStream 子类），这样我们就得到了一个 DataStream。

那么 DataStream 之间是怎么相互转换的呢？我们来看 DataStream 的 flatMap 方法：

```
public <R> SingleOutputStreamOperator<R> flatMap(FlatMapFunction<T, R> flatMapper) {

    TypeInformation<R> outType = TypeExtractor.getFlatMapReturnTypes(
            clean(flatMapper), getType(), Utils.getCallLocationName(), true);
    // 这里用 FlatMapFunction 构造了一个 StreamOperator
     return transform("Flat Map", outType, new StreamFlatMap<>(clean(flatMapper)));
}
```

这里构造了一个 StreamFlatMap 类型的算子，然后继续调用 transform 方法。我们接着看 transform 方法：

```
public <R> SingleOutputStreamOperator<R> transform(String operatorName,
        TypeInformation<R> outTypeInfo, OneInputStreamOperator<T, R> operator) {

    //构造 Transformation
    OneInputTransformation<T, R> resultTransform = new OneInputTransformation<>(
            this.transformation,
            operatorName,
            operator,
            outTypeInfo,
            environment.getParallelism());

    SingleOutputStreamOperator<R> returnStream = new SingleOutputStreamOperator(
            environment, resultTransform);
```

```
    // 把所有的 Transformation 都保存到 StreamExecutionEnvironment 中
    getExecutionEnvironment().addOperator(resultTransform);

    return returnStream;
}
```

可以看到，其中最主要的工作是基于刚才的算子新建了一个 OneInputTransformation，然后把该 Transformation 保存下来。那么 StreamExecutionEnvironment 中保存的 Transformation 用来做什么呢？实际上 Flink 根据这些 Transformation 生成整个运行的拓扑，整个生成过程大致如下：

1）根据 Transformation 生成 StreamGraph；

2）根据 StreamGraph 生成 JobGraph；

3）根据 JobGraph 生成可以调度运行的 ExecutionGraph。

整个过程还会在第 5 章详细介绍，这里可以先大致了解下。这里用户的执行代码 FlatMapFunction 实际上是通过先传递给算子，然后由算子来调用执行的。

最后本例通过 dataStream.print() 将结果输出。同样，Flink 提供了很多 API 来把结果写到外部系统，这里简单介绍下。

- writeAsText()：输出字符串到文件。
- writeAsCsv()：输出 CSV 格式文本。
- print()/printToErr()：标准输出 / 标准错误输出。
- writeToSocket()：输出到 socket。
- addSink()：addSink 与 addSource 一样，提供可以供用户扩展的输出方式，用户需要实现 SinkFunction 接口。

2.2 算子

上一节我们提到 DataStream 的相互转换会生成算子，本节我们来看下 Flink 中 DataStream 的转换有哪些，会生成哪些算子。篇幅所限，这里只选择一些有代表性的转换进行解释说明。

1. flatMap

作用：循环遍历 Map 中的元素并用相应的函数进行处理。

使用方式：

```
dataStream.flatMap(new FlatMapFunction<String, String>() {
    @Override
    public void flatMap(String value, Collector<String> out)
```

```
            throws Exception {
        for(String word: value.split(" ")){
            out.collect(word);
        }
    }
});
```

该方法会生成算子 StreamFlatMap。

2. keyBy

作用：按一定规则分区，比如常用的根据某个字段进行 keyBy 操作，Flink 会根据该字段值的 hashCode 进行分区。分区计算方式为：

```
public static int computeOperatorIndexForKeyGroup(int maxParallelism,
        int parallelism, int keyGroupId) {
    return keyGroupId * parallelism / maxParallelism;
}
```

这里的 keyGroupId 就是根据字段的 hashCode 和 Flink 的最大并行度计算出来的。

使用方式：

```
dataStream.keyBy("someKey")
dataStream.keyBy(0)
```

该方法并不会生成一个算子，也就是说 keyBy 并没有生成运算拓扑的节点；但是 keyBy 依然生成了 Transformation，也就是说它规定了上下两个节点数据的分区方式。

Flink 还有其他几种分区方式。

- rebalance：重新平衡分区，用于均衡数据，保证下游每个分区（在流系统中基本可以认为分区和并发是一个概念）的负载相同。
- broadcast：广播分区，将输出的每条数据都发送到下游所有分区。
- shuffle：随机分区，将输出的数据随机分发到下游分区。
- forward：本地分区，将输出的数据分发到本地分区。
- rescale：重新缩放分区，上下游根据分区数量分配对应的分配方式，然后循环发送。比如，如果上游分区为 2，而下游分区为 4，那么一个上游分区会把数据分发给两个下游分区，而另一个上游分区则把数据分发给其他两个下游分区，分区方式是循环分发。反之，如果下游操作的分区为 2，而上游操作的分区为 4，那么两个上游分区会把数据分发给一个下游分区，而另两个上游分区则把数据分发给另一个下游分区。
- global：全局分区，所有数据进入下游第一个分区。

在 Flink 实现中，StreamPartitioner 是分区接口类，每种分区对应一个 StreamPartitioner

的实现类。我们来看下 rebalance 对应的 RebalancePartitioner。

在 DataStream 中的接口如下：

```
public DataStream<T> rebalance() {
    return setConnectionType(new RebalancePartitioner<T>());
}
```

可以看到设置了分区方式，分区方式（要注意的是 StreamPartitioner 并不是算子）就是 RebalancePartitioner。

```
public class RebalancePartitioner<T> extends StreamPartitioner<T> {
    private static final long serialVersionUID = 1L;

    private int nextChannelToSendTo;

    @Override
    public void setup(int numberOfChannels) {
        super.setup(numberOfChannels);

        nextChannelToSendTo = ThreadLocalRandom.current().nextInt(numberOfChannels);
    }

    @Override
    public int selectChannel(SerializationDelegate<StreamRecord<T>> record) {
        nextChannelToSendTo = (nextChannelToSendTo + 1) % numberOfChannels;
        return nextChannelToSendTo;
    }

}
```

主要方法 selectChannel 的源代码实现比较简单，就是随机选择下发的分区。

3. aggregation

作用：聚合计算。

使用方式：

```
keyedStream.sum(0);
keyedStream.sum("key");
keyedStream.min(0);
keyedStream.min("key");
keyedStream.max(0);
keyedStream.max("key");
keyedStream.minBy(0);
keyedStream.minBy("key");
keyedStream.maxBy(0);
keyedStream.maxBy("key");
```

该方法会生成算子 StreamGroupedReduce，包括 fold、reduce 及 aggregation，只能作用于 KeyedStream。需要注意的一点是，这些聚合计算都是针对某个键（Key）的，如果要求全局的最大值、最小值，该方法是无法做到的。

4. window 及 window apply

作用：根据窗口聚合计算数据。

使用方式：

```
dataStream.keyBy(0).window(TumblingEventTimeWindows.of(Time.seconds(5)));
windowedStream.apply (new WindowFunction<Tuple2<String,Integer>, Integer, Tuple,
        Window>() {
    public void apply (Tuple tuple,
            Window window,
            Iterable<Tuple2<String, Integer>> values,
            Collector<Integer> out) throws Exception {
        int sum = 0;
        for (value t: values) {
            sum += t.f1;
        }
        out.collect (new Integer(sum));
    }
});
```

该方法会生成窗口。窗口分为 Keyed Window 和 Non-Keyed Window（用 WindowAll 转换得到），二者的区别在于使用 window 转换之前是否进行 keyBy 操作。窗口将会在 2.3 节详细介绍。

5. union

作用：合并多个 DataStream。

使用方式：

```
dataStream.union(otherStream1, otherStream2, ...);
```

该方法有个有意思的使用方式是可以合并数据本身，这样就可以得到一个两倍数据的流。该方法同样不会产生算子。

6. window join

作用：通过给定的键和窗口关联两个 DataStream。

使用方式：

```
dataStream.join(otherStream)
    .where(<key selector>).equalTo(<key selector>)
    .window(TumblingEventTimeWindows.of(Time.seconds(3)))
    .apply (new JoinFunction () {...});
```

这里我们通过一个例子来看下Flink中window join是怎么实现的。假如我们有streamA（图2-2中用深灰色元素表示）和streamB（图2-2中用浅灰色元素表示）经过window join处理，伪代码如下（这段代码的主要内容就是两个流进行window join处理的用法示例）:

```
DataStream<Integer> streamA = ...
DataStream<Integer> streamB = ...

streamA.join(streamB)
        .where(<KeySelector>)
        .equalTo(<KeySelector>)
        .window(TumblingEventTimeWindows.of(Time.milliseconds(2)))
        .apply(new JoinFunction<Integer, Integer, String> (){
    @Override
    public String join(Integer first, Integer second) {
        return first + "," + second;
    }
});
```

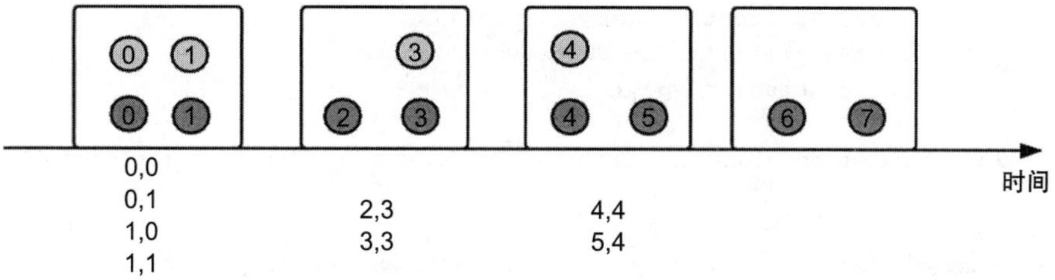

图2-2　window join

图2-2中圆圈内的数字表示数据元素本身及事件时间，经过处理之后得到图2-2下方给出的数字组合（这里假设图2-2中给定的同一个窗口内数据的键是一样的，即每个窗口内的数据都满足join条件）。

可以看出这里join的行为和普通的inner join非常类似。为了更好地理解join的结果，我们来看下其源代码实现。window join实现可以从JoinedStreams的apply方法着手。

```
public <T> DataStream<T> apply(JoinFunction<T1, T2, T> function,
        TypeInformation<T> resultType) {
    // 清除闭包
    function = input1.getExecutionEnvironment().clean(function);

    coGroupedWindowedStream = input1.coGroup(input2)
            .where(keySelector1)
            .equalTo(keySelector2)
            .window(windowAssigner)
            .trigger(trigger)
            .evictor(evictor)
```

```
            .allowedLateness(allowedLateness);

        return coGroupedWindowedStream.apply(
            new JoinCoGroupFunction<>(function), resultType);
    }
```

这里可以看到，window join 是通过 coGroup 来实现的，生成一个 CoGroupedStreams，然后应用 JoinCoGroupFunction。那么 coGroup 又是怎么实现 window join 的呢？我们继续来看 CoGroupedStreams 的 apply 方法（略去了无关代码）：

```
public <T> DataStream<T> apply(CoGroupFunction<T1, T2, T> function,
        TypeInformation<T> resultType) {

    DataStream<TaggedUnion<T1, T2>> taggedInput1 = input1
            .map(new Input1Tagger<T1, T2>())
            .setParallelism(input1.getParallelism())
            .returns(unionType);
    DataStream<TaggedUnion<T1, T2>> taggedInput2 = input2
            .map(new Input2Tagger<T1, T2>())
            .setParallelism(input2.getParallelism())
            .returns(unionType);
    // 1
    DataStream<TaggedUnion<T1, T2>> unionStream = taggedInput1.union(taggedInput2);

    // 2
    windowedStream = new KeyedStream<TaggedUnion<T1, T2>, KEY>(
            unionStream, unionKeySelector, keyType).window(windowAssigner);
    // 3
    return windowedStream.apply(
            new CoGroupWindowFunction<T1, T2, T, KEY, W>(function), resultType);
}
```

这部分代码非常清楚地展示了其实现过程：代码 1 调用 union 把两个 DataStream 联合在一起，代码 2 生成一个 WindowedStream，代码 3 对 WindowedStream 执行窗口函数。window join 本质上还是通过 union 和 window 等更基础的算子实现的。我们再来看一下这个过程中传入的 JoinCoGroupFunction：

```
private static class JoinCoGroupFunction<T1, T2, T>
        extends WrappingFunction<JoinFunction<T1, T2, T>>
        implements CoGroupFunction<T1, T2, T> {

    @Override
    public void coGroup(Iterable<T1> first, Iterable<T2> second,
            Collector<T> out) throws Exception {
        for (T1 val1: first) {
            for (T2 val2: second) {
                out.collect(wrappedFunction.join(val1, val2));
```

```
            }
        }
    }
}
```

这个函数就是图 2-2 描述的不同数据相互连接配对的实现逻辑。window join 的窗口还可以是滑动窗口、会话窗口，这里不再详细讲解，实现原理基本一样。

7. interval join

作用：通过给定的键和时间范围连接两个 DataStream。假如有数据 e1 和 e2 分别来自两个 DataStream，那么要让两个数据可以连接输出，需要

```
e1.timestamp + lowerBound <= e2.timestamp <= e1.timestamp + upperBound
```

interval join 只支持基于事件时间的范围。

使用方式：

```
keyedStream.intervalJoin(otherKeyedStream)
        .between(Time.milliseconds(-2), Time.milliseconds(2)) // 下界和上界
        .upperBoundExclusive(true) // 可选
        .lowerBoundExclusive(true) // 可选
        .process(new IntervalJoinFunction() {...});
```

Flink API 中实现了两种 join：一种是 window join，另一种就是 interval join。两种 join 最大的不同在于 join 的数据分组不一样：window join 是在同一个时间窗口内连接；interval join 是每个数据元素根据自己的时间都有一个 join 取值范围，这个范围是由 lowerBound 和 upperBound 决定的。我们通过一个例子来直观地看下 interval join 的过程，然后分析其实现。

如图 2-3 所示，我们有两个流 streamA 和 streamB，其数据分别用深灰色和浅灰色的圆圈表示，圆圈中的数字代表数据元素本身及事件时间。interval join 的伪代码如下：

```
DataStream<Integer> streamA = ...
DataStream<Integer> streamB = ...

streamA.keyBy(<KeySelector>)
        .intervalJoin(streamB.keyBy(<KeySelector>))
        .between(Time.milliseconds(-2), Time.milliseconds(1))
        .process (new ProcessJoinFunction<Integer, Integer, String(){

    @Override
    public void processElement(Integer left, Integer right, Context ctx,
            Collector<String> out) {
        out.collect(first + "," + second);
    }
});
```

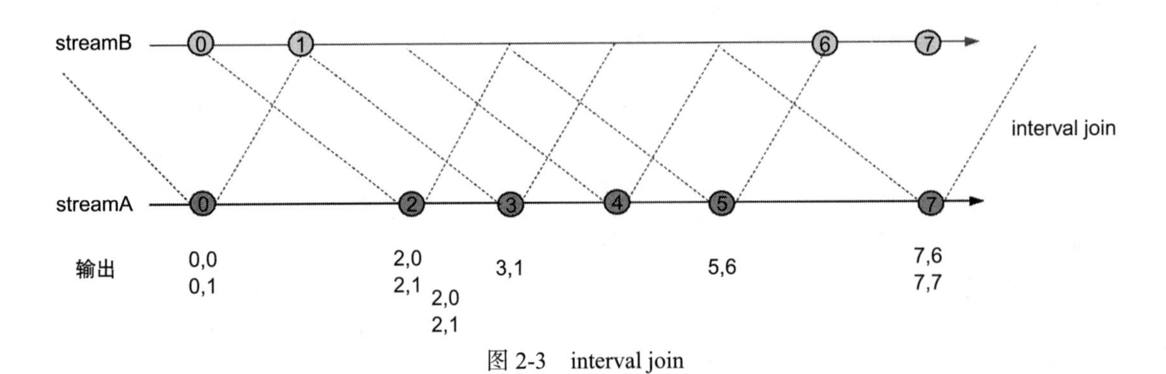

图 2-3 interval join

由图 2-3 可以看到，判断两个流的数据可以连接的依据是两个流的数据符合 lowerBound 和 upperBound 界定的范围，即

```
streamA.data.ts + lowerBound <= streamB.data.ts.ts <= streamA.data.ts + upperBound
```

图 2-3 中 streamA 的每个数据元素都可以根据 lowerBound 和 upperBound 在 streamB 上界定一个可以连接的范围，比如：当图中 streamA 的数据元素 2 被处理的时候，发现 streamB 的数据元素 0 和 1 满足界定范围，这时输出 2,0 和 2,1 ；在图中 streamB 的数据元素 1 进入算子之后，也会根据范围界限找到符合范围条件的 streamA 的 0 数据元素，然后输出 0,1。

我们接下来看下 Flink 中 interval join 是怎么实现的。关键代码是 IntervalJoinOperator 中的 processElement 方法，实现过程与图 2-3 给出的逻辑一致。首先，需要两个状态保存两个流的数据，这里用的是 MapState ；然后，处理数据元素，遍历另一个流的数据，查询是否有满足界定范围的数据，如果有的话就将其发送出去；最后，注册一个状态清理函数，用来清理掉永远无法连接上的过期数据。

这里只介绍了几个常用的 Transformation 和算子，像 Connect、CoMap、Split、Select 之类的操作和转换就不一一介绍了，有兴趣的读者可以通过官网和源代码学习了解。

2.3 窗口

本节主要介绍窗口的原理及实现，帮助读者深入了解 Flink 中的窗口是怎么实现的。

2.3.1 窗口的基本概念

窗口是无边界流式系统中非常重要的概念，窗口把数据切分成一段段有限的数据集，然后进行计算。Flink 中窗口按照是否并发执行，分为 Keyed Window 和 Non-Keyed Window，它们的主要区别是有无 keyBy 动作。Keyed Window 可以按照指定的分区方式并发执行，所有相同的键会被分配到相同的任务上执行。Non-Keyed Window 会把所有数据放到一个任务上执行，并发度为 1。我们来看下窗口的相关 API。

1. Keyed Window

```
stream.keyBy(...)
    .window(...)            // 接受 WindowAssigner 参数，用来分配窗口
    [.trigger(...)]         // 可选的，接受 Trigger 类型参数，用来触发窗口
    [.evictor(...)]         // 可选的，接受 Evictor 类型参数，用来驱逐窗口中的数据
    [.allowedLateness(...)]

    // 可选的，接受 Time 类型参数，表示窗口允许的最大延迟，超过该延迟，数据会被丢弃
    [.sideOutputLateData(...)]
    // 可选的，接受 OutputTag 类型参数，用来定义抛弃数据的输出
    .reduce/aggregate/fold/apply()      // 窗口函数
    [.getSideOutput(...)]               // 可选的，获取指定的 DataStream
```

2. Non-Keyed Window

```
stream.windowAll(...)           // 接受 WindowAssigner 参数，用来分配窗口
    [.trigger(...)]             // 可选的，接受 Trigger 类型参数，用来触发窗口
    [.evictor(...)]             // 可选的，接受 Evictor 类型参数，用来驱逐窗口中的数据
    [.allowedLateness(...)]

    // 可选的，接受 Time 类型参数，表示窗口允许的最大延迟，超过该延迟，数据会被丢弃
    [.sideOutputLateData(...)]

    // 可选的，接受 OutputTag 类型参数，用来定义抛弃数据的输出
    .reduce/aggregate/fold/apply()      // 窗口函数
    [.getSideOutput(...)]               // 可选的，获取指定的 DataStream
```

因为实际生产中我们大多会使用 Keyed Window，所以后续章节的解读都是针对 Keyed Window 展开的。我们来看下上面提到的几个主要概念。

- WindowAssigner：窗口分配器。我们常说的滚动窗口、滑动窗口、会话窗口等就是由 WindowAssigner 决定的，比如 TumblingEventTimeWindows 可以产生基于事件时间的滚动窗口。
- Trigger：触发器。Flink 根据 WindowAssigner 把数据分配到不同的窗口，还需要一个执行时机，Trigger 就是用来判断执行时机的。Trigger 类中定义了一些返回值类型，根据返回值类型来决定是否触发及触发什么动作。
- Evictor：驱逐器。在窗口触发之后，在调用窗口函数之前或者之后，Flink 允许我们定制要处理的数据集合，Evictor 就是用来驱逐或者过滤不需要的数据集的。
- Allowed Lateness：最大允许延迟。主要用在基于事件时间的窗口，表示在水位线到达之后的最长允许数据延迟时间。在最长允许延迟时间内，窗口都不会销毁。
- Window Function：窗口函数。用户代码执行函数，用来做真正的业务计算。

- Side Output：丢弃数据的集合。通过 getSideOutput 方法可以获取丢弃数据的 DataStream，方便用户进行扩展。

以上就是窗口的一些主要概念，接下来我们深入分析窗口的每个元素。

2.3.2 窗口的执行流程

在深入介绍窗口之前，我们先从整体上看下窗口的执行过程，以便有个全局的概念。本节从整体上介绍窗口的执行流程，如果其中有细节不清楚的地方，可以绕过本节，直接看后面几节，再回过头来看本节内容。

窗口本质上也是一个算子，所以我们直接来看其实现类：EvictingWindowOperator 和 WindowOperator。这两个类的区别是前者带驱逐器，后者不带。为了覆盖更多的场景，我们用 EvictingWindowOperator 来分析。

我们直接从算子最重要的方法 processElement 开始。如图 2-4 所示，整个过程从分配窗口（ WindowAssigner 的主要作用）开始，分配好窗口后，用当前窗口来设置窗口状态的命名空间；之后把当前数据加入状态中（如果是聚合函数的话，还会有计算过程），并用当前数据去判断触发器是否触发，如果触发，那就调用 emitWindowContents 方法处理数据，该方法的主要过程是调用驱逐器清除数据；然后调用窗口函数计算结果；最后注册一个窗口本身的清除定时器。

主要源代码如下：

```
public void processElement(StreamRecord<IN> element) throws Exception {
    final Collection<W> elementWindows = windowAssigner.assignWindows(
            element.getValue(), element.getTimestamp(), windowAssignerContext);
    if (windowAssigner instanceof MergingWindowAssigner) {
        MergingWindowSet<W> mergingWindows = getMergingWindowSet();
        W actualWindow = mergingWindows.addWindow(...)
    }
    evictingWindowState.setCurrentNamespace(stateWindow);
    evictingWindowState.add(element);

    TriggerResult triggerResult = triggerContext.onElement(element);

    if (triggerResult.isFire()) {
        Iterable<StreamRecord<IN>> contents = evictingWindowState.get();
        if (contents == null) {
            continue;
        }
        emitWindowContents(actualWindow, contents, evictingWindowState);
    }

    registerCleanupTimer(window);
}
```

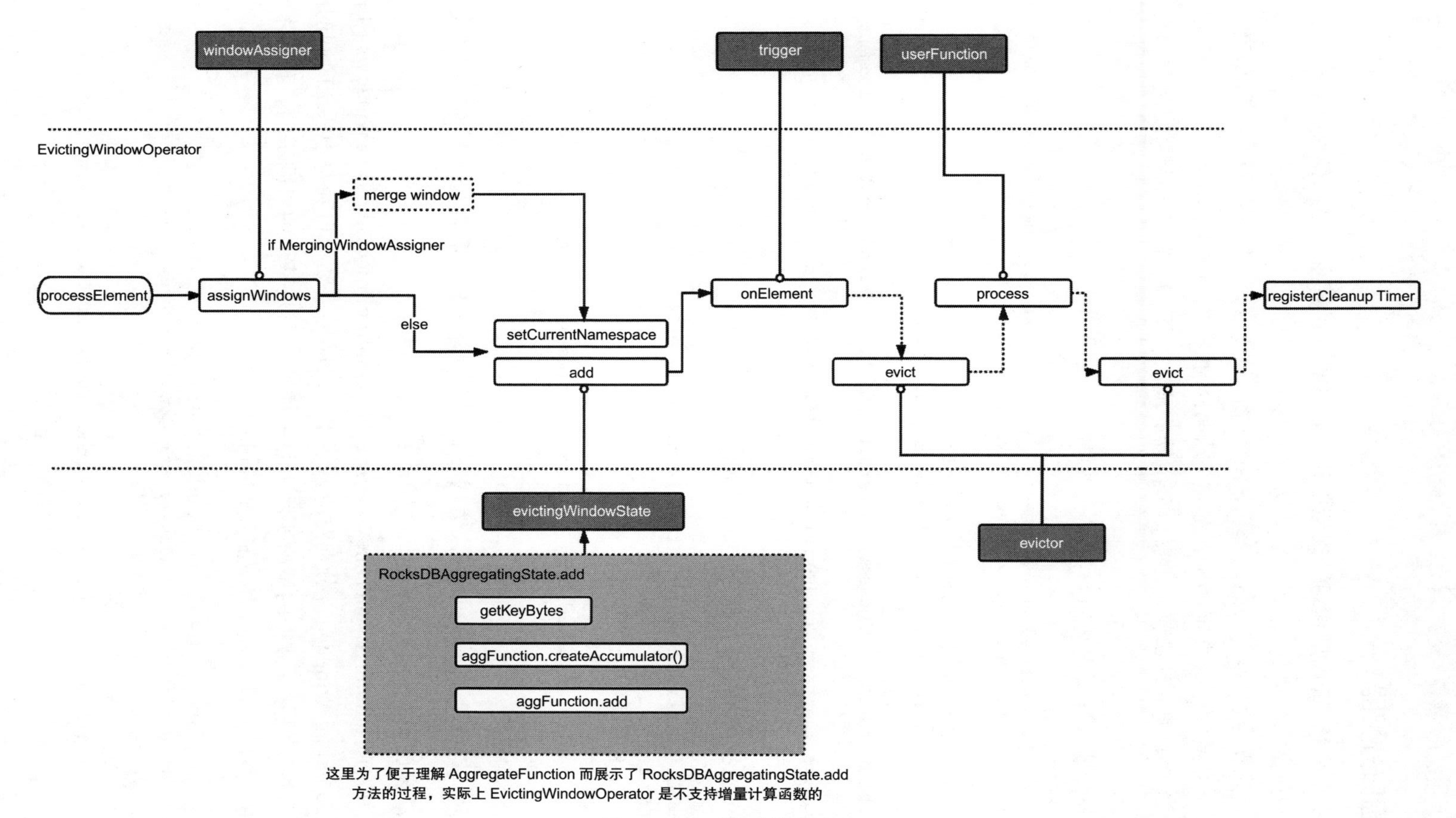

图 2-4　窗口算子执行流程

2.3.3 窗口分配器

本节主要介绍 Flink 中窗口分配器的作用及几种典型实现，这几种典型的实现实际上对应着几种典型的窗口。

熟悉流计算的读者可能知道，窗口（时间窗口）大致可以分为滑动窗口和滚动窗口。那么这个分类是由什么决定的呢？显然它是由数据分配到不同窗口的方式决定的。在 Flink 中，这个分配的动作就是由窗口分配器完成的。不同的窗口分配器实现类对应不同的窗口。

窗口分配器的接口定义如下：

```
public abstract class WindowAssigner<T, W extends Window> implements Serializable {
    private static final long serialVersionUID = 1L;

    public abstract Collection<W> assignWindows(T element,
            long timestamp, WindowAssignerContext context);

    public abstract Trigger<T, W> getDefaultTrigger(StreamExecutionEnvironment env);

    public abstract TypeSerializer<W> getWindowSerializer(ExecutionConfig
            executionConfig);

    public abstract boolean isEventTime();

    public abstract static class WindowAssignerContext {
        /**
         * 返回当前的处理时间
         */
        public abstract long getCurrentProcessingTime();
    }
}
```

其中最关键的是 assignWindows 方法，它用来分配窗口。我们来看几种常用的实现。

1. 滚动窗口

Flink 中有 TumblingEventTimeWindows 和 TumblingProcessingTimeWindows 两种滚动窗口（Tumbling Window），分别对应基于事件时间的滚动窗口和基于系统时间的滚动窗口。这两种实现分配数据的策略实际上是一样的，只是基于的时间不同。我们来看下 TumblingEventTimeWindows 的 assignWindows 方法：

```
public Collection<TimeWindow> assignWindows(Object element,
        long timestamp, WindowAssignerContext context) {
    if (timestamp > Long.MIN_VALUE) {
        // 计算窗口开始的时间
        long start = TimeWindow.getWindowStartWithOffset(timestamp, offset, size);
```

```
            return Collections.singletonList(new TimeWindow(start, start + size));
        } else {
            throw new RuntimeException(
                "Record has Long.MIN_VALUE timestamp (= no timestamp marker). "
                + "Is the time characteristic set to 'ProcessingTime', "
                + "or did you forget to call "
                + "'DataStream.assignTimestampsAndWatermarks(...)'?");
        }
    }
```

可以看到，其实现还是比较清楚的，根据窗口的大小（size）、偏移量（offset）、数据时间计算窗口的开始时间。具体的计算方法如下：

```
public static long getWindowStartWithOffset(long timestamp, long offset,
    long windowSize) {
    return timestamp - (timestamp - offset + windowSize) % windowSize;
}
```

返回一个 TimeWindow。

2. 滑动窗口

和滚动窗口一样，滑动窗口（Sliding Window）也有 SlidingEventTimeWindows 和 SlidingProcessingTimeWindows 两种实现，两种实现也基本是一样的。我们来看 SlidingProcessingTimeWindows 的 assignWindows 方法：

```
public Collection<TimeWindow> assignWindows(Object element, long timestamp,
        WindowAssignerContext context) {
    timestamp = context.getCurrentProcessingTime();
    List<TimeWindow> windows = new ArrayList<>((int) (size / slide));
    long lastStart = TimeWindow.getWindowStartWithOffset(timestamp, offset, slide);
    for (long start = lastStart;
        start > timestamp - size;
        start -= slide) {
            windows.add(new TimeWindow(start, start + size));
        }
    return windows;
}
```

首先我们看到一个最明显的区别是返回的 TimeWindow 个数不同，滚动窗口只返回一个，而滑动窗口返回多个，这也符合我们对滑动窗口的理解：滑动窗口是可以重叠的，一个数据可以落入多个窗口内（可以思考一下一个数据最多可以落入几个窗口内）。与滚动窗口一样，计算最后一个窗口的开始时间，然后不断回溯（前一个窗口的开始时间减去滑动时间）寻找位于时间范围内的窗口，直到窗口的结束时间早于系统时间（或者事件时间）。

3. 会话窗口

会话窗口（Session Window）是Flink中比较独特的窗口类型，其他流式系统不支持它，或支持得不够好。会话窗口可以按照一个会话来分配数据，而会话的长度可以是固定的（EventTimeSessionWindows、ProcessingTimeSessionWindows），也可以是不断变化的（DynamicProcessingTimeSessionWindows、DynamicEventTimeSessionWindows）。使用过会话的读者可能知道，只要不过期会话就可以一直存在，新的数据必然会加入某个会话，同时会导致会话的超时时间发生改变。在Flink中，会话的不断变化就对应着会话窗口的不断合并。我们以EventTimeSessionWindows为例来看下会话窗口的实现，其中比较复杂的是窗口的合并。

会话窗口中数据的分配和滚动窗口很像，即返回一个计算好的窗口（TimeWindow）。

```
public Collection<TimeWindow> assignWindows(Object element, long timestamp,
        WindowAssignerContext context) {
    return Collections.singletonList(new TimeWindow(timestamp, timestamp +
        sessionTimeout));
}
```

窗口的分配过程结束后，会得到一个窗口。这个新分配的窗口属于哪个会话（真正的窗口）呢？我们来看图2-5中的例子（例子中sessionTimeout=3）。

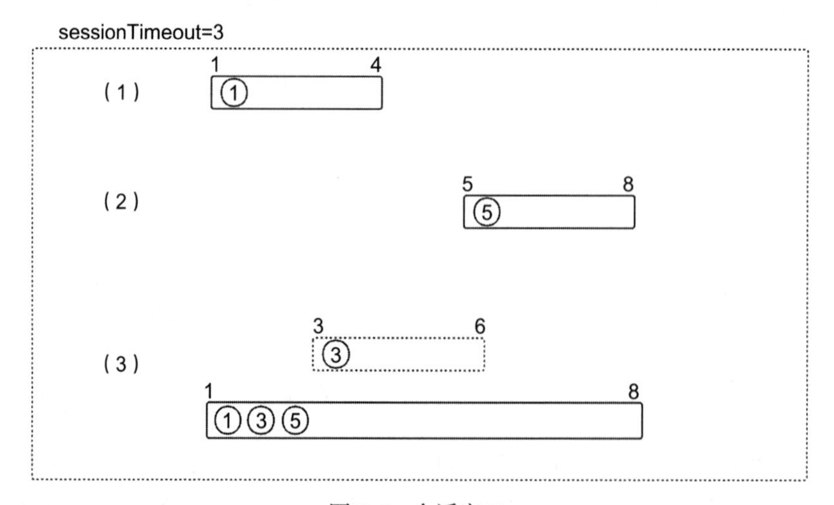

图2-5　会话窗口

假如Flink接收到数据时间为1的数据（图2-5中的步骤1）（这里我们假设键相同或者是Non-Keyed Window），那么这个时候会生成TimeWindow(1,4)，并处理数据时间为5的数据，生成TimeWindow(5,8)；然后继续处理时间为3的数据，这个时候应该生成TimeWindow(3,6)的窗口，但是由于TimeWindow(1,4)对应的会话还没有过期，应该把时间为3的数据归到这个会话中，所以Flink中进行TimeWindow的合并。同理，当TimeWindow(1,4)和TimeWindow(3,6)合并为TimeWindow(1,6)的时候，也应该将TimeWindow(5,8)同自己合并，这样最后合并为TimeWindow(1,8)。当然不只是将TimeWindow合并，还需要将窗口对应的触发器、数据合并。我们来看合并的关键代码，合并发生在数据被WindowOperator处理的过程中：

```
W actualWindow = mergingWindows.addWindow(window, new MergingWindowSet.
    MergeFunction<W>() {
    @Override
    public void merge(W mergeResult,
            Collection<W> mergedWindows, W stateWindowResult,
            Collection<W> mergedStateWindows) throws Exception {

        if ((windowAssigner.isEventTime() && mergeResult.maxTimestamp() +
                allowedLateness <= internalTimerService.currentWatermark())) {
            throw new UnsupportedOperationException("The end timestamp of an "
                + "event-time window cannot become earlier than the current watermark "
                + "by merging. Current watermark: "
                + internalTimerService.currentWatermark()
                + " window: " + mergeResult);
        } else if (!windowAssigner.isEventTime()) {
            long currentProcessingTime = internalTimerService.currentProcessingTime();
            if (mergeResult.maxTimestamp() <= currentProcessingTime) {
                throw new UnsupportedOperationException("The end timestamp of a "
                + "processing-time window cannot become earlier than "
                + "the current processing time "
                + "by merging. Current processing time: " + currentProcessingTime
                + " window: " + mergeResult);
            }
        }

        triggerContext.key = key;
        triggerContext.window = mergeResult;

        triggerContext.onMerge(mergedWindows);

        for (W m: mergedWindows) {
            triggerContext.window = m;
            triggerContext.clear();
            deleteCleanupTimer(m);
        }

        // 合并状态
        windowMergingState.mergeNamespaces(stateWindowResult, mergedStateWindows);
    }
});
```

其中关键的方法是 MergingWindowSet 的 addWindow 方法，其中 TimeWindow 合并的细节在其 mergeWindows 方法中，合并的规则就是我们上面介绍的。

合并的主要过程如下：

1）找出合并之前的窗口集合和合并之后的窗口；

2）找出合并之后的窗口对应的状态窗口（方式是从合并窗口集合中挑选第一个窗口的状态窗口）；

3）执行 merge 方法（合并窗口需要做的工作，也就是执行 MergingWindowSet 的 addWindow 方法）。

这里不好理解的是合并结果的窗口和结果对应的状态窗口（用来获取合并之后的数据），我们来看图 2-6。

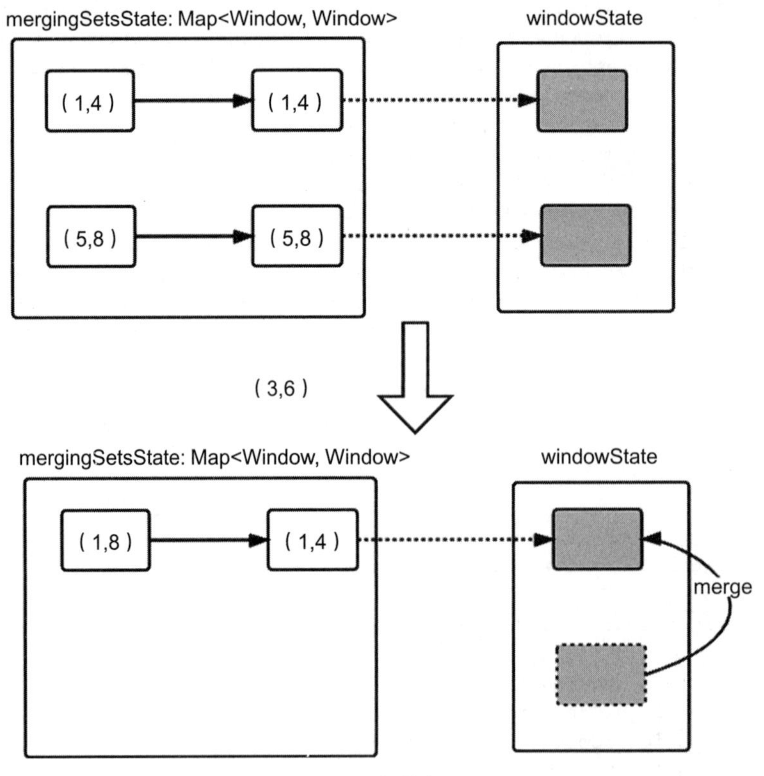

图 2-6　合并窗口

MergingWindowSet（窗口合并的工具类）中有个 map，用来保存窗口和状态窗口的对应关系，那么怎么理解这个状态窗口呢？如果我们在得到 TimeWindow(1,4) 时基于 TimeWindow (1,4) 在状态中保存了数据（数据 A），也就是说状态的命名空间是 TimeWindow(1,4)，在得到

TimeWindow(5,8) 时基于 TimeWindow(5,8) 在状态中保存了数据（数据 B），当第三个数据（数据 C）来的时候，又经过合并窗口得到了 TimeWindow(1,8)，那么怎么获取合并窗口的数据集 AB 呢？显然我们还需要原来的 TimeWindow(1,4) 或者 TimeWindow(5,8)，原来的 TimeWindow(1,4) 在这里就是状态窗口。

这里窗口合并的同时会把窗口对应的状态所保存的数据合并到结果窗口对应的状态窗口对应的状态中。这里有点绕，还是看图 2-6，最终合并窗口的结果窗口是 TimeWindow(1,8)。我们怎么获取 TimeWindow(1,8) 对应的数据集 ABC 呢？这个时候可以通过 MergingWindowSet 中保存的 TimeWindow(1,8) 对应的状态窗口 TimeWindow(1,4) 来获取合并后的状态，即数据集 ABC。

会话窗口的其他过程与滑动窗口及滚动窗口没有什么区别。

4. 全局窗口

全局窗口（Global Window），顾名思义就是所有的元素都分配到同一个窗口中，我们常用的 Count Window 就是一种全局窗口。其实现 GlobalWindow 的主要方法如下：

```
public Collection<GlobalWindow> assignWindows(Object element, long timestamp,
        WindowAssignerContext context) {
    return Collections.singletonList(GlobalWindow.get());
}
```

这里需要说明的是全局窗口和 Non-Keyed Window 是完全不同的概念：Non-Keyed Window 是指并发为 1 的窗口，可以是滚动窗口或者滑动窗口；而全局窗口既可以是 Non-Keyed Window，也可以是 Keyed Window。

2.3.4　触发器

本节主要介绍窗口中触发器的作用以及几种典型触发器的实现。

触发器决定窗口函数什么时候执行以及执行的状态。触发器通过返回值来决定什么时候执行，其返回值有如下几种类型。

- CONTINUE：什么也不做。
- FIRE：触发窗口的计算。
- PURGE：清除窗口中的数据。
- FIRE_AND_PURGE：触发计算并清除数据。

其接口定义如下（列出主要方法）：

```
public abstract class Trigger<T, W extends Window> implements Serializable {
    // 每个增加到窗口中的数据都需要调用该方法，根据返回结果判定窗口是否触发
    public abstract TriggerResult onElement(T element, long timestamp,
            W window, TriggerContext ctx) throws Exception;
```

```
    // 当注册的系统时间定时器到期后调用，其调用是通过 WindowOperator 中的 triggerContext 进行的
    public abstract TriggerResult onProcessingTime(long time, W window,
            TriggerContext ctx) throws Exception;
     // 当注册的事件时间定时器到期后调用，其调用是通过 WindowOperator 中的 triggerContext 进行的
    public abstract TriggerResult onEventTime(long time, W window,
            TriggerContext ctx) throws Exception;
    // 主要用在 sessionWindow，窗口合并的时候调用
    public void onMerge(W window, OnMergeContext ctx) throws Exception {
        throw new UnsupportedOperationException
                ("This trigger does not support merging.");
    }
}
```

Flink 实现了几种常用的触发器。

- EventTimeTrigger：当水位线大于窗口的结束时间时触发，一般用在事件时间的语义下。
- ProcessingTimeTrigger：当系统时间大于窗口结束时间时触发，一般用在系统时间的语义下。
- CountTrigger：当窗口中的数据量大于一定值时触发。
- DeltaTrigger：根据阈值函数计算出的阈值来判断窗口是否触发。

其中经常会用到的是根据系统时间和事件来判断窗口是否触发的触发器，我们来看下其实现过程。

我们先来看 ProcessingTimeTrigger 是怎么实现的。

```
@Override
public TriggerResult onElement(Object element, long timestamp,
        TimeWindow window, TriggerContext ctx) {
    ctx.registerProcessingTimeTimer(window.maxTimestamp());
    return TriggerResult.CONTINUE;
}
```

在 onElement 方法中，调用 triggerContext 注册了窗户最大时间的定时器，tiggerContext 中调用 InternalTimerService 来进行定时器注册。InternalTimerService 是 Flink 内部定时器的存储管理类。整个调用及实现过程如图 2-7 所示。

InternalTimerServiceImpl 内部维护了一个有序的队列，用来存储定时器（TimerHeap-InternalTimer），并且利用 ProcessingTimeService 来延迟调度基于系统时间生成的 Trigger-Task。TriggerTask 会调用 InternalTimerServiceImpl 的 onProcessingTime 方法，onProcessing-Time 会调用真正的目标（WindowOperator）onProcessingTime 方法，完成一次定时器的触发。在 InternalTimerServiceImpl 调用 onProcessingTime 方法的过程中，会重设上下文（Context）的键，确保后续操作都是针对当前键对应的数据。

那么 EventTimeTrigger 和 ProcessingTimeTrigger 在实现上有什么不一样呢？

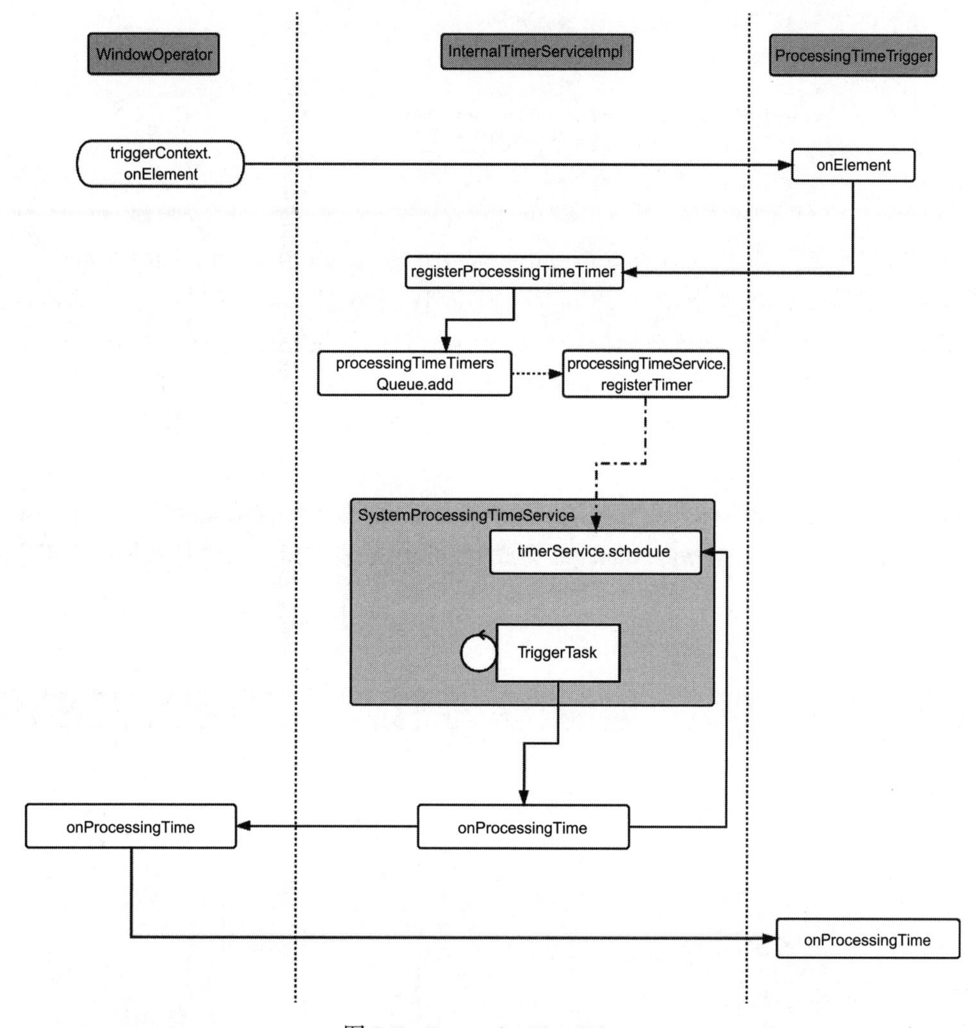

图 2-7 ProcessingTimeTrigger

首先我们知道，基于事件时间的触发器必然与事件时间有关。而事件时间不是有序的，不能像系统时间那样，用延迟任务来触发。那么什么时候触发基于事件时间的定时器呢？水位线（Watermark）在 Flink 中是用来推动基于事件时间的处理动作执行的，也就是说水位线代表了事件的最晚到达时间。我们就可以采用水位线来触发基于事件时间的定时器，事实上 Flink 也是如此实现的，我们来看代码：

```
@Override
public TriggerResult onElement(Object element, long timestamp,
```

```
        TimeWindow window, TriggerContext ctx) throws Exception {
    if (window.maxTimestamp() <= ctx.getCurrentWatermark()) {
        // 如果水位线经过窗口，那么就触发
        return TriggerResult.FIRE;
    } else {
        ctx.registerEventTimeTimer(window.maxTimestamp());
        return TriggerResult.CONTINUE;
    }
}
```

以上代码是 EventTimeTrigger 的 onElement 方法，与 ProcessingTimeTrigger 一样，如果条件不满足，那就调用 TriggerContext 来注册一个事件时间定时器，这里的依据是水位线是否大于窗口最大时间。同样，TriggerContext 会调用 InternalTimerServiceImpl 的 registerEventTimeTimer 来真正注册定时器，InternalTimerServiceImpl 注册的动作也就是把定时器（TimerHeapInternalTimer）放到一个有序队列中（eventTimeTimersQueue），之后就等水位线来触发。

如图 2-8 所示，整个触发过程是通过 StreamTask 处理水位线来驱动的，经过一系列的调用，由 InternalTimeServiceManager 完成触发器的触发，触发条件是水位线大于定时器的时间。

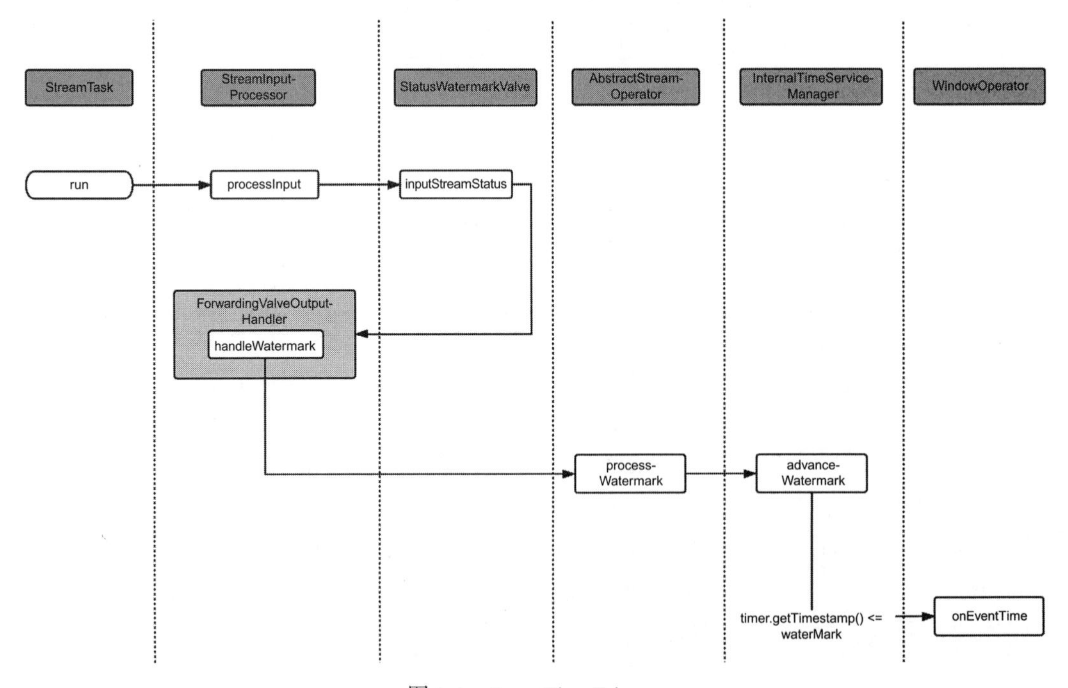

图 2-8　EventTimeTrigger

上面分析了EventTimeTrigger和ProcessingTimeTrigger的实现过程，其他触发器，如CountTrigger相对简单些，通过条件（数量是否大于阈值）就可以完成是否触发的判断，这里不再讨论。下一节介绍当窗口完成触发的时候，窗口函数怎么执行。

2.3.5 窗口函数

上一节分析了触发器，本节来看下窗口触发之后的计算过程，也就是窗口函数（Window Function）。

Flink中的窗口函数主要有ReduceFunction、AggregateFunction、ProcessWindow-Function三种（FoldFunction理论上可以通过AggregateFunction实现，并且Flink从1.8版本开始已经把该函数标记为Deprecated，因此该函数我们不再讨论）。在实际使用中推荐使用前两种，因为它们是增量计算，每条数据都会触发计算，而且窗口状态中只保留计算结果。而ProcessWindowFunction（或者使用了驱逐器之后）需要窗口把所有的数据保留下来，到窗口触发的时候，调用窗口函数计算，效率比较低，而且会造成大量状态缓存。下面我们详细看下前两种窗户函数的实现。

1. ReduceFunction

ReduceFunction的接口定义如下：

```
public interface ReduceFunction<T> extends Function, Serializable {
    T reduce(T value1, T value2) throws Exception;
}
```

ReduceFunction是一个输入、输出类型一样的简单聚合函数，可以用来实现max()、min()、sum()等聚合函数。在WindowOperator中并不直接使用ReduceFunction作为算子的userFunction，而要经过层层包装。主要包装类有两类。一类是WindowFunction，用来指导具体的窗口函数怎么计算。比如PassThroughWindowFunction，它表示不调用用户的窗口函数，直接输出结果，用来包装ReduceFunction和AggregateFunction，因为这两个函数在窗口触发的时候已经计算好了结果，只需要发送结果即可。另一类是InternalWindowFunction的实现类，主要用来封装窗口数据的类型，然后实际调用前面讲的第一类包装窗口类。这么讲有点抽象，我们具体来看ReduceFunction函数在Flink中是怎么调用的。

我们看在WindowStream中调用reduce方法之后会发生什么。

```
public SingleOutputStreamOperator<T> reduce(ReduceFunction<T> function) {
    if (function instanceof RichFunction) {
        throw new UnsupportedOperationException(
            "ReduceFunction of reduce can not be a RichFunction. "
```

```
            + "Please use reduce(ReduceFunction, WindowFunction) instead.");
    }

    // 清除闭包
    function = input.getExecutionEnvironment().clean(function);
    return reduce(function, new PassThroughWindowFunction<K, W, T>());
}
```

接着调用重载的 reduce 方法（下面只列出关键代码）：

```
public <R> SingleOutputStreamOperator<R> reduce(
        ReduceFunction<T> reduceFunction,
        WindowFunction<T, R, K, W> function,
        TypeInformation<R> resultType) {

    operator = new WindowOperator<>(
            windowAssigner,
            windowAssigner.getWindowSerializer(getExecutionEnvironment().getConfig()),
            keySel,
            input.getKeyType().createSerializer(getExecutionEnvironment().getConfig()),
            stateDesc,
            new InternalSingleValueWindowFunction<>(function),
            trigger,
            allowedLateness,
            lateDataOutputTag);
}
```

可以看到，最终传给 WindowOperartor 的 function 是一个 new InternalSingleValueWindowFunction (new PassThroughWindowFunction()) 的实例对象。PassThroughWindowFunction 我们在前面讲过，该函数什么也不做，只是把输出发送出去。再看 InternalSingleValueWindowFunction，它也是基本什么都不做（只是把单个 input 对象转为集合对象，这就是我们刚才说的，该类包装类用来把输入转换为合适的类型），只是调用刚才传入它内部的 PassThroughWindowFunction，WindowOperator 最终拿到的窗口函数就是把结果发送出去，不进行任何计算。

那么我们传入的 ReduceFunction 怎么起作用？什么时候调用呢？我们来看 ReduceFunction 传入 WindowedStream 之后用在了哪里，还是刚才的 reduce 方法：

```
ReducingStateDescriptor<T> stateDesc = new ReducingStateDescriptor<>(
    "window-contents",
    reduceFunction,
    input.getType().createSerializer(getExecutionEnvironment().getConfig()));
```

由这样一段代码可以看到，reduceFunction 被放到了 StateDescriptor 中，用来生成我们需要的 ReducingState，并且 reduceFunction 被传递给 ReducingState，用来进行真正的计算。

我们来看 ReducingState 的实现类 RocksDBReducingState 的 add 方法：

```
public void add(V value) throws Exception {
    byte[] key = getKeyBytes();
    V oldValue = getInternal(key);
    // 这里 reduceFunction 函数被调用
    V newValue = oldValue == null ? value : reduceFunction.reduce(oldValue, value);
    updateInternal(key, newValue);
}
```

这里可以再看下图 2-4 所示的窗口算子执行流程图，会更清晰易懂。

2. AggregateFunction

AggregateFunction 是对 ReduceFunction 的扩展，可以接受三种类型的参数——输出、计算和输出，它的适用范围比 ReduceFunction 更广。其实现过程与 ReduceFunction 基本一致，这里不再赘述。

到这里窗口的主要概念和设计实现原理都介绍完了，大家如果有兴趣，可以根据本章的介绍去分别实现一种自己定制的窗口分配器、触发器及窗口函数。

2.4 本章小结

本章从 DataStream 概念开始，深入分析了常用算子的实现原理和细节。阅读的时候可以对照代码并结合文中的流程图，会更容易理解。下一章我们从 Flink 整个架构的角度来看下 Flink 各个运行时组件的实现细节。

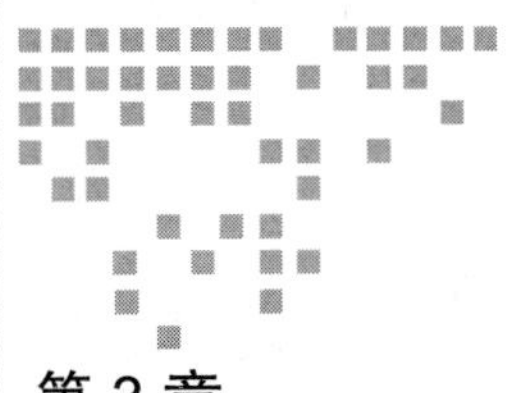

Chapter 3 第 3 章

运行时组件与通信

Flink 运行时作为 Flink 引擎的核心部分，支撑着 Flink 流作业和批作业的运行，同时保障作业的高可用和可扩展性等。Flink 运行时采用 Master-Worker 的架构，其中 Flink 的 Master 节点为 JobManager，Worker 节点为 TaskManager。

本章结合运行时架构设计与源代码的实现来深入剖析运行时组件、组件间通信及运行时组件的高可用。本章首先介绍运行时的主要组件 REST、Dispatcher、JobMaster、ResourceManager 和 TaskExecutor，然后对这些组件的通信架构和组件间的核心通信进行深入分析，最后对运行时组件的高可用的设计与实现进行剖析。

3.1 运行时组件

如图 3-1 所示，Flink 运行时组件（角色）有 REST、Dispatcher、JobMaster、ResourceManager 和 TaskExecutor，而客户端负责与运行时进行组件交互、提交作业、查询集群和作业的状态等操作。

运行时组件的功能如下。

- 在运行时的架构里，JobManager（Master 节点）包括 REST、Dispatcher、ResourceManager 和 JobMaster，而 TaskManager（Worker 节点）主要有 TaskExecutor。
- REST 的主体部分 WebMonitorEndpoint 接收客户端的 HTTP 请求，提供各种 REST 服务，如作业、集群的指标、各种作业信息的情况、操作作业等。
- Dispatcher 的主要功能是接收 REST 转发的操作 JobMaster 请求，启动和管理 JobMaster。
- JobMaster 主要负责作业的运行调度和检查点的协调。

- ResourceManager 在不同部署模式下对资源进行管理（主要包括申请、回收资源及资源状态管控）。部署模式会在第 8 章详细介绍。
- TaskExecutor 对资源（CPU、内存等）以逻辑的 Slot 进行划分，Slot 供作业的 Task 调度到其上运行。

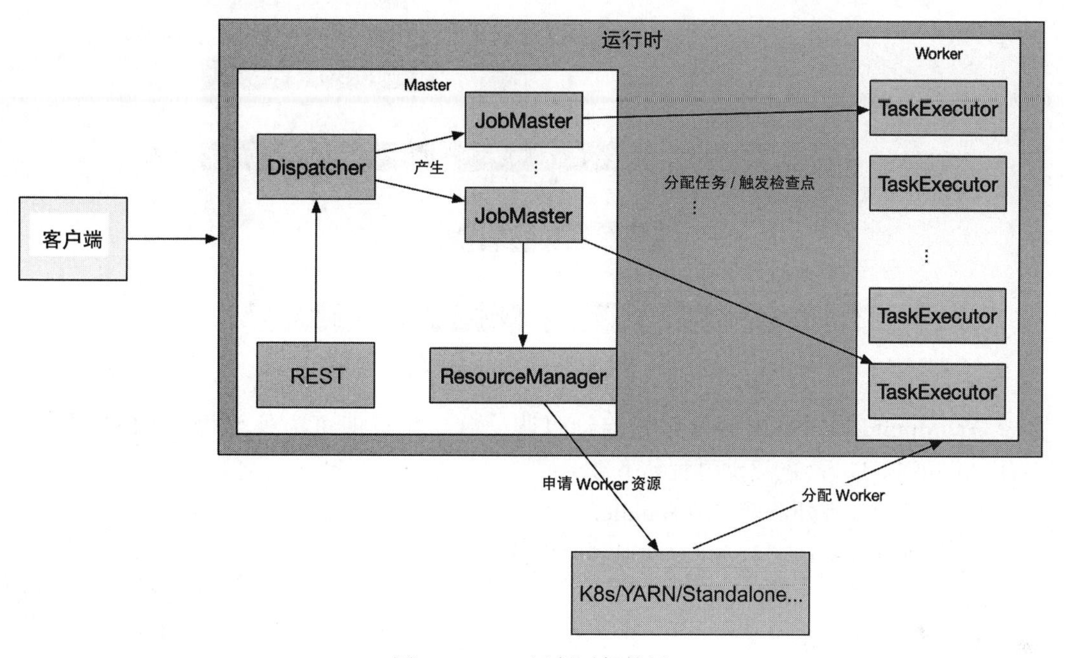

图 3-1 Flink 运行时架构图

3.1.1 REST

REST 是 JobManager 暴露给外部的服务，主要为客户端和前端提供 HTTP 服务。REST 部分源代码的核心是 WebMonitorEndpoint 类，WebMonitorEndpoint 相关类的类图架构如图 3-2 所示。

从 REST 的类图可以知道以下两点。

1）WebMonitorEndpoint 继承 RestServerEndpoint 类，实现 JsonArchivist 和 Leader-Contender 接口，其中：RestServerEndpoint 是基于 Netty 实现的抽象类，是整个暴露 REST 服务的核心部分；JsonArchivist 接口定义了基于 ExecutionGraph（作业执行图）生成 JSON 的接口，供查询作业执行图信息的 Handler（处理器）来实现；LeaderContender 接口定义了 WebMonitorEndpoint 在首领（Leader）选举方面的处理方法。LeaderContender 会在 3.3 节详细介绍。

2）MiniDispatcherRestEndpoint 和 DispatcherRestEndpoint 作为 WebMonitorEndpoint

的子类实现。两者的区别是 MiniDispatcherRestEndpoint 是作为 Per-Job 模式（一个作业对应一个集群的模式）的实现，而 DispatcherRestEndpoint 是作为 Session 模式的实现（一个集群可以有多个作业的模式）。

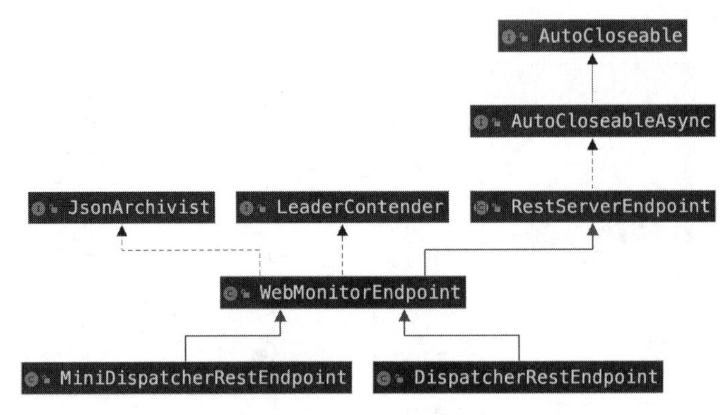

图 3-2　WebMonitorEndpoint 相关类图

WebMonitorEndpoint 的核心是启动过程，启动完成即可为外部提供 REST 服务。WebMontiorEndpoint 的启动过程如下：

1）初始化处理外部请求的 Handler；

2）将处理外部请求 Handler 注册到路由器（Router）；

3）创建并启动 NettyServer；

4）启动首领选举服务。

1. 初始化所有 Handler

在 WebMonitorEndpoint 的启动过程中，会调用父类 RestServerEndpoint 的 start 方法，而该方法执行流程的第一步是初始化 Handler，如代码清单 3-1 所示。

代码清单 3-1　RestServerEndpoint 启动过程中调用初始化的所有 Handler 部分

```
public final void start() throws Exception {
    synchronized (lock) {
        Preconditions.checkState(state == State.CREATED,
                "The RestServerEndpoint cannot be restarted.");

        log.info("Starting rest endpoint.");

        final Router router = new Router();
        final CompletableFuture<String> restAddressFuture = new CompletableFuture<>();

        handlers = initializeHandlers(restAddressFuture);
        ...
}
```

其中，initializeHandlers 方法在 RestServerEndpoint 类里是抽象的，具体实现在 WebMonitorEndpoint 和 DispatcherRestEndpoint 类里。DispatcherRestEndpoint 与 WebMonitorEndpoint 的 initializeHandlers 方法实现的不同之处在于：DispatcherRestEndpoint 作为 WebMonitorEndpoint 的子类，会调用其 initializeHandlers 方法，同时多添加 JobSubmitHandler，开启 Web 提交功能（默认是开启的），会添加 WebSubmissionExtension 类里对应的 Handler；而 WebSubmissionExtension 里对应的 Handler 就是处理 Flink UI 中 Submit New Job 选项卡中相关的请求，包括上传 Jar 包、生成 Jar 列表、删除 Jar、执行 Jar、生成执行图。WebMonitorEndpoint 与 DispatcherRestEndpoint 的 initializeHandlers 方法分别如代码清单 3-2、代码清单 3-3 所示。

代码清单 3-2　WebMonitorEndpoint 的 initializeHandlers 方法

```
@Override
protected List<Tuple2<RestHandlerSpecification, ChannelInboundHandler>>
        initializeHandlers(final CompletableFuture<String> localAddressFuture) {
    ArrayList<Tuple2<RestHandlerSpecification, ChannelInboundHandler>> handlers =
            new ArrayList<>(30);

    final Time timeout = restConfiguration.getTimeout();

    ClusterOverviewHandler clusterOverviewHandler = new ClusterOverviewHandler(
            leaderRetriever,
            timeout,
            responseHeaders,
            ClusterOverviewHeaders.getInstance());
            ...
            handlers.add(Tuple2.of
                        (clusterOverviewHandler.getMessageHeaders(),
                        clusterOverviewHandler));
    ...
    return handlers
}
```

代码清单 3-3　DispatcherRestEndpoint 的 initializeHandlers 方法

```
@Override
protected List<Tuple2<RestHandlerSpecification, ChannelInboundHandler>>
        initializeHandlers(final CompletableFuture<String> localAddressFuture) {
    List<Tuple2<RestHandlerSpecification, ChannelInboundHandler>> handlers =
            super.initializeHandlers(localAddressFuture);

    final Time timeout = restConfiguration.getTimeout();

    JobSubmitHandler jobSubmitHandler = new JobSubmitHandler(
            leaderRetriever,
            timeout,
```

```
            responseHeaders,
            executor,
            clusterConfiguration);

    if (restConfiguration.isWebSubmitEnabled()) {
        try {
            webSubmissionExtension = WebMonitorUtils.loadWebSubmissionExtension(
                    leaderRetriever,
                    timeout,
                    responseHeaders,
                    localAddressFuture,
                    uploadDir,
                    executor,
                    clusterConfiguration);

            // 注册 WebSubmissionExtension 的 Handler
            handlers.addAll(webSubmissionExtension.getHandlers());
        } catch (FlinkException e) {
            if (log.isDebugEnabled()) {
                log.debug("Failed to load web based job submission extension.", e);
            } else {
                log.info("Failed to load web based job submission extension. "
                + "Probable reason: flink-runtime-web is not in the classpath.");
            }
        }
    } else {
        log.info("Web-based job submission is not enabled.");
    }

    handlers.add(Tuple2.of(jobSubmitHandler.getMessageHeaders(), jobSubmitHandler));

    return handlers;
```

所有的 Handler 都继承自 AbstractHandler，而 AbstractHandler 类的架构如图 3-3 所示。

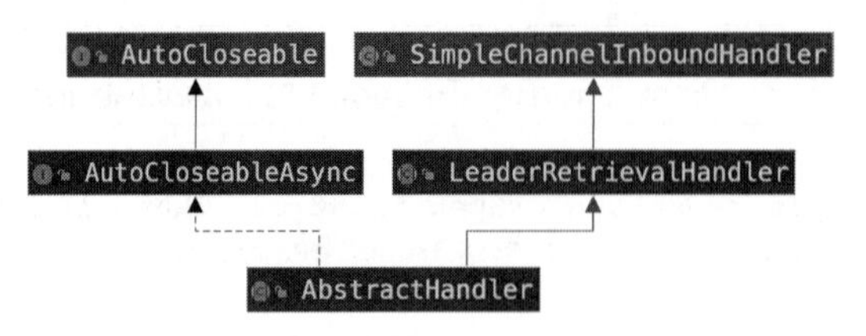

图 3-3　AbstractHandler 相关类图

从图 3-3 可知 AbstractHandler 会继承 SimpleChannelInboundHandler，可以添加到 ChannelPipeline，来处理 Channel 入站的数据以及各种状态变化。所有的 Handler 都有以下几个特点。

- 所有的 Handler 类在 org.apache.flink.runtime.rest.handler 包下面。
- 所有的 Handler 都有 MessageHeaders 的属性。MessageHeaders 属性包含请求的 URL、请求的参数类型、请求参数、响应的类型、响应返回码、HTTP 请求类型和是否接收文件上传等。
- Handler 会根据各自的需要，使用 WebMonitor 的 LeaderRetriever 和 ResourceManager-Retriever 字段分别对 Dispatcher 和 ResourceManager 进行访问，来获取与作业和资源相关的信息。

2. Handler 注册 Router

WebMonitorEndpoint 的启动过程为：初始化所有的 Handler，初始化后的 Handler 会注册到 Router，方便后面的 RouterHandler 将请求路由到正确的 Handler 进行处理。WebMonitorEndpoint 的子类 DispatcherRestEndpoint 的启动过程为：初始化 Handler，并将 Handler 注册到 Router 的列表中，如代码清单 3-4 所示。

代码清单 3-4　DispatcherRestEndpoint 启动过程中调用 Handler 并将其注册到 Router 部分

```
public final void start() throws Exception {

    handlers = initializeHandlers(restAddressFuture);
    // 基于 URL 进行排序
    Collections.sort(
            handlers,
            RestHandlerUrlComparator.INSTANCE);
    // 遍历所有 Handler 并将其注册到 Router
    handlers.forEach(handler -> {
        registerHandler(router, handler, log);
    });
    ...

}
```

如代码清单 3-5 所示，Handler 注册到 Router 时（DispatcherRestEndpoint 调用父类 RestServerEnpoint 类的 registerHandler 方法），DispatcherRestEndpoint 会根据 HttpMethod 的请求，调用将 Handler 注册到 Router 中对应的 HttpMethod 的列表中。

代码清单 3-5　RestServerEndpoint 类的 registerHandler 方法

```
private static void registerHandler(Router router, String handlerURL,
        HttpMethodWrapper httpMethod, ChannelInboundHandler handler) {
    switch (httpMethod) {
        case GET:
            router.addGet(handlerURL, handler);
            break;
        case POST:
```

```
            router.addPost(handlerURL, handler);
            break;
        case DELETE:
            router.addDelete(handlerURL, handler);
            break;
        case PATCH:
            router.addPatch(handlerURL, handler);
            break;
        default:
            throw new RuntimeException("Unsupported http method: "+httpMethod+'.');
    }
}
```

其中Router类的Handler的注册信息是一个嵌套的Map结构，Router的routers属性（Router类的Handler注册信息）是一个HttpMethod映射到MethodlessRouter的Map（Map<HttpMethod, MethodlessRouter>），而MethodlessRouter中的routes属性是一个PathPattern映射到Handler的Map，其中PathPattern由请求URL的path全路径和path基于path分隔符拆分成单词的数组属性组成。Router的Handler注册信息的结构如图3-4所示。

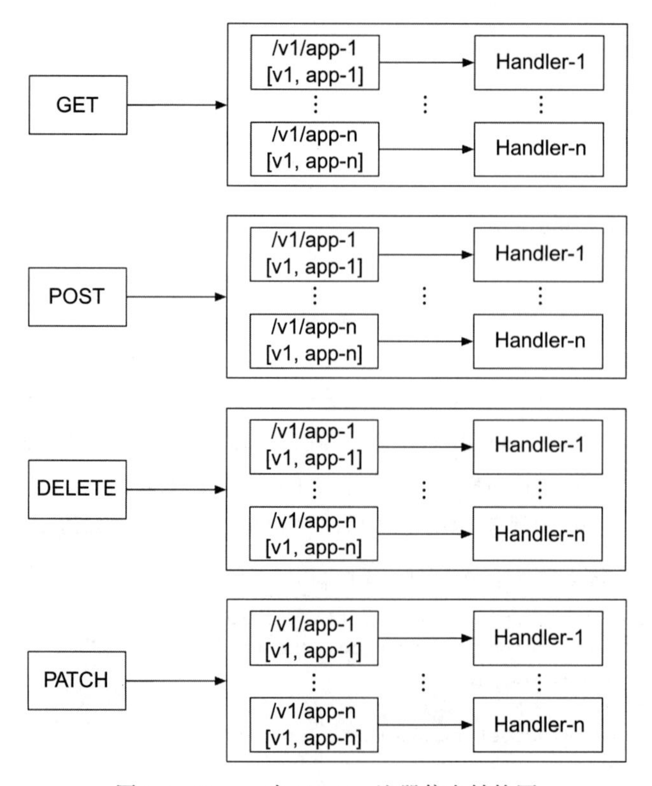

图3-4 Router中Handler注册信息结构图

3. 创建与启动 NettyServer

在初始化所有 Handler 并将其注册到 Router 列表后，会创建和启动 NettyServer，以暴露给外部 REST 服务。创建与启动 NettyServer 有两部分：初始化处理 Channel 和绑定端口启动，如代码清单 3-6 所示。

代码清单 3-6　RestServerEndpoint 启动过程中的创建与启动 NettyServer 部分

```
public final void start() throws Exception {
    ...
    ChannelInitializer<SocketChannel> initializer =
            new ChannelInitializer<SocketChannel>() {

        @Override
        protected void initChannel(SocketChannel ch) {
            RouterHandler handler = new RouterHandler(router, responseHeaders);

            if (isHttpsEnabled()) {
                ch.pipeline().addLast("ssl", new RedirectingSslHandler(
                            restAddress, restAddressFuture, sslHandlerFactory));
            }

            ch.pipeline()
                    .addLast(new HttpServerCodec())
                    .addLast(new FileUploadHandler(uploadDir))
                    .addLast(new  FlinkHttpObjectAggregator(maxContentLength,
                        responseHeaders))
                    .addLast(new ChunkedWriteHandler())
                    .addLast(handler.getName(), handler)
                    .addLast(new PipelineErrorHandler(log, responseHeaders));
        }
    };

    NioEventLoopGroup bossGroup = new NioEventLoopGroup(1,
            new ExecutorThreadFactory("flink-rest-server-netty-boss"));
    NioEventLoopGroup workerGroup = new NioEventLoopGroup(0,
            new ExecutorThreadFactory("flink-rest-server-netty-worker"));

    bootstrap = new ServerBootstrap();
    bootstrap
            .group(bossGroup, workerGroup)
            .channel(NioServerSocketChannel.class)
            .childHandler(initializer);

    Iterator<Integer> portsIterator;
    try {
        portsIterator = NetUtils.getPortRangeFromString(restBindPortRange);
    } catch (IllegalConfigurationException e) {
```

```
        throw e;
    } catch (Exception e) {
        throw new IllegalArgumentException("Invalid port range definition: "
            + restBindPortRange);
    }

    int chosenPort = 0;
    while (portsIterator.hasNext()) {
        try {
            chosenPort = portsIterator.next();
            final ChannelFuture channel;
            if (restBindAddress == null) {
                channel = bootstrap.bind(chosenPort);
            } else {
                channel = bootstrap.bind(restBindAddress, chosenPort);
            }
            serverChannel = channel.syncUninterruptibly().channel();
            break;
        } catch (final Exception e) {
            if (!(e instanceof org.jboss.netty.channel.ChannelException
                    || e instanceof java.net.BindException)) {
                throw e;
            }
        }
    }

    if (serverChannel == null) {
        throw new BindException(
                "Could not start rest endpoint on any port in port range "
                + restBindPortRange);
    }
    ...
}
```

其中初始化 Channel 会创建 ChannelPipeline。ChannelPipeline 的结构如图 3-5 所示，它包含六部分，各部分的功能如下。

- HttpServerCodec：负责 HTTP 消息的解码与编码。
- FileUploadHandler：负责处理文件上传。
- FlinkHttpObjectAggragator：继承 HttpObjectAggregator，负责将多个 HTTP 消息组装成一个完整的 HTTP 请求或者 HTTP 响应。
- ChunkedWriteHandler：负责大的数据流的处理，比如查看 TaskManager/JobManager 的日志和标准输出的 Handler 的处理。
- RouterHandler：REST 服务暴露的核心，会根据 URL 路由到正确的 Handler 进行相应的逻辑处理。

- PipelineErrorHandler：负责记录异常日志，并返回 HTTP 异常响应。只有前面五部分因异常情况没有发送 HTTP 响应，才会执行到 PipelineErrorHandler。

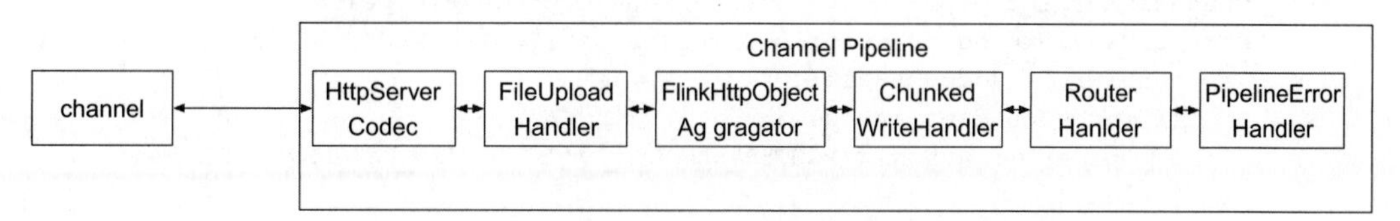

图 3-5　REST 组件的 ChannelPipeline 结构图

RouterHandler 负责将 HTTP 请求路由到正确的 Handler，分以下两个步骤。

1）通过初始化 Handler 注册到 Router 的注册信息，找到 HTTP 请求对应的路由结果，对于路由结果为空的，返回消息为 Not Found、状态码为 404 的 HTTP 响应，如代码清单 3-7 所示。

代码清单 3-7　RouterHandler 处理 HTTP 请求

```
@Override
protected void channelRead0(ChannelHandlerContext channelHandlerContext, HttpRequest
        httpRequest) {
    if (HttpHeaders.is100ContinueExpected(httpRequest)) {
        channelHandlerContext.writeAndFlush(new DefaultFullHttpResponse(
                HttpVersion.HTTP_1_1, HttpResponseStatus.CONTINUE));
        return;
    }

    // 根据 HTTP 请求信息，在路由列表中查找
    HttpMethod method = httpRequest.getMethod();
    QueryStringDecoder qsd = new QueryStringDecoder(httpRequest.uri());
    RouteResult<?> routeResult = router.route(method, qsd.path(), qsd.parameters());

    if (routeResult == null) {
        respondNotFound(channelHandlerContext, httpRequest);
        return;
    }

    routed(channelHandlerContext, routeResult, httpRequest);
}
```

2）根据路由的结果，触发对应的 Handler 的消息处理，如代码清单 3-8 所示。

代码清单 3-8　RouterHandler 根据路由结果触发 Handler 消息处理

```
private void routed(
        ChannelHandlerContext channelHandlerContext,
```

```
        RouteResult<?> routeResult,
        HttpRequest httpRequest) {
    ChannelInboundHandler handler = (ChannelInboundHandler) routeResult.target();

    ChannelPipeline pipeline  = channelHandlerContext.pipeline();
    ChannelHandler addedHandler = pipeline.get(ROUTED_HANDLER_NAME);
    if (handler != addedHandler) {
        if (addedHandler == null) {
            pipeline.addAfter(ROUTER_HANDLER_NAME, ROUTED_HANDLER_NAME, handler);
        } else {
            pipeline.replace(addedHandler, ROUTED_HANDLER_NAME, handler);
        }
    }

    RoutedRequest<?> request = new RoutedRequest<>(routeResult, httpRequest);
    channelHandlerContext.fireChannelRead(request.retain());
}
```

4. 启动 Leader 选举服务

在 WebMonitorEndpoint 的启动过程中，最后的部分启动首领选举服务，如代码清单 3-9 所示。首领选举服务会在 3.3 节详细介绍。

代码清单 3-9　RestServerEndpoint 启动过程中的启动首领选举服务部分

```
public final void start() throws Exception {
    ...
    startInternal();

}

@Override
public void startInternal() throws Exception {
    leaderElectionService.start(this);
    if (hasWebUI) {
        log.info("Web frontend listening at {}.", getRestBaseUrl());
    }
}
```

3.1.2 Dispatcher

Dispatcher 组件负责接收作业的提交、对作业进行持久化、产生新的 JobMaster 执行作业、在 JobManager 节点崩溃恢复时恢复所有作业的执行，以及管理作业对应 JobMaster 的状态。Dispatcher 组件的基础类为 Dispatcher，Dispatcher 组件相关的类图如图 3-6 所示。

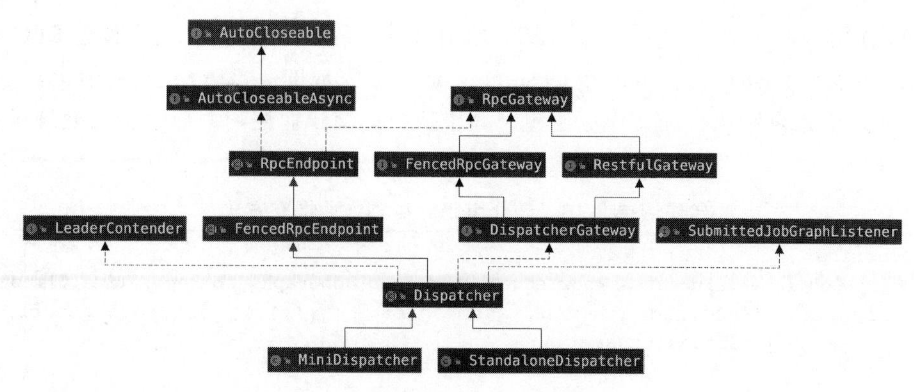

图 3-6 Dispatcher 组件相关类图

从图 3-6 可知以下两点。

1）Dispatcher 作为抽象类，继承 FencedRpcEndpoint 类，来对外部提供 RPC（Remote Procedure Call，远程过程调用）；Dispatcher 实现 LeaderContender 接口，来处理首领选举；Dispatcher 实现 DispatcherGateway 接口，提供给 REST 组件通过 RPC 调用的方法来暴露其服务；Dispatcher 实现 SubmittedJobGraphListener 接口，来实现侦听持久化作业信息变更后的处理逻辑。

2）MiniDispatcher 类和 StandaloneDispatcher 类作为 Dispatcher 的子类实现。两者的不同是，MiniDispatcher 类是作为 Per-Job 模式（一个作业对应一个集群的模式）的实现，而 StandaloneDispatcher 是作为 Session 模式（一个集群可以有多个作业的模式）的实现。

接下来重点看下 Dispatcher 接收到 REST 提交作业的消息后的处理过程。如图 3-7 所示，这个处理过程大致分为以下 6 步：

1）检查作业是否重复，防止一个作业在 JobManager 进程中被多次调度运行；

2）执行该作业前一次运行未完成的终止逻辑（同一个 jobId 的作业）；

3）持久化作业的 jobGraph；

4）创建 JobManagerRunner；

5）JobManagerRunner 构建 JobMaster 用来负责作业的运行；

6）启动 JobManagerRunner。

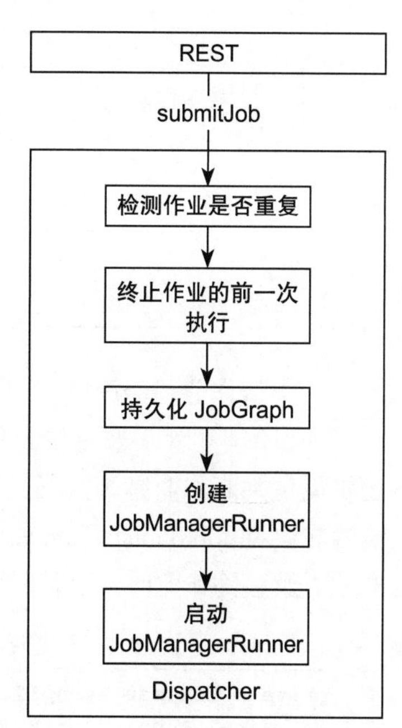

图 3-7 Dispatcher 接收到提交作业消息的处理流程

如代码清单3-10所示，其中REST将作业提交到Dispatcher，是通过RPC调用Dispatcher实现DispatcherGateway的submitJob方法完成的。该方法包括两部分：对提交的作业进行检查和执行提交作业逻辑，其中执行提交作业逻辑对应于上面处理过程的第2～6步。

代码清单3-10　Dispatcher处理作业提交方法

```
@Override
public CompletableFuture<Acknowledge> submitJob(JobGraph jobGraph, Time timeout) {
    log.info("Received JobGraph submission {} ({}).", jobGraph.getJobID(),
            jobGraph.getName());

    try {
        // 检查作业是否重复
        if (isDuplicateJob(jobGraph.getJobID())) {
            return FutureUtils.completedExceptionally(
                    new JobSubmissionException(jobGraph.getJobID(),
                        "Job has already been submitted."));
        // 检查作业是否进行对Task（任务）级别进行资源设置
        } else if (isPartialResourceConfigured(jobGraph)) {
            return FutureUtils.completedExceptionally(
                new JobSubmissionException(jobGraph.getJobID(),
                    "Currently jobs is not supported if parts of the vertices have "
                    + "resources configured. The limitation will be removed "
                    + "in future versions."));
        } else {
            return internalSubmitJob(jobGraph);
        }
    } catch (FlinkException e) {
        return FutureUtils.completedExceptionally(e);
    }
}
```

1. 检查作业是否重复

处理作业的第一步是检查作业是否重复。如代码清单3-11所示，检查作业是否重复的逻辑就是判断作业是否执行过或者作业是否正在执行中。其中，jobManagerRunnerFutures属性在创建jobManagerRunner成功时会添加数据，而在创建或者启动JobManagerRunner失败以及移除作业时，会移除对应作业的数据。

代码清单3-11　检查作业是否重复的方法

```
private boolean isDuplicateJob(JobID jobId) throws FlinkException {
    final RunningJobsRegistry.JobSchedulingStatus jobSchedulingStatus;

    try {
```

```
        jobSchedulingStatus = runningJobsRegistry.getJobSchedulingStatus(jobId);
    } catch (IOException e) {
        throw new FlinkException(String.format(
                "Failed to retrieve job scheduling status for job %s.", jobId), e);
    }

    return jobSchedulingStatus == RunningJobsRegistry.JobSchedulingStatus.DONE
            || jobManagerRunnerFutures.containsKey(jobId);
}
```

2. 作业提交过程

如代码清单 3-12 所示，提交作业的处理过程是先执行作业的前一次未完成的退出逻辑，再执行持久化和运行作业（上面提到的处理逻辑的第 3~5 步）。

代码清单 3-12　内部处理提交作业方法

```
private CompletableFuture<Acknowledge> internalSubmitJob(JobGraph jobGraph) {
    log.info("Submitting job {} ({}).", jobGraph.getJobID(), jobGraph.getName());

    final CompletableFuture<Acknowledge> persistAndRunFuture =
            waitForTerminatingJobManager(jobGraph.getJobID(), jobGraph,
                this::persistAndRunJob)
            .thenApply(ignored -> Acknowledge.get());

    return persistAndRunFuture.handleAsync((acknowledge, throwable) -> {
        if (throwable != null) {
            // 持久化和运行作业失败，清除作业对应的数据（主要是作业的 HA 的数据，
            // 存储在 ZooKeeper 和 HDFS 中）
            cleanUpJobData(jobGraph.getJobID(), true);

            final Throwable strippedThrowable =
                    ExceptionUtils.stripCompletionException(throwable);
            log.error("Failed to submit job {}.", jobGraph.getJobID(),
                    strippedThrowable);
            throw new CompletionException(
                    new JobSubmissionException(jobGraph.getJobID(),
                            "Failed to submit job.",
                        strippedThrowable));
        } else {
            return acknowledge;
        }
    }, getRpcService().getExecutor());
}
```

其中，执行作业前一次未完成的终止过程是先获取前一次未完成的终止逻辑，执行终止成功后再调用持久化运行作业方法，如代码清单 3-13 所示。

代码清单 3-13　终止作业前一次执行的方法

```
private CompletableFuture<Void> waitForTerminatingJobManager(Job
        ID jobId, JobGraph jobGraph, FunctionWithException<JobGraph,
        CompletableFuture<Void>, ?> action) {
    final CompletableFuture<Void> jobManagerTerminationFuture =
        getJobTerminationFuture(jobId).exceptionally((Throwable throwable) -> {
        throw new CompletionException(new DispatcherException(String.format(
            "Termination of previous JobManager for job %s failed. Cannot submit"
            + "job under the same job id.",
            jobId), throwable)); });

    return jobManagerTerminationFuture.thenComposeAsync(
            FunctionUtils.uncheckedFunction((ignored) -> {
                jobManagerTerminationFutures.remove(jobId);
                // action 是 persistAndRunJob 方法
                return action.apply(jobGraph);
            }),
            getMainThreadExecutor());
}
```

代码清单 3-14 所示为获取作业前一次未完成的终止的处理逻辑方法。如果该作业还在运行列表中，则返回作业还在运行中的异常；否则，就从终止作业的进度列表中获取。

代码清单 3-14　获取作业前一次未完成的终止的处理逻辑方法

```
CompletableFuture<Void> getJobTerminationFuture(JobID jobId) {
    if (jobManagerRunnerFutures.containsKey(jobId)) {
        return FutureUtils.completedExceptionally(new DispatcherException(
            String.format("Job with job id %s is still running.", jobId)));
    } else {
        return jobManagerTerminationFutures.getOrDefault(jobId,
            CompletableFuture.completedFuture(null));
    }
}
```

如代码清单 3-15 所示，在处理完作业前一次未完成的终止的逻辑后，执行持久化与运行作业。持久化作业是指 SumittedJobGraphStore 对作业的 JobGraph 信息进行持久化，其中持久化作业的 JobGraph 信息是为了在 JobManager 崩溃恢复时，JobManager 可以对作业进行恢复。

代码清单 3-15　持久化与运行作业

```
private CompletableFuture<Void> persistAndRunJob(JobGraph jobGraph) throws Exception {
    // 持久化作业的 DAG（JobGraph）
    submittedJobGraphStore.putJobGraph(new SubmittedJobGraph(jobGraph));

    final CompletableFuture<Void> runJobFuture = runJob(jobGraph);
```

```
    return runJobFuture.whenComplete(BiConsumerWithException.unchecked(
            (Object ignored, Throwable throwable) -> {
        if (throwable != null) {
            submittedJobGraphStore.removeJobGraph(jobGraph.getJobID());
        }
    }));
}
```

而运行作业的逻辑是，首先创建 JobManagerRunner，将创建 JobManagerRunner 的进度记录到已在运行的作业列表中，表示该作业已在执行，再启动 JobManagerRunner，如代码清单 3-16 所示。

代码清单 3-16　Dispatcher 运行作业方法

```
CompletableFuture<Void> runJob(JobGraph jobGraph) {
    Preconditions.checkState(!jobManagerRunnerFutures.containsKey(
        jobGraph.getJobID()));

    final CompletableFuture<JobManagerRunner> jobManagerRunnerFuture =
        createJobManagerRunner(jobGraph);

    jobManagerRunnerFutures.put(jobGraph.getJobID(), jobManagerRunnerFuture);

    return jobManagerRunnerFuture
        .thenApply(FunctionUtils.uncheckedFunction(this::startJobManagerRunner))
        .thenApply(FunctionUtils.nullFn())
        .whenCompleteAsync((ignored, throwable) -> {
            if (throwable != null) {
                jobManagerRunnerFutures.remove(jobGraph.getJobID());
            }
        }, getMainThreadExecutor());
}
```

其中启动 JobManagerRunner 的逻辑不单是处理 JobManagerRunner 的启动过程，还会通过 JobManagerRunner 调用 getResultFuture 方法，来对作业的执行情况进行侦听。对于一直在正常运行的作业，getResultFuture 是返回值，即不会执行 handleAsync 方法里的逻辑；当作业运行状态变成终态（作业的终态有：CANCELED，作业被停止；FINISHED，作业已完成；FAILED，作业已不可恢复地异常失败），以及 JobManager 启动或者运行出现异常时，会执行 handleAsync 方法里的逻辑，如代码清单 3-17 所示。

代码清单 3-17　启动 JobManagerRunner 逻辑

```
private JobManagerRunner startJobManagerRunner(JobManagerRunner jobManagerRunner)
        throws Exception {
    final JobID jobId = jobManagerRunner.getJobGraph().getJobID();
```

```
        FutureUtils.assertNoException(
            jobManagerRunner.getResultFuture().handleAsync(
            (ArchivedExecutionGraph archivedExecutionGraph, Throwable throwable) -> {
                // 检查作业是否在执行中
                final CompletableFuture<JobManagerRunner> jobManagerRunnerFuture =
                        jobManagerRunnerFutures.get(jobId);
                final JobManagerRunner currentJobManagerRunner =
                        jobManagerRunnerFuture != null ?
                            jobManagerRunnerFuture.getNow(null) : null;
                if (jobManagerRunner == currentJobManagerRunner) {
                    // 作业达到终态
                    if (archivedExecutionGraph != null) {
                        jobReachedGloballyTerminalState(archivedExecutionGraph);
                    } else {
                        final Throwable strippedThrowable =
                            ExceptionUtils.stripCompletionException(throwable);

                        // 作业处于not finished状态，被通知非正常终止异常
                        if (strippedThrowable instanceof JobNotFinishedException) {
                            jobNotFinished(jobId);
                            // 作业对应的jobMaster失败的异常
                        } else {
                            jobMasterFailed(jobId, strippedThrowable);
                        }
                    }
                } else {
                    log.debug("There is a newer JobManagerRunner for the job {}.",
                        jobId);
                }

                return null;
            }, getMainThreadExecutor()));

        jobManagerRunner.start();

        return jobManagerRunner;
    }
```

在Dispatcher的重要逻辑中，除了提交作业，还有JobManager进程崩溃后在恢复时的恢复作业，恢复作业与HA中的首领选举有关，会在3.3节详细展开。在Dispatcher的代码里出现了getMainThreadExecutor方法和getRpcService().getExecutor()方法，这看起来有点让人迷惑，因为用getMainThreadExecutor这个方法处理不需要加锁来保证线程安全，而getRpcService().getExecutor()需要考虑线程安全。两者的具体实现会在3.2节详细分析。

3.1.3 ResourceManager

ResourceManager组件负责资源的分配与释放，以及资源状态的管理。ResourceManager组件的基础类为ResourceManager，ResourceManager类的组织架构如图3-8所示。ResourceManager类的实现接口和继承类整体与Dispatcher类类似，唯一不同的是ResourceManager类实现的是ResourceManagerGateway接口，实现的方法供Dispatcher、REST、JobMaster组件调用。ResourceManager的子类有StandaloneResourceManager、MesosResourceManager、YarnResourceManager，作为不同部署模式的实现，实现在各种部署模式下与资源管控的交互。

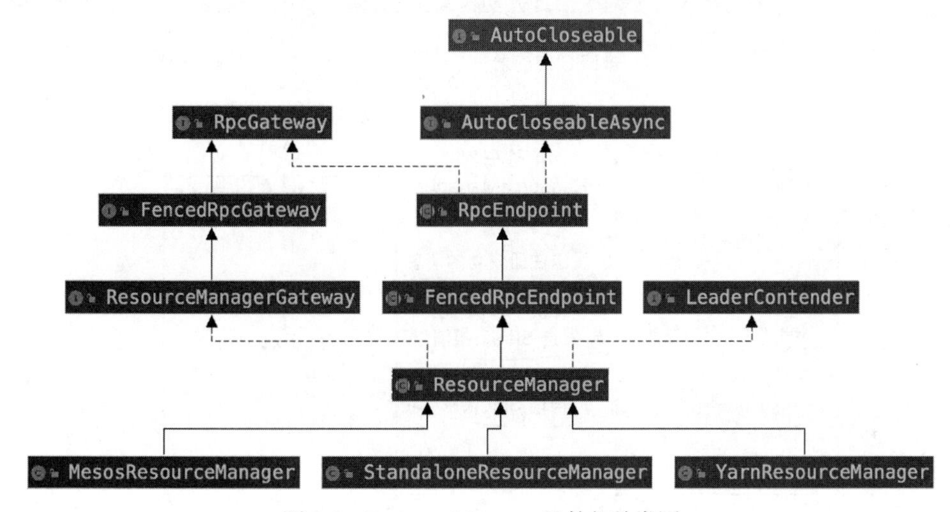

图3-8 ResourceManager组件相关类图

ResourceManager与其他组件的通信主要有以下几种。

- REST组件通过Dispatcher透传或者直接与ResourceManager通信来获取TaskExecutor的详细信息、集群的资源情况、TaskExecutor Metric查询服务的信息、TaskExecutor的日志和标志输出。具体体现在Flink UI上。
- JobMaster与ResourceManager的交互主要体现在申请Slot、释放Slot、将JobMaster注册到ResourceManager，以及组件之间的心跳。
- TaskExecutor与ResourceManager的交互主要是将TaskExecutor注册到ResourceManager、汇报TaskExecutor上Slot的情况，以及组件之间心跳通信。

对于资源Slot，在TaskExecutor上以Slot逻辑单元对TaskManager资源（资源CPU、内存等）进行划分，供作业的Task调度；在JobMaster和ResourceManager上维护与TaskExecutor的Slot的映射关系，JobManager通过SlotPool来管理运行作业的Slot，ResourceManager通过SlotManager来管理TaskManager注册过来的Slot，供多个JobMaster的

SlotPool 来申请和分配。

接下来详细介绍 ResourceManager、JobMaster 与 TaskExecutor 之间的重要流程——申请资源 Slot。后面的 JobMaster 和 TaskExecutor 也会围绕申请资源 Slot 过程中的各个组件处理流程展开介绍。整个申请资源 Slot 的流程如图 3-9 所示。

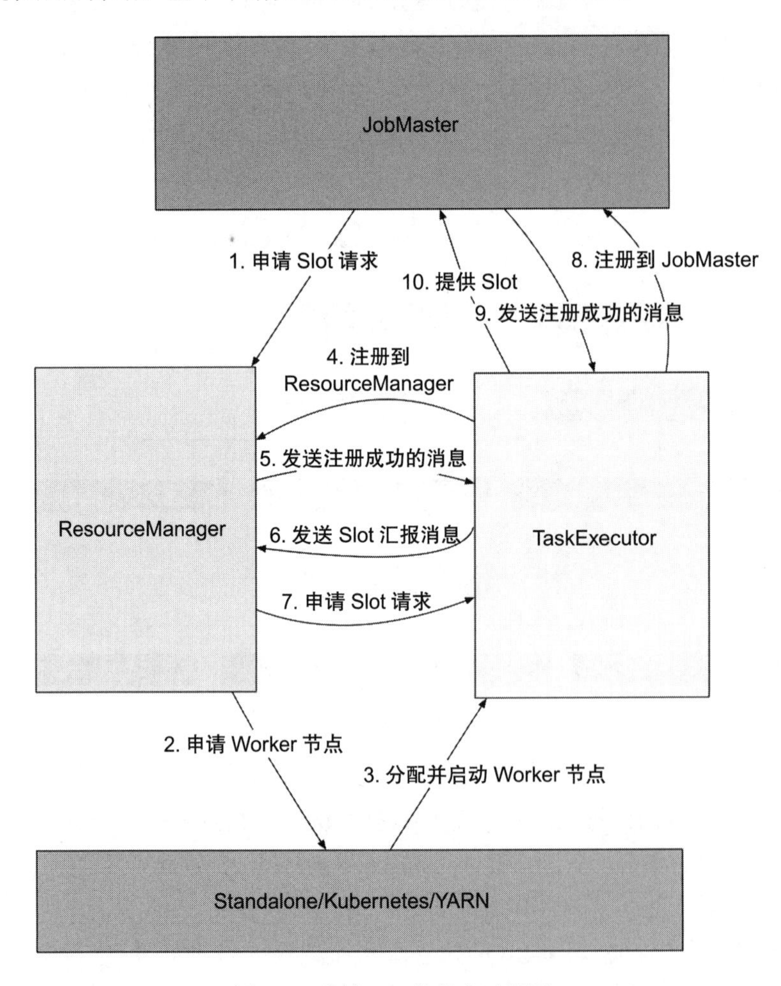

图 3-9　申请 Slot 的整个过程图

1）JobMaster 会根据 Task 的调度按需向 ResourceManager 发出申请 Slot 的请求。

2）ResourceManager 根据自身注册 TaskManager 的 Slot 空闲情况进行处理：TaskManager 的空闲 Slot 资源足够时，就直接往对应的 TaskManager 发起申请占有 Slot 的请求；不够时则先会向各种部署模式（Standalone/Kubernetes/YARN）对应的资源管控中心申请 TaskManager。

3）各种部署模式的资源管控中心根据 ResourceManager 申请 TaskManager 资源的规

格，分配并启动 TaskManager。

4）启动的 TaskManager 会注册到 ResourceManager，注册成功后，TaskManager 汇报自身的 Slot 情况（TaskManager 汇报 Slot 过程）。

5）ResourceManager 根据 TaskManager 汇报的 Slot 情况向 TaskManager 申请占有 Slot（ResourceManager 的申请占有 Slot 过程）。

6）TaskManager 根据申请占有 Slot 信息中的作业信息注册对应的 JobMaster，并将 Slot 提供给 JobMaster 调用分配 Task（OfferSlot 的过程）。

1. SlotManager

SlotManager 作为 ResourceManager 的重要部分，维护和注册来自 TaskManager 的 Slot，并处理来自 JobMaster 的 Slot 申请。其中 SlotManager 服务的实现类为 SlotManagerImpl。SlotManager 处理来自所有 JobManager 的 Slot 申请，其处理过程分成两部分：申请资源 Slot 和处理 TaskManager 的注册 Slot。接下来以 SlotManager 处理来自 JobMaster 的 Slot 申请的过程和 TaskManagerSlot 的状态转换来展开介绍 SlotManager。

（1）申请 Slot 与分配

SlotManager 在接收到 JobMaster 的 Slot 申请后，进行申请 Slot 过程，其过程主要有以下几部分：

1）检测 Slot 申请是否有效；

2）匹配 SlotManager 空闲的 Slot（TaskManagerSlot）和待完成资源申请的 Slot 请求（PendingTaskManager），即 Slot 与待完成资源申请的 Slot 请求匹配过程；

3）申请 TaskManager 资源或者分配空闲的 Slot（TaskManagerSlot）（申请资源与分配过程）。

如代码清单 3-18 所示，检测 Slot 申请是否有效，首先检查该 Slot 申请对应的 JobMaster 是否已注册，如果未注册则拒绝该 Slot 申请，反之执行后续的有效性检测。

代码清单 3-18　ResourceManager 提供的申请 Slot 的 RPC 方法

```java
@Override
public CompletableFuture<Acknowledge> requestSlot(
        JobMasterId jobMasterId,
        SlotRequest slotRequest,
        final Time timeout) {

    JobID jobId = slotRequest.getJobId();
    JobManagerRegistration jobManagerRegistration =
            jobManagerRegistrations.get(jobId);

    if (null != jobManagerRegistration) {
        // 判断该 Slot 申请对应的 JobMaster 是否已经注册到 ResourceManager
```

```
        if (Objects.equals(jobMasterId, jobManagerRegistration.getJobMasterId())) {
            log.info("Request slot with profile {} for job {} with allocation id {}.",
                    slotRequest.getResourceProfile(),
                    slotRequest.getJobId(),
                    slotRequest.getAllocationId());

            try {
                slotManager.registerSlotRequest(slotRequest);
            } catch (ResourceManagerException e) {
                return FutureUtils.completedExceptionally(e);
            }

            return CompletableFuture.completedFuture(Acknowledge.get());
        } else {
            return FutureUtils.completedExceptionally(new ResourceManagerException(
                    "The job leader's id "
                    + jobManagerRegistration.getJobMasterId()
                    + "does not match the received id " + jobMasterId + '.'));
        }

    } else {
        return FutureUtils.completedExceptionally(new ResourceManagerException(
                "Could not find registered job manager for job " + jobId + '.'));
    }
}
```

如代码清单3-19所示，检测Slot申请的有效性，还会检测SlotManager是否已经启动（通过检查started属性）以及申请的Slot是否重复提交过。其中申请的Slot是否重复提交过的检测方式是：检查待分配或者已经完成和活跃的Slot申请Map中是否存在该Slot的AllocationID。申请Slot的AllocationID是在JobMaster组件中就产生的，是唯一确定的。在检测完Slot申请的有效性后，会通过internalRequestSlot方法执行Slot和待分配请求匹配的逻辑。

代码清单3-19　SlotManager类的注册Slot申请请求方法

```
@Override
public boolean registerSlotRequest(SlotRequest slotRequest) throws
    ResourceManagerException {
    // 检查是否已经启动
    checkInit();
    // 检查申请的Slot是否重复提交过
    if (checkDuplicateRequest(slotRequest.getAllocationId())) {
        LOG.debug("Ignoring a duplicate slot request with allocation id {}.",
                slotRequest.getAllocationId());

        return false;
```

```
    } else {
        PendingSlotRequest pendingSlotRequest = new PendingSlotRequest(slotRequest);

        pendingSlotRequests.put(slotRequest.getAllocationId(), pendingSlotRequest);

        try {
            internalRequestSlot(pendingSlotRequest);
        } catch (ResourceManagerException e) {
            pendingSlotRequests.remove(slotRequest.getAllocationId());

            throw new ResourceManagerException("Could not fulfill slot request"
                    + slotRequest.getAllocationId() + '.', e);
        }

        return true;
    }
}
```

如代码清单 3-20 所示，内部申请 Slot 方法的处理流程为：先根据申请的 Slot 的资源规格匹配 SlotManager 的空闲 Slot 列表，匹配上空闲 Slot，则完成该空闲 Slot 的分配过程，否则匹配待分配的申请请求和申请 TaskManager。

代码清单 3-20　SlotManager 类内部申请 Slot 的方法

```
private void internalRequestSlot(PendingSlotRequest pendingSlotRequest) throws
    ResourceManagerException {
    final ResourceProfile resourceProfile = pendingSlotRequest.getResourceProfile();

    OptionalConsumer.of(findMatchingSlot(resourceProfile))
        .ifPresent(taskManagerSlot -> allocateSlot(taskManagerSlot, pendingSlotRequest))
        .ifNotPresent(() -> fulfillPendingSlotRequestWithPendingTaskManagerSlot(
            pendingSlotRequest));
}
```

如代码清单 3-21 所示，Slot 匹配过程是根据 Slot 匹配策略（slotMatchingStrategy）从 SlotManager 注册的空闲 TaskManagerSlot 列表中挑选符合条件的 TaskManagerSlot。其 TaskManagerSlot 记录 Slot 在 TaskManager 的地址，在 TaskManager 的 SlotTable 中的下标，Slot 在 TaskManager 上的占用情况以及在 ResourceManager 的状态。（TaskManagerSlot 的状态转换后面会详细介绍。）slotMatchingStrategy 对应类的实现有两种，分别是 AnyMatchingSlotMatchingStrategy 和 LeastUtilizationSlotMatchingStrategy。AnyMatchingSlotMatchingStrategy 的挑选策略是从空闲的 TaskManagerSlot 中任意挑选一个，这是默认的挑选策略；而 LeastUtilizationSlotMatchingStrategy 是在空闲的 TaskManagerSlot 中挑选空闲 Slot 数量最多的 TaskManager 的 TaskManagerSlot，该策略需要将参数 cluster.evenlyspread-out-slots 的值设置为 true 才会生效。

代码清单 3-21 SlotManagerImpl 类匹配合适的 Slot 方法

```
private Optional<TaskManagerSlot>
        findMatchingSlot(ResourceProfile requestResourceProfile) {
    final Optional<TaskManagerSlot> optionalMatchingSlot =
        slotMatchingStrategy.findMatchingSlot(
            requestResourceProfile,
            freeSlots.values(),
            this::getNumberRegisteredSlotsOf);

    optionalMatchingSlot.ifPresent(
        taskManagerSlot -> {
            Preconditions.checkState(
                taskManagerSlot.getState() == TaskManagerSlot.State.FREE,
                "TaskManagerSlot %s is not in state FREE but %s.",
                taskManagerSlot.getSlotId(),
                taskManagerSlot.getState());

            freeSlots.remove(taskManagerSlot.getSlotId());
        });

    return optionalMatchingSlot;
}
```

对于已经匹配的 Slot，调用执行分配 Slot 的过程，即完成 TaskManager 的 Slot 与 JobMaster 的绑定，如代码清单 3-22 所示。其中分配 Slot 的过程是先将空闲的 TaskManagerSlot 的状态从空闲状态（FREE）标记为待分配状态（PENDING），再绑定对应待分配的 Slot 申请请求（pendingSlotRequest）。通过 TaskManagerSlot 中 TaskManager 的信息向 TaskExecutor 请求异步占有对应的 Slot，不同返回结果的处理逻辑不一样，具体如下。

- 当返回确认的结果 acknowledge 不为空，会更新 TaskManagerSlot 的状态，由待分配状态（PENDING）转变为已分配状态（ALLOCATED）。
- 当返回结果为 SlotOccupiedException 异常时，表示对应 TaskExecutor 的 Slot 已经被其他 Slot 请求占用，会拒绝此次绑定的 Slot 申请 pendingSlotRequest 的请求，将 TaskManagerSlot 的状态从待分配状态（PENDING）修改为已分配状态（ALLOCATED），并绑定返回已占用的 allocationId 来完成与 TaskExecutor Slot 占用情况的映射。
- 对于其他异常，会移除 TaskManagerSlot 与待分配的 Slot 申请 pendingSlotRequest 的绑定关系，对于非 CancellationException（ Slot 申请被取消）异常的情况还会重试调用内部的 Slot 请求。

代码清单 3-22　SlotManagerImpl 类的分配 Slot 方法

```
private void allocateSlot(TaskManagerSlot taskManagerSlot,
        PendingSlotRequest pendingSlotRequest) {
    Preconditions.checkState(taskManagerSlot.getState() ==
        TaskManagerSlot.State.FREE);

    TaskExecutorConnection taskExecutorConnection =
        taskManagerSlot.getTaskManagerConnection();
    TaskExecutorGateway gateway = taskExecutorConnection.getTaskExecutorGateway();

    final CompletableFuture<Acknowledge> completableFuture = new CompletableFuture<>();
    final AllocationID allocationId = pendingSlotRequest.getAllocationId();
    final SlotID slotId = taskManagerSlot.getSlotId();
    final InstanceID instanceID = taskManagerSlot.getInstanceId();

    taskManagerSlot.assignPendingSlotRequest(pendingSlotRequest);
    pendingSlotRequest.setRequestFuture(completableFuture);

    returnPendingTaskManagerSlotIfAssigned(pendingSlotRequest);

    TaskManagerRegistration taskManagerRegistration =
        taskManagerRegistrations.get(instanceID);

    if (taskManagerRegistration == null) {
        throw new IllegalStateException(
                "Could not find a registered task manager for instance id "
                + instanceID + '.');
    }

    // 将 TaskManager 标记为已经使用，SlotManager 检查空闲 TaskManager 并回收的逻辑不会被回收
    taskManagerRegistration.markUsed();

    // 往 TaskManager 请求分配 Slot，以供 JobMaster 中作业的 Task 调度部署
    CompletableFuture<Acknowledge> requestFuture = gateway.requestSlot(
            slotId,
            pendingSlotRequest.getJobId(),
            allocationId,
            pendingSlotRequest.getTargetAddress(),
            resourceManagerId,
            taskManagerRequestTimeout);

    requestFuture.whenComplete(
            (Acknowledge acknowledge, Throwable throwable) -> {
                if (acknowledge != null) {
                    completableFuture.complete(acknowledge);
                } else {
                    completableFuture.completeExceptionally(throwable);
```

```
                }
            });

    completableFuture.whenCompleteAsync(
            (Acknowledge acknowledge, Throwable throwable) -> {
                try {
                    if (acknowledge != null) {
                        updateSlot(slotId, allocationId,
                            pendingSlotRequest.getJobId());
                    } else {
                        if (throwable instanceof SlotOccupiedException) {
                            SlotOccupiedException exception = (SlotOccupiedException)
                                throwable;
                            updateSlot(slotId, exception.getAllocationId(),
                                exception.getJobId());
                        } else {
                            removeSlotRequestFromSlot(slotId, allocationId);
                        }

                        if (!(throwable instanceof CancellationException)) {
                            handleFailedSlotRequest(slotId, allocationId, throwable);
                        } else {
                            LOG.debug(
                                "Slot allocation request {} has been cancelled.",
                                allocationId,
                                throwable);
                        }
                    }
                } catch (Exception e) {
                    LOG.error("Error while completing the slot allocation.", e);
                }
            },
            mainThreadExecutor);
}
```

而对于没有匹配的 Slot，会执行匹配待完成资源申请的 Slot 或者申请 TaskManager 的过程，如代码清单 3-23 所示。先查看待完成资源申请的 Slot 列表中是否存在 Slot 未绑定 Slot 申请，且与本次待分配的 Slot 请求的资源规格一致。如果存在，直接将符合条件的待申请 Slot（PendingTaskManagerSlot）与本次待分配的 Slot 请求绑定；否则，直接通过部署模式申请 TaskExecutor 的资源，将返回一个或者多个待完成资源申请的 Slot 并将其记录到待完成资源申请的 Slot 列表中，并从待完成资源申请的 Slot 列表中选择一个与本次 Slot 申请绑定。

代码清单 3-23 SlotManagerImpl 完成 Slot 请求与绑定

```
private void fulfillPendingSlotRequestWithPendingTaskManagerSlot(
```

```
        PendingSlotRequest pendingSlotRequest) throws ResourceManagerException {
    ResourceProfile resourceProfile = pendingSlotRequest.getResourceProfile();
    Optional<PendingTaskManagerSlot> pendingTaskManagerSlotOptional =
            findFreeMatchingPendingTaskManagerSlot(resourceProfile);

    if (!pendingTaskManagerSlotOptional.isPresent()) {
        pendingTaskManagerSlotOptional = allocateResource(resourceProfile);
    }

    OptionalConsumer.of(pendingTaskManagerSlotOptional)
            .ifPresent(pendingTaskManagerSlot -> assignPendingTaskManagerSlot(
                pendingSlotRequest, pendingTaskManagerSlot))
            .ifNotPresent(() -> {

                if (failUnfulfillableRequest && !isFulfillableByRegisteredSlots(
                        pendingSlotRequest.getResourceProfile())) {
                    throw new UnfulfillableSlotRequestException(
                        pendingSlotRequest. getAllocationId(),
                        pendingSlotRequest.getResourceProfile());
                }
            });
}
```

（2）Slot 注册与分配

上面已经将申请 Slot 与分配的过程介绍完了，接下来看 Slot 注册与分配。Slot 注册与分配是这样一个过程：启动的 TaskManager 会注册到 ResourceManager，同时将其 Slot 信息汇报给 ResourceManager，而汇报的 Slot 由 SlotManager 来分配。

如代码清单 3-24 所示，ResourceManager 接收到 TaskManager 的 Slot 汇报情况的处理过程是，判断发送该 TaskManager 是否已经注册到 ResourceManager，如果未注册，返回 Unknown TaskManager 的异常；反之，执行 SlotManager 处理 Slot 注册与分配的逻辑。

代码清单 3-24 ResourceManager 类提供的发送 SlotReport 的 RPC 方法

```
@Override
public CompletableFuture<Acknowledge> sendSlotReport(ResourceID taskManagerResourceId,
        InstanceID taskManagerRegistrationId, SlotReport slotReport, Time timeout) {
    final WorkerRegistration<WorkerType> workerTypeWorkerRegistration =
        taskExecutors.get(taskManagerResourceId);

    if (workerTypeWorkerRegistration.getInstanceID().equals(
            taskManagerRegistrationId)) {
        slotManager.registerTaskManager(workerTypeWorkerRegistration, slotReport);
        return CompletableFuture.completedFuture(Acknowledge.get());
    } else {
        return FutureUtils.completedExceptionally(new ResourceManagerException(
            String.format("Unknown TaskManager registration id %s.",
```

```
                taskManagerRegistrationId)));
    }
}
```

如代码清单3-25所示，SlotManager处理TaskManager注册的逻辑是，首先检查SlotManagerImpl是否已经启动，再检查来注册的TaskManager是否首次注册，如果非首次注册，则直接汇报TaskManagerSlot状态（reportSlotStatus），最终更新TaskManagerSlot的状态。非首次注册出现在TaskExecutor调用发送SlotReport（sendSlotReport）方法超时重试的情况下，一般情况下注册的逻辑都是首次注册情况，不会重复注册。对于首次注册TaskManager，会将来注册的TaskManager记录到已注册的TaskManager的列表，并遍历TaskManager所有汇报的Slot，执行注册Slot的逻辑。

代码清单 3-25　SlotManagerImpl 的注册 TaskManager 的方法

```
@Override
public void registerTaskManager(final TaskExecutorConnection taskExecutorConnection,
        SlotReport initialSlotReport) {
    checkInit();

    LOG.debug("Registering TaskManager {} under {} at the SlotManager.",
            taskExecutorConnection.getResourceID(),
            taskExecutorConnection.getInstanceID());

    // 检测 TaskManager 是否首次注册
    if (taskManagerRegistrations.containsKey(taskExecutorConnection.getInstanceID())) {
        reportSlotStatus(taskExecutorConnection.getInstanceID(), initialSlotReport);
    } else {
        // 首次注册和汇报 Slot 的 TaskManager
        ArrayList<SlotID> reportedSlots = new ArrayList<>();

        for (SlotStatus slotStatus : initialSlotReport) {
            reportedSlots.add(slotStatus.getSlotID());
        }

        TaskManagerRegistration taskManagerRegistration = new TaskManagerRegistration(
                taskExecutorConnection,
                reportedSlots);

        taskManagerRegistrations.put(taskExecutorConnection.getInstanceID(),
            taskManagerRegistration);

        // 注册 TaskManager 所有汇报的 Slot
        for (SlotStatus slotStatus : initialSlotReport) {
            registerSlot(
                    slotStatus.getSlotID(),
                    slotStatus.getAllocationID(),
```

```
                        slotStatus.getJobID(),
                        slotStatus.getResourceProfile(),
                        taskExecutorConnection);
            }
        }
    }
```

代码清单 3-26 给出了 SlotManager 处理注册 Slot 的逻辑。首先检测该 Slot 是否首次注册，如非首次注册则从已注册的 TaskManagerSlot 列表中移除老的注册 Slot，创建新的 TaskManagerSlot 来与 TaskManager 汇报的 Slot 对应，并从待分配 Slot 申请列表中匹配符合 TaskManager 资源规格的待分配 Slot 申请。如匹配不到符合要求的待分配 Slot 申请，则直接更新 TaskManager 的状态；如匹配到，会执行将 TaskManagerSlot 分配给匹配到的待分配申请或者置 TaskManagerSlot 为空闲的逻辑。

代码清单 3-26　SlotManagerImpl 注册 Slot 方法

```
private void registerSlot(
        SlotID slotId,
        AllocationID allocationId,
        JobID jobId,
        ResourceProfile resourceProfile,
        TaskExecutorConnection taskManagerConnection) {

    if (slots.containsKey(slotId)) {
        removeSlot(slotId, new SlotManagerException(String.format(
                "Re-registration of slot %s. This indicates that the TaskExecutor"
                    + "has re-connected.",
                slotId)));
    }

    final TaskManagerSlot slot = createAndRegisterTaskManagerSlot(
            slotId, resourceProfile, taskManagerConnection);

    final PendingTaskManagerSlot pendingTaskManagerSlot;

    if (allocationId == null) {
        // 匹配待分配 Slot 的申请
        pendingTaskManagerSlot = findExactlyMatchingPendingTaskManagerSlot(
            resourceProfile);
    } else {
        pendingTaskManagerSlot = null;
    }

    if (pendingTaskManagerSlot == null) {
        // 不存在匹配的待分配的 Slot 申请，则直接更新 TaskManagerSlot 的状态
        updateSlot(slotId, allocationId, jobId);
```

```
        } else {
            pendingSlots.remove(pendingTaskManagerSlot.getTaskManagerSlotId());
            // 检测待分配 Slot 申请是否绑定待申请资源的 Slot
            final PendingSlotRequest assignedPendingSlotRequest =
                    pendingTaskManagerSlot.getAssignedPendingSlotRequest();

            if (assignedPendingSlotRequest == null) {
                // 未绑定待申请资源的 Slot，执行将 TaskManagerSlot 置为空闲的逻辑
                handleFreeSlot(slot);
            } else {
                // 有绑定待申请资源的 Slot，执行分配该 Slot 的逻辑
                assignedPendingSlotRequest.unassignPendingTaskManagerSlot();
                allocateSlot(slot, assignedPendingSlotRequest);
            }
        }
    }
```

如代码清单 3-27 所示，置 TaskManagerSlot 为空闲的逻辑为，首先检查 TaskManagerSlot 是否为空闲状态。如果不为空闲，直接抛出异常结束执行；如果为空闲，则接着检查待分配的 Slot 申请列表中是否存在与 TaskManagerSlot 的资源规格一样且未被绑定的 Slot 申请。如果存在，则直接将 TaskManagerSlot 分配给它们，并调用代码清单 3-22 的分配 Slot 方法执行分配 Slot 的逻辑；如果不存在，则将该 TaskManagerSlot 添加到空闲 Slot 的列表中。

代码清单 3-27　SlotManagerImpl 的处理空闲 Slot 的方法

```
    private void handleFreeSlot(TaskManagerSlot freeSlot) {
        Preconditions.checkState(freeSlot.getState() == TaskManagerSlot.State.FREE);

        PendingSlotRequest pendingSlotRequest =
            findMatchingRequest(freeSlot.getResourceProfile());

        if (null != pendingSlotRequest) {
            allocateSlot(freeSlot, pendingSlotRequest);
        } else {
            freeSlots.put(freeSlot.getSlotId(), freeSlot);
        }
    }
```

2. TaskManagerSlot 状态变换

Slot 的申请与分配过程涉及 TaskManagerSlot 的状态转换，其中：如果分配 ID（allocationId）为空，表示 TaskManagerSlot 对应的 TaskExecutor 的 Slot 还没被分配占有；如不为空，则表示已经被分配占有。在 TaskManager 汇报的 Slot 的不同分配占有情况

下，TaskManagerSlot 的状态变换情况如下。

1）当汇报的 Slot 已分配占有（汇报的 Slot 的 allocationId 不为空），且 TaskManagerSlot 的状态为待分配（PENDING）时，首先会查找 TaskManagerSlot 绑定的待分配 Slot 申请，再比较该待分配 Slot 申请的 allocationId 与汇报上来的 Slot 的 allocationId 是否相等。如果相等，取消待分配的 Slot 申请并将其从待分配的 Slot 申请列表中移除，标记本次分配 Slot 申请成功，同时 TaskManagerSlot 状态从待分配状态（PENDING）转换到已分配状态（ALLOCATED）；如果不相等，将 TaskManagerSlot 绑定的待分配 Slot 申请拒绝掉，根据汇报的 Slot 的分配 ID（allocationId）匹配待分配 Slot 的申请，将匹配的待分配 Slot 申请取消并将其从待分配的 Slot 申请列表中移除，标记本次分配 Slot 申请完成，同时 TaskManagerSlot 状态从待分配状态变成已分配状态。

2）当汇报的 Slot 已分配占有，且 TaskManagerSlot 的状态为已分配（ALLOCATED）时，如果 TaskManagerSlot 的分配 ID 与汇报 Slot 的分配 ID 不一致，则通过先释放后占有的方式，将 TaskManagerSlot 的分配 ID 变更为汇报 Slot 的分配 ID，TaskManagerSlot 的状态变换为已分配状态（ALLOCATED）→空闲状态（FREE）→已分配状态（ALLOCATED）。

3）当汇报的 Slot 已分配占有，且 TaskManagerSlot 的状态为空闲时，TaskManagerSlot 从空闲的 TaskManagerSlot 列表移除，将 TaskManagerSlot 的分配 ID 设置为汇报 Slot 的分配 ID，TaskManagerSlot 由空闲状态（FREE）转换为已分配（ALLOCATED）状态。

4）当汇报的 Slot 未分配（汇报的 Slot 的 allocationId 为空），且 TaskManagerSlot 的状态为空闲时，直接调用代码清单 3-28 的 handleFreeSlot 方法，检查是否有匹配的待分配的 Slot 申请供其分配。

5）当汇报的 Slot 未分配，且 TaskManagerSlot 的状态为待分配时，不需要做任何逻辑处理。

6）当汇报的 Slot 未分配，且 TaskManagerSlot 的状态为已分配时，将 TaskMangerSlot 释放，并将 TaskManagerSlot 从已经分配完成的列表中移除，TaskManagerSlot 状态由已分配状态（ALLOCATED）转换为空闲状态（FREE），接着直接调用代码清单 3-28 的 handleFreeSlot 方法，检查是否有匹配的待分配的 Slot 请求供其分配。其中在汇报的 Slot 已分配占有的情况下，都会将分配 ID（TaskManager 汇报的 Slot 的 allocationId）记录到已经完成的 Slot 申请列表中。

代码清单 3-28　SlotManagerImpl 的更新 Slot 方法

```
private void updateSlotState(
        TaskManagerSlot slot,
        TaskManagerRegistration taskManagerRegistration,
        @Nullable AllocationID allocationId,
        @Nullable JobID jobId) {
    if (null != allocationId) {
```

```
            switch (slot.getState()) {
                case PENDING:
                    PendingSlotRequest pendingSlotRequest = slot.getAssignedSlotRequest();

                    if (Objects.equals(pendingSlotRequest.getAllocationId(),
                        allocationId)) {
                        cancelPendingSlotRequest(pendingSlotRequest);
                        pendingSlotRequests.remove(pendingSlotRequest.getAllocationId());

                        slot.completeAllocation(allocationId, jobId);
                    } else {
                        // 清除 pendingSlotRequest，为了分配新的 allocationId
                        slot.clearPendingSlotRequest();
                        slot.updateAllocation(allocationId, jobId);

                        final PendingSlotRequest actualPendingSlotRequest =
                                pendingSlotRequests.remove(allocationId);

                        if (actualPendingSlotRequest != null) {
                            cancelPendingSlotRequest(actualPendingSlotRequest);
                        }
                        rejectPendingSlotRequest(pendingSlotRequest,
                                new Exception("Task manager reported slot "
                                + slot.getSlotId() + " being already allocated."));
                    }

                    taskManagerRegistration.occupySlot();
                    break;
                case ALLOCATED:
                    if (!Objects.equals(allocationId, slot.getAllocationId())) {
                        slot.freeSlot();
                        slot.updateAllocation(allocationId, jobId);
                    }
                    break;
                case FREE:
                    freeSlots.remove(slot.getSlotId());
                    slot.updateAllocation(allocationId, jobId);
                    taskManagerRegistration.occupySlot();
                    break;
            }

            fulfilledSlotRequests.put(allocationId, slot.getSlotId());
        } else {
            switch (slot.getState()) {
                case FREE:
                    handleFreeSlot(slot);
                    break;
                case PENDING:
```

```
                break;
            case ALLOCATED:
                AllocationID oldAllocation = slot.getAllocationId();
                slot.freeSlot();
                fulfilledSlotRequests.remove(oldAllocation);
                taskManagerRegistration.freeSlot();

                handleFreeSlot(slot);
                break;
        }
    }
}
```

申请 Slot 与分配 Slot 在 ResourceManager 组件中的逻辑已经基本介绍完，在 JobMaster 和 TaskExecutor 组件中的逻辑会在后面详细介绍。

3.1.4 JobMaster

JobMaster 组件主要负责单个作业的执行。JobMaster 组件对应的基础类为 JobMaster 类，其相关类的主体架构如图 3-10 所示。JobMaster 类继承 FencedRpcEndpoint 类，来实现带 Token（Fencing Token）检查的 RpcEndpoint；JobMaster 类实现 JobMasterGateway 接口，来提供其他组件调用的 RPC 方法；JobMaster 类实现 JobMasterService 接口，来供 JobManagerRunner 调用。

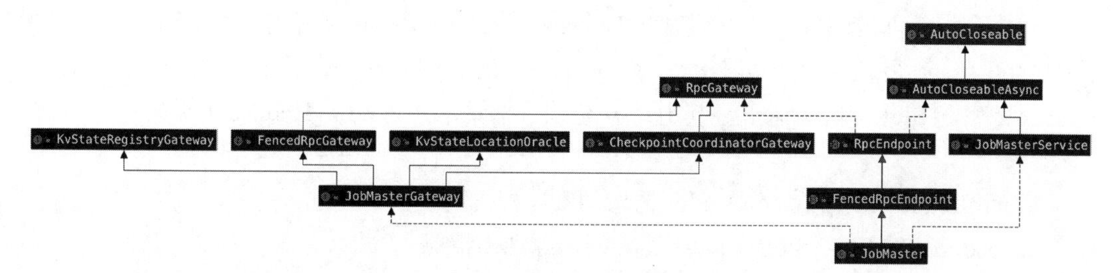

图 3-10 JobMaster 相关类的主体架构

JobManagerRunner 负责 JobMaster 的创建与启动，以及与 JobMaster 首领选举相关的处理。在 JobMaster 组件中，最核心的组件为 Scheduler 和 CheckpointCoordinator。其中 Scheduler 负责作业执行图（ExecutionGraph）的调度，而 CheckpointCoordinator 负责作业检查点的协调。详情会在第 4 章中展开。JobMaster 的 Scheduler 的一个核心逻辑是为作业的任务调度申请 Slot，其他逻辑会在第 5 章中详细介绍。JobMaster 是申请 Slot 的流程的发起方，其中的 SlotPool 作为作业执行图在调度时提供 Slot 功能以及对 Slot 的生命周期管理，与作业一一对应（一个作业有一个 SlotPool 实例），其实现类为

SlotPoolImpl。

接下来重点看下 SlotPool 在申请 Slot 的流程时的处理逻辑，整个处理逻辑分成两部分：发起 Slot 请求和接收来自 TaskExecutor 的 Slot。

1. 发起 Slot 请求

当 Scheduler 调度作业的任务，需要分配 Slot，但在 SlotPool 中没有匹配的空闲 Slot 时，会发起 Slot 请求。在 JobMaster 中，往 SlotPool 中发起 Slot 申请请求的处理过程如下。

1）查看 SlotPool 的空闲列表中是否存在与任务所需的资源规格相匹配的空闲 Slot，存在即返回，无则存在可能触发 SlotPool 发起申请新 Slot 的逻辑。

2）申请新的 Slot。判断 JobMaster 是否已与 ResourceManager 连接：如未连接，则将申请 Slot 的请求记录下来，等待与 ResourceManager 连接后再向 ResourceManager 发起申请 Slot 的请求；如已连接，则直接向 ResourceManager 发起申请 Slot 的请求。

3）在向 ResourceManager 发起申请 Slot 的请求之前，会将该待分配 Slot 请求记录到待分配的 Slot 列表中，供 TaskExecutor 提供的 Slot 绑定分配。在向 ResourceManager 发起请求时，会对请求因异常而失败进行处理。

如代码清单 3-29 所示，从 Scheduler 向 SlotPool 发起 Slot 申请的入口是 SlotPoolImpl 的 requestNewAllocatedSlot 方法。requestNewAllocatedSlot 方法的处理逻辑如下：先检查是否处理消息的主线程，以防止多线程访问；接着创建流式的待分配的 Slot 请求（PendingRequest），并注册申请超时时间（如果申请超过超时时间，会将本次待分配的 Slot 请求以超时原因中止，其中超时时间 slot.request.timeout 配置对应的值，其默认时间为 300 秒）；最后调用 requestNewAllocatedSlotInternal 方法，执行后续向 Resource-Manager 发起 Slot 申请的请求。其中待分配 Slot 的请求（PendingRequest）类的字段和描述如下。

- slotRequestId：作为本次 Slot 请求的唯一标志。
- resourceProfile：SlotRequest 需要的资源规格情况。
- isBatchRequest：区分是批式还是流式的待分配 Slot 请求。
- allocatedSlotFuture：CompletableFuture，用来表示 Slot 分配完成情况。
- unfillableSince：用于批式的 PendingSlotRequest，用于判断批式的 Slot 申请分配超时。

代码清单 3-29 SlotPoolImpl 的 requestNewAllocatedSlot 方法

```
@Nonnull
@Override
public CompletableFuture<PhysicalSlot> requestNewAllocatedSlot(
        @Nonnull SlotRequestId slotRequestId,
        @Nonnull ResourceProfile resourceProfile,
```

```
        Time timeout) {

    componentMainThreadExecutor.assertRunningInMainThread();

    final PendingRequest pendingRequest =
            PendingRequest.createStreamingRequest(slotRequestId, resourceProfile);

    FutureUtils
            .orTimeout(
                    pendingRequest.getAllocatedSlotFuture(),
                    timeout.toMilliseconds(),
                    TimeUnit.MILLISECONDS,
                    componentMainThreadExecutor)
            .whenComplete(
                    (AllocatedSlot ignored, Throwable throwable) -> {
                        if (throwable instanceof TimeoutException) {
                            timeoutPendingSlotRequest(slotRequestId);
                        }
                    });

    return requestNewAllocatedSlotInternal(pendingRequest)
            .thenApply(Function.identity());
}
```

如代码清单3-30所示，其中在执行往ResourceManager发起Slot请求之前，会检测是否连接上ResourceManager。对于没有连接上ResourceManager的情况（resourceManagerGateway为null），将Slot请求记录到等待连接上ResourceManager的请求列表中（waitingForResourceManager），防止未连接上ResourceManager，Slot请求丢失。而对于连接上ResourceManager的情况，调用requestSlotFromResourceManager方法去处理向ResourceManager申请Slot的请求。

代码清单3-30　SlotPoolImpl内部申请分配Slot方法

```
@Nonnull
private CompletableFuture<AllocatedSlot> requestNewAllocatedSlotInternal(
    PendingRequest pendingRequest) {

    if (resourceManagerGateway == null) {
        stashRequestWaitingForResourceManager(pendingRequest);
    } else {
        requestSlotFromResourceManager(resourceManagerGateway, pendingRequest);
    }

    return pendingRequest.getAllocatedSlotFuture();
}
```

对于原来向ResourceManager发起但因未连接上ResourceManager而中止的申请Slot的请求，当JobMaster连接上ResourceManager时，会调用SlotPoolImpl的connectToResourceManager方法。如代码清单3-31所示，connectToResourceManager方法的处理逻辑是，遍历保存在等待ResourceManger连接上的Slot请求列表（waitingForResourceManager），调用requestSlotFromResourceManager方法去处理向ResourceManager申请Slot的请求，最后将等待ResourceManager连接上的Slot请求列表（waitingForResourceManager）清空。

代码清单3-31 SlotPoolImpl的connectToResourceManager方法

```
@Override
public void connectToResourceManager(@Nonnull ResourceManagerGateway
    resourceManagerGateway) {
    this.resourceManagerGateway = checkNotNull(resourceManagerGateway);

    for (PendingRequest pendingRequest : waitingForResourceManager.values()) {
        requestSlotFromResourceManager(resourceManagerGateway, pendingRequest);
    }

    waitingForResourceManager.clear();
}
```

如代码清单3-32所示，SlotPool向ResourceManager发起Slot申请请求的逻辑如下。

1）创建分配ID（allocationId），该分配ID贯穿ResourceManager和TaskExecutor的Slot分配请求。

2）将本次Slot请求添加到待分配的请求列表（pendingRequests）中。

3）提前监控本次Slot请求的分配完成情况（获取pendingRequest的allocatedSlotFuture）来处理分配异常的情况。当以分配异常返回，或者已完成分配Slot的分配ID与本次创建请求Slot的分配ID不一致时，向ResourceManager发起取消本次Slot申请请求（调用ResourceManager的cancelSlotRequest方法）。在代码清单3-29中的注册申请Slot超时逻辑中的时间已经超时的情况下，就会执行这个取消本次向ResourceManager发起的Slot申请请求的逻辑。

4）向ResourceManager发起申请Slot的请求（通过RPC调用代码清单3-18中的requestSlot方法），当请求返回异常时即执行向ResourceManager请求Slot失败的逻辑（slotRequestToResourceManagerFailed）。

代码清单3-32 SlotPoolImpl向ResourceManager发起Slot请求的方法

```
private void requestSlotFromResourceManager(
        final ResourceManagerGateway resourceManagerGateway,
        final PendingRequest pendingRequest) {

    checkNotNull(resourceManagerGateway);
```

```
    checkNotNull(pendingRequest);

    log.info("Requesting new slot [{}] and profile {} from resource manager.",
            pendingRequest.getSlotRequestId(), pendingRequest.getResourceProfile());

    final AllocationID allocationId = new AllocationID();

    pendingRequests.put(pendingRequest.getSlotRequestId(), allocationId,
        pendingRequest);

    pendingRequest.getAllocatedSlotFuture().whenComplete(
            (AllocatedSlot allocatedSlot, Throwable throwable) -> {
                if (throwable != null || !allocationId.equals(
                    allocatedSlot.getAllocationId())) {
                    // 当往 ResourceManager 申请 Slot 失败或者申请的 Slot 已经被占有时,
                    // 就会触发取消 Slot 请求的逻辑
                    resourceManagerGateway.cancelSlotRequest(allocationId);
                }
            });

CompletableFuture<Acknowledge> rmResponse = resourceManagerGateway.requestSlot(
        jobMasterId,
        new SlotRequest(jobId, allocationId, pendingRequest.getResourceProfile(),
           jobManagerAddress),
        rpcTimeout);

FutureUtils.whenCompleteAsyncIfNotDone(
        rmResponse,
        componentMainThreadExecutor,
        (Acknowledge ignored, Throwable failure) -> {
            if (failure != null) {
                slotRequestToResourceManagerFailed(pendingRequest.getSlotRequestId(),
                    failure);
            }
        });
}
```

如代码清单 3-33 所示，向 ResourceManager 发起 Slot 申请请求失败的处理逻辑是，判断在待分配的 Slot 请求中是否有对应的待分配的 Slot 请求（通过 SlotRequestId 来确定），如果没有，不做处理；如有且是流式请求，则将待分配的 Slot 请求列表（pendingRequests）中对应的待分配 Slot 请求移除，并将对应的 Slot 请求的分配情况以异常返回，这会触发代码 3-29 中调用 resourceManager 的取消本次 Slot 请求的方法，返回的异常是我们在作业调度中遇到的“No pooled slot available and request to ResourceManager for new slot failed”异常。

代码清单 3-33 SlotPoolImpl 的处理向 ResourceManager 请求 Slot 失败逻辑的方法

```
private void slotRequestToResourceManagerFailed(SlotRequestId slotRequestID,
        Throwable failure) {
    final PendingRequest request = pendingRequests.getKeyA(slotRequestID);
    if (request != null) {
        if (isBatchRequestAndFailureCanBeIgnored(request, failure)) {
            log.debug("Ignoring failed request to the resource manager for a batch"
                + "slot request.");
        } else {
            pendingRequests.removeKeyA(slotRequestID);
            request.getAllocatedSlotFuture().completeExceptionally(new
                NoResourceAvailableException(
                    "No pooled slot available and request to ResourceManager for"
                       + "new slot failed",
                    failure));
        }
    } else {
        if (log.isDebugEnabled()) {
            log.debug("Unregistered slot request [{}] failed.", slotRequestID,
                failure);
        }
    }
}
```

2. 接收来自 TaskExecutor 的 Slot

接收到的来自 TaskExecutor 的 Slot，是供 SlotPool 中待分配的 Slot 请求或者后续的 Slot 请求分配的。接收来自 TaskExecutor 的 Slot，是在注册 JobMaster 成功后，通过调用 JobMaster 的 offerSlots 方法实现的。如代码清单 3-34 所示，对于接收到的来自 TaskExecutor 的 Slot，检查汇报的 TaskExecutor 是否已经注册过（判断汇报的 TaskExecutor 的 taskManagerId 是否在 registerTaskManagers 的列表中）。如果没有注册，向 TaskExecutor 返回未知的 TaskExecutor 的异常；否则调用 slotPool 的 offerSlots 方法来处理 Slot 的逻辑。

代码清单 3-34 JobMaster 类中供 TaskExecutor RPC 调用的 offferSlots 方法

```
@Override
public CompletableFuture<Collection<SlotOffer>> offerSlots(
        final ResourceID taskManagerId,
        final Collection<SlotOffer> slots,
        final Time timeout) {

    Tuple2<TaskManagerLocation, TaskExecutorGateway> taskManager =
            registeredTaskManagers.get(taskManagerId);

    // 检查汇报 Slot 的 TaskExecutor 是否已经注册
```

```
    if (taskManager == null) {
        return FutureUtils.completedExceptionally(new Exception("Unknown TaskManager "
            + taskManagerId));
    }

    final TaskManagerLocation taskManagerLocation = taskManager.f0;
    final TaskExecutorGateway taskExecutorGateway = taskManager.f1;

    final RpcTaskManagerGateway rpcTaskManagerGateway =
        new RpcTaskManagerGateway(taskExecutorGateway, getFencingToken());

    return CompletableFuture.completedFuture(
            slotPool.offerSlots(
                taskManagerLocation,
                rpcTaskManagerGateway,
                slots));
}
```

如代码清单3-35所示，SlotPoolImpl处理TaskExecutor汇报上来的所有Slot的逻辑是，遍历TaskExecutor汇报上来的Slot信息列表（offers），调用offerSlots方法，实现将Slot添加到SlotPool的逻辑；如果提供的Slot添加到SlotPool成功，将其Slot信息（SlotOffer）添加到成功提供列表中；最后将成功添加到SlotPool的Slot信息返回给汇报的TaskExecutor。其中SlotOffer有allocationId（分配ID）、slotIndex（TaskExecutor的Slot中的下标）和resourceProfile（Slot对应的资源规格）；SlotOffer和TaksManagerLocation一起确定唯一的Slot。

代码清单3-35　SlotPoolImpl的offerSlots方法

```
public Collection<SlotOffer> offerSlots(
        TaskManagerLocation taskManagerLocation,
        TaskManagerGateway taskManagerGateway,
        Collection<SlotOffer> offers) {

    ArrayList<SlotOffer> result = new ArrayList<>(offers.size());

    for (SlotOffer offer : offers) {
        if (offerSlot(
                taskManagerLocation,
                taskManagerGateway,
                offer)) {

            result.add(offer);
        }
    }

    return result;
}
```

如代码清单3-36所示，SlotPoolImpl中处理TaskExecutor汇报上来的单个Slot的逻辑如下。

1）检查汇报的TaskExecutor是否在注册的TaskExecutor列表中，如果不在，则该Slot提供失败。

2）检查汇报Slot的分配ID是否存在于已经添加到SlotPool的Slot列表（包括已分配的Slot列表allocatedSlots和可用的Slot列表availableSlots）中，如果存在，检查SlotPool列表中分配ID与汇报Slot一致的Slot，是否与汇报Slot拥有一样的SlotID。是的话则返回该Slot汇报成功，即重复汇报（汇报Slot具有幂等性）；否则该Slot汇报因分配ID已经被其他Slot占有而失败。

3）创建已分配Slot，从待分配的Slot请求列表匹配同样分配ID的Slot请求。如果匹配不上，则调用tryFulfillSlotRequestOrMakeAvailable方法，来满足其他待分配的Slot请求或者将其添加到可用的Slot列表中；如果能匹配上，则接着判断该Slot请求是否已经完成分配。如果该请求未完成分配，将该Slot添加到SlotPool的已分配Slot列表中，并返回该Slot给对应作业的Task调度；否则调用tryFulfillSlotRequestOrMakeAvailable方法，来满足其他待分配的Slot请求或者将其添加到可用的Slot列表中。

代码清单3-36 SlotPoolImpl中offerSlot方法

```
boolean offerSlot(
        final TaskManagerLocation taskManagerLocation,
        final TaskManagerGateway taskManagerGateway,
        final SlotOffer slotOffer) {

    componentMainThreadExecutor.assertRunningInMainThread();

    final ResourceID resourceID = taskManagerLocation.getResourceID();
    final AllocationID allocationID = slotOffer.getAllocationId();

    // 检查TaskExecutor是否注册
    if (!registeredTaskManagers.contains(resourceID)) {
        log.debug("Received outdated slot offering [{}] from"
                + "unregistered TaskManager: {}",
                slotOffer.getAllocationId(), taskManagerLocation);
        return false;
    }

    AllocatedSlot existingSlot;
    // 检查该Slot的分配ID是否已经汇报过
    if ((existingSlot = allocatedSlots.get(allocationID)) != null
            || (existingSlot = availableSlots.get(allocationID)) != null) {

        final SlotID existingSlotId = existingSlot.getSlotId();
```

```
            final SlotID newSlotId = new SlotID(taskManagerLocation.getResourceID(),
                    slotOffer.getSlotIndex());

            if (existingSlotId.equals(newSlotId)) {
                log.info("Received repeated offer for slot [{}]. Ignoring.",
                    allocationID);
                return true;
            } else {
                return false;
            }
        }

        final AllocatedSlot allocatedSlot = new AllocatedSlot(
                allocationID,
                taskManagerLocation,
                slotOffer.getSlotIndex(),
                slotOffer.getResourceProfile(),
                taskManagerGateway);

        PendingRequest pendingRequest = pendingRequests.removeKeyB(allocationID);
        if (pendingRequest != null) {
            allocatedSlots.add(pendingRequest.getSlotRequestId(), allocatedSlot);

            // 判断待分配的Slot请求是否已经完成，如果已经完成，将已经添加到SlotPool中的已分配
            // Slot移除，并调用tryFulfillSlotRequestOrMakeAvailable方法
            // 执行满足其他待分配的Slot请求或者将其添加到可用Slot列表中的逻辑
            if (!pendingRequest.getAllocatedSlotFuture().complete(allocatedSlot)) {
                allocatedSlots.remove(pendingRequest.getSlotRequestId());
                tryFulfillSlotRequestOrMakeAvailable(allocatedSlot);
            } else {
                log.debug("Fulfilled slot request [{}] with allocated slot [{}].",
                        pendingRequest.getSlotRequestId(), allocationID);
            }
        } else {
            tryFulfillSlotRequestOrMakeAvailable(allocatedSlot);
        }

        return true;
    }
```

如代码清单3-37所示，SlotPoolImpl中tryFulfillSlotRequestOrMakeAvailable方法的处理逻辑是，检查存在资源匹配的待分配Slot请求（调用pollMatchingPendingRequest方法）。如果存在（pendingRequest != null），将汇报Slot对应的allocatedSlot添加到已分配的Slot列表中，并将该Slot返回，供作业对应的Task的调度；如果不存在，则将Slot添加到可用的Slot列表（availableSlots）中。

代码清单 3-37 SlotPoolImpl 中满足 Slot 请求或者将 Slot 添加到可用列表中的方法

```
private void tryFulfillSlotRequestOrMakeAvailable(AllocatedSlot allocatedSlot) {
    Preconditions.checkState(!allocatedSlot.isUsed(),
        "Provided slot is still in use.");

    final PendingRequest pendingRequest = pollMatchingPendingRequest(allocatedSlot);

    if (pendingRequest != null) {
        log.debug("Fulfilling pending slot request [{}] early with returned
            slot" + "[{}]", pendingRequest.getSlotRequestId(),
            allocatedSlot.getAllocationId());

        allocatedSlots.add(pendingRequest.getSlotRequestId(), allocatedSlot);
        pendingRequest.getAllocatedSlotFuture().complete(allocatedSlot);
    } else {
        log.debug("Adding returned slot [{}] to available slots",
            allocatedSlot.getAllocationId());
        availableSlots.add(allocatedSlot, clock.relativeTimeMillis());
    }
}
```

如代码清单 3-38 所示，SlotPoolImpl 的 tryFulfillSlotRequestOrMakeAvailable 中调用 pollMatchingPendingRequest 方法的处理逻辑是，检查待分配的 Slot 请求列表（pendingRequests）和待连接 ResourceManager 的 Slot 请求列表中，是否存在资源规格匹配的 PendingRequest。

代码清单 3-38 SlotPoolImpl 类中获取一个符合已经占有 Slot 的资源规格的待分配请求的方法

```
private PendingRequest pollMatchingPendingRequest(final AllocatedSlot slot) {
    final ResourceProfile slotResources = slot.getResourceProfile();

    for (PendingRequest request : pendingRequests.values()) {
        if (slotResources.isMatching(request.getResourceProfile())) {
            pendingRequests.removeKeyA(request.getSlotRequestId());
            return request;
        }
    }

    for (PendingRequest request : waitingForResourceManager.values()) {
        if (slotResources.isMatching(request.getResourceProfile())) {
            waitingForResourceManager.remove(request.getSlotRequestId());
            return request;
        }
    }

    return null;
}
```

3.1.5 TaskExecutor

TaskExecutor 组件是 TaskManager 的核心部分，主要负责多个 Task（任务）的执行。TaskExecutor 组件的基础类为 TaskExecutor 类，TaskExecutor 组件相关类的结构图如图 3-11 所示。由类的结构图可知，TaskExecutor 类继承 RpcEndpoint 抽象类，由实现的 AkkaRpcService 来支持 RpcEndpoint 的实现。TaskExecutor 类实现 TaskExecutorGateway 接口，提供其他组件（如 JobMaster、ResourceManager 等）RPC 的方法。

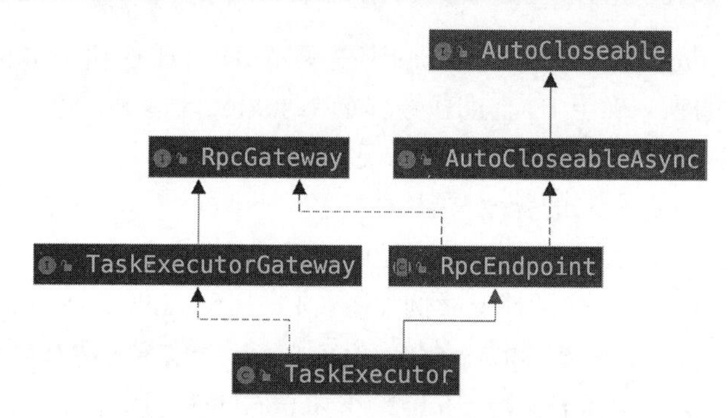

图 3-11 TaskExecutor 相关类的结构图

其中，TaskManagerRunner 是各种部署模式下 TaskManager 的执行入口，负责构建 TaskExecutor 的网络、I/O 管理、内存管理、RPC 服务、HA 服务以及启动 TaskExecutor。TaskExecutor 组件负责与 ResourceManager、JobMaster 的通信，资源 Slot 的申请和汇报，Task 的部署和操作及状态的变更，以及检查点相关的协调等。其中 TaskExecutor 与 ResourceManager、JobMaster 的通信时机的情况如下。

- 与 ResourceManager 初次建立通信是在 ResourceManager 向部署模式申请和启动 TaskExecutor，TaskExecutor 启动后，通过 HA 服务监听到 ResourceManager 的首领信息，主动发送消息建立联系。
- TaskExecutor 与 JobMaster 建立通信的时机是 ResourceManager 向 TaskExecutor 申请 Slot 时，TaskExecutor 会根据申请 Slot 中的作业信息，获取 JobMaster 的通信地址，主动发送信息建立通信，并将 Slot 提供给 JobMaster。

本节会重点介绍 TaskExecutor 接收来自 ResourceManager 请求的处理和将 Slot 提供给 JobMaster 的过程。在开始介绍之前，先来看看 Slot 在 TaskExecutor 中的组织结构与状态。

1. TaskSlot 组织结构与状态

Slot 是划分 TaskExecutor 资源的基本逻辑单元。TaskExecutor 中所有 Slot 的情况由 TaskSlotTable 类来组织管理。TaskSlotTable 类由以下属性组成，管理所有 Slot 的情况。

- timerService：负责将处于已分配状态（ALLOCATED）的 Slot 加入超时检测服务。TaskExecutor 将 Slot 提供给 JobMaster，一旦 Slot 提供 JobMaster 成功，将移除超时检测，否则最终会超时。超时会调用 freeSlot 方法将该 Slot 置为空闲状态（FREE）。
- taskSlots：维护所有 TaskSlot 的列表，供 Slot 请求通过 Slot 下标来占有相应的 Slot。
- allocationIdTaskSlotMap：记录分配 ID 与 TaskSlot 的映射情况，供通过分配 ID 查询 TaskSlot 的情况。
- taskSlotMappings：记录执行任务的唯一确定 ID 与任务和 TaskSlot 的映射，供通过执行任务的唯一确定 ID 查询任务绑定 TaskSlot 的情况。
- slotsPerJob：记录作业占有 Slot 的情况。
- slotActions：负责 Slot 的释放与超时的逻辑。
- started：标记 TaskSlotTable 是否已经启动。

其中 TaskExecutor 中 Slot 的情况样例如图 3-12 所示。Job-1（807e74eb9064a020b76-3052920e7f2cd）以分配 ID 82d2d4035c569812681fea2b82fb7507 占有第 0 号 TaskSlot，并且有 3 个任务在 0 号 TaskSlot 运行。Job-2（b4fc066d2e3d9180dce51e3251a07f55）以分配 ID 27734eac4ee5449d3dfdbae957d3a6b7 占有第 1 号 TaskSlot，并且有 3 个任务在 0 号 TaskSlot 运行。最后一个 TaskSlot（第 2 号 TaskSlot）处于未分配占有状态。

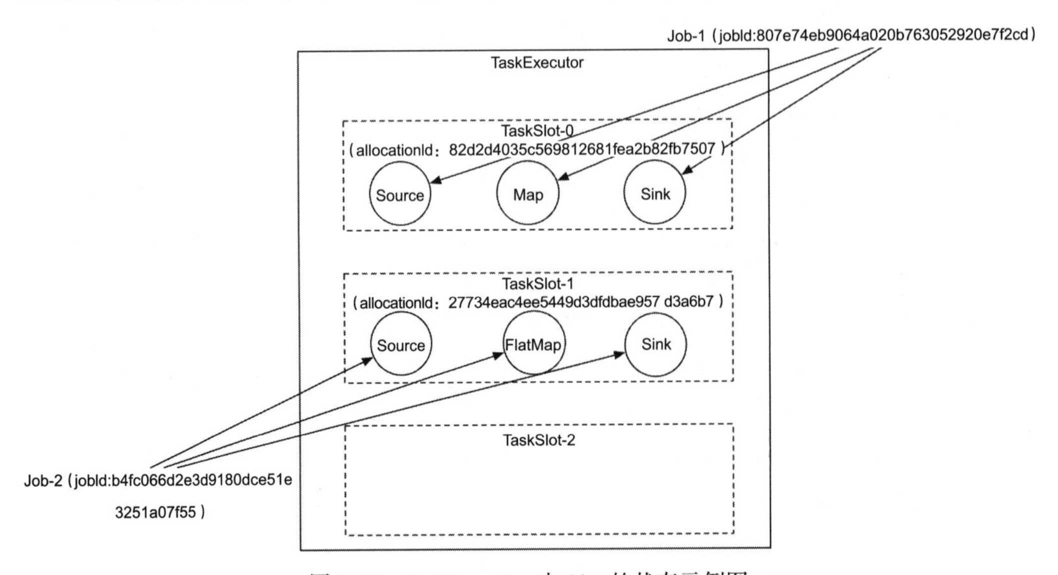

图 3-12　TaskExecutor 中 Slot 的状态示例图

TaskExecutor 的单个 Slot 是以 TaskSlot 类来组织的，在 TaskSlot 类中，记录 Slot 在 TaskSlotTable 的位置（下标）、分配情况（包括分配占有 ID、分配占有 Slot 的作业 ID 以

及分配在 Slot 上的运行任务列表）和 TaskSlot 的状态。TaskSlot 的状态有以下几种，其状态转换情况如图 3-13 所示。

- Free：TaskSlot 的初始状态为空闲。
- Allocated：已分配状态，但是还未成功提供给 JobMaster。对于来自 ResourceManager 的 Slot 申请，会先将对应的 TaskSlot 标记为 Allocated 状态。
- Active：活跃状态，表示 TaskSlot 已经提供给某个作业对应的 JobMaster。
- Releasing：Slot 已经被调用释放但其上还存在运行中的任务，等待所有的任务被移除以变成 Free 的状态。

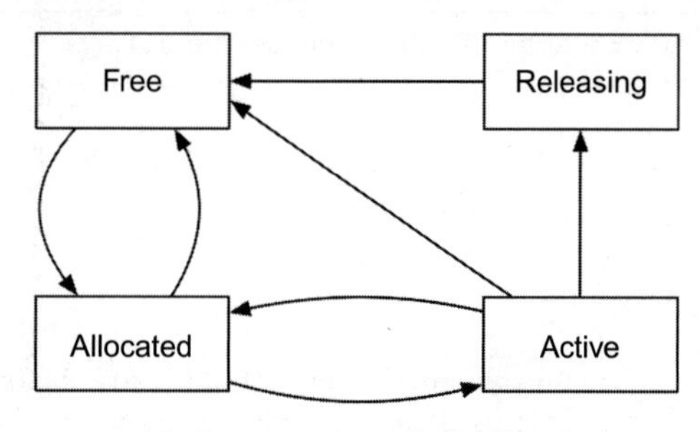

图 3-13　TaskSlot 状态转换图

2. 接收来自 ResourceManager 的 Slot 请求

前面已经介绍过 Slot 在 TaskExecutor 中的组织结构与状态，接下来看 TaskExecutor 在接收到来自 ResourceManager 的申请 Slot 的请求后，对 Slot 的操作和状态变化以及与其他组件通信的逻辑。

TaskExecutor 接收来自 ResourceManager 的 Slot 请求的入口方法（RPC 方法）为 requestSlot 方法。如代码清单 3-39 所示，requestSlot 方法的处理逻辑如下。

1）检查 TaskExecutor 是否与 ResourceManager 建立起连接，如果没有，则返回带有没有与 ResourceManager 建立连接的异常。

2）分配占有 Slot。分配占有之前判断申请 Slot 的请求中的 SlotID 对应的 Slot 是否可以分配占有，判断依据是 Slot 是否空闲（处于 Free 状态）。如果是空闲的，则调用 TaskSlotTable 的 allocateSlot 方法占有 Slot，占有 Slot 失败则返回分配 Slot 失败的异常。对于对应的 Slot 不是空闲的情况，判断 slotId 对应的 Slot 是否已经被本次的 Slot 申请占有（重复申请请求的情况），如果不是，则返回 Slot 已经被占用的异常。

3）将 Slot 提供给 JobMaster，判断 TaskExecutor 是否已与本次 Slot 申请对应的 JobMaster 建立连接（jobManagerTable 中存在本次 Slot 申请对应的 jobId）。如果已经建立，直接调用 offerSlotsToJobManager 方法处理将 Slot 提供给 JobMaster 的逻辑；否则通过 jobLeaderService 监听对应的 JobMaster 的首领信息后建立连接，再向对应的 JobMaster

提供 Slot。

4）jobLeaderService 添加监控 JobMaster 的首领信息失败的情况，先释放 slotId 对应的 Slot，如果释放 Slot 产生异常，则 TaskExecutor 的对应进程会异常退出（onFatalError 方法的实际逻辑就是执行 System.exit 方法）。如释放 Slot 未产生异常，就会接着释放本次申请 Slot 的分配 ID（allocationId）对应的本地 state（针对开启 Local Recovery 的情况）。最后对 slotId 对应的 Slot 进行是否空闲的检查。假如不空闲，则执行进程异常退出逻辑；否则返回作业无法添加到 jobLeaderService 的异常。

代码清单 3-39　TaskExecutor 类中的 requestSlot 方法

```
public CompletableFuture<Acknowledge> requestSlot(
        final SlotID slotId,
        final JobID jobId,
        final AllocationID allocationId,
        final String targetAddress,
        final ResourceManagerId resourceManagerId,
        final Time timeout) {

    log.info("Receive slot request {} for job {} from resource manager with"
        + "leader id {}.", allocationId, jobId, resourceManagerId);

    try {
        // 是否与对应的 ResourceManagerId 的 ResourceManager 建立连接
        if (!isConnectedToResourceManager(resourceManagerId)) {
            final String message = String.format(
                    "TaskManager is not connected to the resource manager %s.",
                    resourceManagerId);
            log.debug(message);
            throw new TaskManagerException(message);
        }
        // 判断申请分配的 Slot 是否空闲
        if (taskSlotTable.isSlotFree(slotId.getSlotNumber())) {
            if (taskSlotTable.allocateSlot(slotId.getSlotNumber(), jobId,
                    allocationId, taskManagerConfiguration.getTimeout())) {
                log.info("Allocated slot for {}.", allocationId);
            } else {
                log.info("Could not allocate slot for {}.", allocationId);
                throw new SlotAllocationException("Could not allocate slot.");
            }
        // 对于 Slot 已经分配占有，且分配占有的不是本次分配 ID
        } else if (!taskSlotTable.isAllocated(slotId.getSlotNumber(), jobId,
            allocationId)) {
            final String message = "The slot" + slotId
                    + " has already been allocated for a different job.";

            log.info(message);
```

```
            final AllocationID allocationID =
                taskSlotTable.getCurrentAllocation(slotId.getSlotNumber());
            throw new SlotOccupiedException(message, allocationID,
                    taskSlotTable.getOwningJob(allocationID));
        }

        // 对于已经与 JobMaster 建立连接的情况
        if (jobManagerTable.contains(jobId)) {
            offerSlotsToJobManager(jobId);
        } else {
            try {
                // 通过 jobLeaderService 添加对 JobMaster 的首领信息的监控
                jobLeaderService.addJob(jobId, targetAddress);
            } catch (Exception e) {
                try {
                    // 通过 taskSlotTable 释放该 Slot
                    taskSlotTable.freeSlot(allocationId);
                } catch (SlotNotFoundException slotNotFoundException) {
                    onFatalError(slotNotFoundException);
                }
                    // 对于开启 Local Recovery 的本地状态释放对应的分配 ID 的数据
                    localStateStoresManager.releaseLocalStateForAllocationId
                        (allocationId);

                if (!taskSlotTable.isSlotFree(slotId.getSlotNumber())) {
                    onFatalError(new Exception("Could not free slot" + slotId));
                }

                throw new SlotAllocationException(
                    "Could not add job to job leader service.", e);
            }
        }
    } catch (TaskManagerException taskManagerException) {
        return FutureUtils.completedExceptionally(taskManagerException);
    }

    return CompletableFuture.completedFuture(Acknowledge.get());
}
```

如代码清单 3-40 所示，在 TaskExecutor 接收 Slot 申请请求的过程中，TaskSlotTable 分配 Slot 的处理逻辑为，判断本次 Slot 申请对应的分配 ID 是否已经分配过 Slot。如果已经分配过，直接返回分配失败的标记（布尔值 false）；如未分配过，调用 TaskSlot 中的 allocate 方法为本次 Slot 申请分配 Slot。

TaskSlot 中 allocate 方法对于 Slot 为空闲状态（Free）的情况，将状态转换为已分配状态（Allocated），记录作业 ID（jobId）和分配 ID（allocationId），返回分配成功的标记

（布尔值 true）；而对于 Slot 为已分配状态（Allocated）或者活跃状态（Active）的情况，则检测本次申请中的作业 ID(jobId)、分配 ID(allocationId) 与 Slot 记录的作业 ID (jobId)、已分配 ID（allocationId）是否一致，将结果作为分配占有是否成功的结论返回。Slot 处于其他状态时，返回分配失败的标记（布尔值 false）。

其中当 TaskSlot 的分配占有 Slot 成功时，将记录本次 Slot 申请的 allocationId 与 TaskSlot（allocationIDTaskSlotMap）、jobId 与 TaskSlot（slotsPerJob）的映射关系，并通过 timerService 注册本次分配对应的 Slot 从已分配状态（Allocated）转换到活跃状态（Active）的超时逻辑，在超时的情况下会将本次分配对应的 TaskSlot 转换到空闲状态（Free）。

代码清单 3-40　TaskSlotTable 的分配 Slot 方法

```
public boolean allocateSlot(int index, JobID jobId, AllocationID allocationId,
        Time slotTimeout) {
    checkInit();

    TaskSlot taskSlot = allocationIDTaskSlotMap.get(allocationId);
    // 判断分配 ID 对应的分配申请是否已经占有 taskSlot，即该分配申请是否已经完成
    if (taskSlot != null) {
        LOG.info("Allocation ID {} is already allocated in {}.", allocationId,
            taskSlot);
        return false;
    }
    taskSlot = taskSlots.get(index);

    boolean result = taskSlot.allocate(jobId, allocationId);

    if (result) {
        allocationIDTaskSlotMap.put(allocationId, taskSlot);

        // 注册从已分配状态到活跃状态的超时逻辑，超时则将 taskSlot 从已分配状态转换到空闲状态
        timerService.registerTimeout(allocationId, slotTimeout.getSize(),
            slotTimeout.getUnit());

        Set<AllocationID> slots = slotsPerJob.get(jobId);

        if (slots == null) {
            slots = new HashSet<>(4);
            slotsPerJob.put(jobId, slots);
        }

        slots.add(allocationId);
    }

    return result;
}
```

如代码清单 3-41 所示，TaskTableSlot 释放 Slot 的处理逻辑如下。

1）检查分配 ID 是否占有 Slot。如果不占有 Slot，则不需要释放，返回 SlotNot-FoundException 的异常；如果已经占有 Slot，则进行下一步。

2）判断 Slot 上有没有运行的任务。如果没有，则将 Slot 标记为空闲状态（Free）并返回；如果有，则将 Slot 设置为等待释放状态（Releasing），同时将运行的任务以其所在的 Slot 资源被释放为原因转换为失败（Failed）状态，等待任务 失败后将 Slot 设置为空闲状态。

释放 Slot 的时机不单有 Slot 从分配状态转换到活跃状态超时，还有 Slot 的所有任务进入终态（Finished、Canceled 或 Failed）、JobMaster 主动向 TaskExecutor 发起释放 Slot 申请、与 JobMaster 同步 Slot 时发现 Slot 不再使用等情况。

代码清单 3-41　TaskTableSlot 的释放 Slot

```
public int freeSlot(AllocationID allocationId, Throwable cause) throws
        SlotNotFoundException {
    checkInit();

    TaskSlot taskSlot = getTaskSlot(allocationId);

    if (taskSlot != null) {
        if (LOG.isDebugEnabled()) {
            LOG.debug("Free slot {}.", taskSlot, cause);
        } else {
            LOG.info("Free slot {}.", taskSlot);
        }

        final JobID jobId = taskSlot.getJobId();

        if (taskSlot.markFree()) {
            allocationIDTaskSlotMap.remove(allocationId);
            timerService.unregisterTimeout(allocationId);

            Set<AllocationID> slots = slotsPerJob.get(jobId);

            if (slots == null) {
                throw new IllegalStateException(
                    "There are no more slots allocated for the job " + jobId
                    + ". This indicates a programming bug.");
            }

            slots.remove(allocationId);

            if (slots.isEmpty()) {
                slotsPerJob.remove(jobId);
            }
```

```
                return taskSlot.getIndex();
            } else {
                taskSlot.markReleasing();

                Iterator<Task> taskIterator = taskSlot.getTasks();

                while (taskIterator.hasNext()) {
                    taskIterator.next().failExternally(cause);
                }

                return -1;
            }
        } else {
            throw new SlotNotFoundException(allocationId);
        }
    }
```

3. 将 Slot 提供给 JobMaster 的过程

在前面申请 Slot 的过程中，在分配占有对应的 TaskSlot 成功且与对应作业的 JobMaster 建立连接后，TaskExecutor 会主动向 JobMaster 提供 Slot。如代码清单 3-42 所示，TaskExecutor 向 JobMaster 提供 Slot 的过程（向作业对应的 JobMaster 提供 Slot 的逻辑）是：先检查 TaskExecutor 是否与作业对应的 JobMaster 建立连接，如果建立连接，则从 TaskSlotTable 中筛选出已经被该作业占有但不处于活跃状态（Allocated）的 TaskSlot，并从这些 TaskSlot 中提取出一些信息来组装成 Slot 提供信息列表（SlotOffer 列表，其中 SlotOffer 由分配 ID allocateId、Slot 下标 slotIndex 和 Slot 对应的资源规格构成）；然后通过向 JobMaster 发送 offerSlot 的请求将 Slot 提供信息列表提供给 JobMaster，在 offerSlot 的请求返回提供 Slot 情况的消息时，调用 handleAcceptedSlotOffers 方法来处理这些消息。

代码清单 3-42　TaskExecutor 类将 Slot 提供给 JobMaster 的方法

```
private void offerSlotsToJobManager(final JobID jobId) {
    final JobManagerConnection jobManagerConnection =
        jobManagerTable.get(jobId);

    if (jobManagerConnection == null) {
        log.debug("There is no job manager connection to the leader of job {}.",
            jobId);
    } else {
        // 检测 TaskSlotTable 中是否存在已被该作业占有的 Slot（Allocated 状态）
        if (taskSlotTable.hasAllocatedSlots(jobId)) {
            log.info("Offer reserved slots to the leader of job {}.", jobId);

            final JobMasterGateway jobMasterGateway =
```

```
            jobManagerConnection.getJobManagerGateway();

        // 从 TaskSlotTable 中筛选出已被该作业占有的所有 Slot
        final Iterator<TaskSlot> reservedSlotsIterator =
            taskSlotTable.getAllocatedSlots(jobId);
        final JobMasterId jobMasterId = jobManagerConnection.getJobMasterId();

        final Collection<SlotOffer> reservedSlots = new HashSet<>(2);

        while (reservedSlotsIterator.hasNext()) {
            SlotOffer offer = reservedSlotsIterator.next().generateSlotOffer();
            reservedSlots.add(offer);
        }

        // 向该作业对应的 JobMaster 发起提供 Slot 的请求
        CompletableFuture<Collection<SlotOffer>> acceptedSlotsFuture =
            jobMasterGateway.offerSlots(
                getResourceID(),
                reservedSlots,
                taskManagerConfiguration.getTimeout());

        acceptedSlotsFuture.whenCompleteAsync(
                handleAcceptedSlotOffers(jobId, jobMasterGateway, jobMasterId,
                    reservedSlots),
                getMainThreadExecutor());
    } else {
        log.debug("There are no unassigned slots for the job {}.", jobId);
    }
  }
}
```

如代码清单3-43所示，处理向JobMaster提供Slot的返回结果的逻辑是，当向JobMaster提供Slot出现异常时，如果是请求超时导致的TimeoutException，则调用代码清单3-42中的offerSlotsToJobManager方法重试；如果是其他异常，会将SlotOffer列表对应的TaskSlot释放掉。当向JobMaster提供Slot的请求无异常，且返回的结果为JobMaster接收的SlotOffer列表时，检查对应的JobMaster的连接是否有效。有效的话，TaskExecutor会将返回的SlotOffer列表（提供成功的Slot列表）中对应的TaskSlot由原来的已分配状态（Allocated）标记为活跃状态（Active），并移除在timerService中注册的超时检测逻辑（调用markSlotActive方法）。其中对于转换到活跃状态失败的Slot，通过JobMaster调用failSlot方法来以失败的方式释放；对于未成功提供给JobMaster的Slot，通过freeSlotInternal方法释放。

代码清单3-43 TaskExecutor类的handleAcceptedSlotOffers方法

```
@Nonnull
```

```
private BiConsumer<Iterable<SlotOffer>, Throwable> handleAcceptedSlotOffers(
        JobID jobId, JobMasterGateway jobMasterGateway,
        JobMasterId jobMasterId, Collection<SlotOffer> offeredSlots) {
    return (Iterable<SlotOffer> acceptedSlots, Throwable throwable) -> {
        if (throwable != null) {
            // 向JobMaster发送提供Slot的请求超时，即重新调用offerSlotsToJobManager
            // 方法重试
            if (throwable instanceof TimeoutException) {
                log.info("Slot offering to JobManager did not finish in"
                    + "time. Retrying the slot offering.");
                offerSlotsToJobManager(jobId);
            } else {
                log.warn("Slot offering to JobManager failed. Freeing the slots " +
                        "and returning them to the ResourceManager.", throwable);
                // 对于返回异常为非超时的异常，即JobMaster返回的是未识别的TaskManager异常，
                // 将所有提供的Slot释放掉
                for (SlotOffer reservedSlot: offeredSlots) {
                    freeSlotInternal(reservedSlot.getAllocationId(), throwable);
                }
            }
        } else {
            // 当返回的结果是提供Slot成功的列表，检测TaskExecutor是否与JobMaster连接
            if (isJobManagerConnectionValid(jobId, jobMasterId)) {
                for (SlotOffer acceptedSlot : acceptedSlots) {
                    try {
                        // 将提供成功的Slot标记为活跃状态（Active）
                        if (!taskSlotTable.markSlotActive(
                                acceptedSlot.getAllocationId())) {
                            final String message = "Could not mark slot " + jobId
                                + " active.";
                            log.debug(message);
                            jobMasterGateway.failSlot(
                                    getResourceID(),
                                    acceptedSlot.getAllocationId(),
                                    new FlinkException(message));
                        }
                    } catch (SlotNotFoundException e) {
                        final String message = "Could not mark slot " + jobId
                            + " active.";
                        // 将标记为活跃状态失败的Slot以失败的方式释放
                        jobMasterGateway.failSlot(
                                getResourceID(),
                                acceptedSlot.getAllocationId(),
                                new FlinkException(message));
                    }

                    offeredSlots.remove(acceptedSlot);
                }
```

```
                final Exception e = new Exception("The slot was rejected"
                    + "by the JobManager.");

                // 将未提供成功的Slot释放掉
                for (SlotOffer rejectedSlot : offeredSlots) {
                    freeSlotInternal(rejectedSlot.getAllocationId(), e);
                }
            } else {
                log.debug("Discard offer slot response since there is a"
                    + "new leader " + "for the job {}.", jobId);
            }
        }
    };
}
```

到此，TaskExecutor处理来自ResourceManager的Slot请求和向JobMaster提供Slot的逻辑就都介绍完了。最后来简单看看TaskExecutor中的Slot状态是如何与JobMaster、ResourceManager中 对应的Slot状态保持一致的。TaskExecutor与JobMaster中的Slot状态通过JobMaster向TaskExecutor定时发送的心跳消息里的AllocatedSlotReport来同步，而TaskExecutor与ResourceManager中的Slot状态通过TaskExecutor向ResourceManager定时发送的心跳消息里的SlotReport来同步。

3.2 组件间通信

前面已经介绍了Flink的运行时基本组件REST、Dispatcher、JobMaster、ResourceManager和TaskExecutor，接下来看看这些运行时组件间通信的设计与实现。组件间的远程通信、组件内的本地通信以及组件内的状态在并发情况下的维护，都是基于Akka Actor来实现的。在开始介绍组件间通信的设计和实现之前，先来看看组件实现的基础——消息传递模式（Akka）。

3.2.1 Akka与Actor模型

Akka是构建高并发、分布式、可扩展应用的框架。Akka让开发者只需要关注业务逻辑，不需要写底层代码来支持可靠性、容错和高性能。Akka带来了诸多好处，比如：

- ❑ 提供新的多线程模型，不需要使用低级的锁和原子性的操作来解决内存可见性问题；
- ❑ 提供透明的远程通信，不再需要编写和维护复杂的网络代码；
- ❑ 提供集群式、高可用的架构，方便构建真正的响应式模式（Reactive）的应用。

Akka是基于Actor模型实现的，Actor模型类似于Erlang的并行模型，能使实现并发、并行和分布式应用更加简单。

Actor是Actor模型中最重要的构成部分，作为最基本的计算单位，能接收消息并基于其执行计算。每个Actor都有自己的邮箱，用来存储接收到的消息。每个Actor维持私有的状态，来实现Actor之间的隔离。图3-14是各个Actor之间的通信示例情况。从图中可知，每个Actor都是由单个线程负责从各自的邮箱拉取消息，并连续处理接收到的消息。对于接收到的消息，Actor可以更改其内部的状态，或者将其传给其他Actor，或者创建新的Actor。

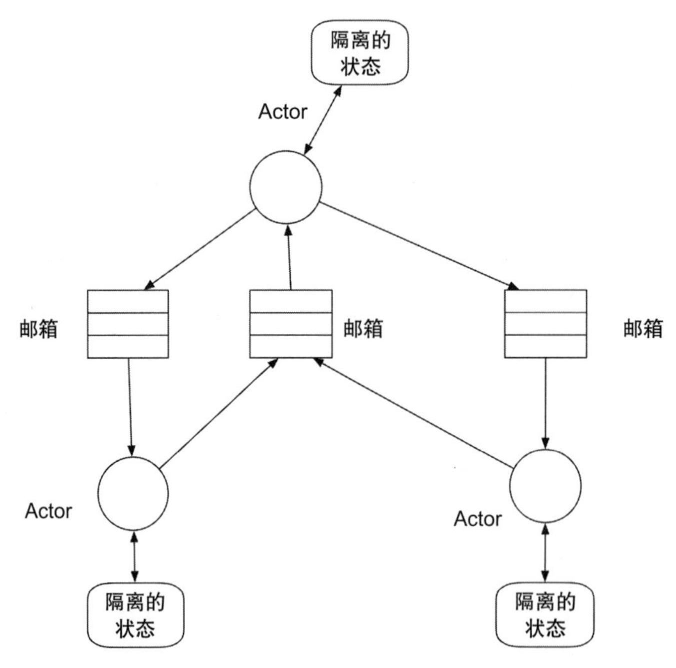

图3-14 Actor内部机制

ActorSystem是Actor的工厂和管理者。ActorSystem会为其Actor提供调度、配置和日志等公共服务。多个ActorSystem可以共存于同一台机器中。如果一个ActorSystem是以RemoteActorRefProvider的方式启动的，则它可以被远程ActorSystem访问到。ActorSystem能自动判断Actor消息是出自同一个ActorSystem的Actor还是来自远程ActorSystem的Actor。本地的Actor间通信，消息通过共享内存传递；而远程的Actor间通信，消息通过网络栈传递。

下面通过一个实例来更好地了解Actor的创建、启动以及消息的发送。

如代码清单3-44所示，示例RemoteServerActor通过继承AbstractActor来实现Actor，并实现AbstractActor的createReceive方法，来实现接收到消息的处理逻辑：接收到String的消息，将消息内容打印到控制台。

代码清单 3-44 RemoteServerActor 的实现

```
public class RemoteServerActor extends AbstractActor {

    @Override
    public Receive createReceive() {
        return receiveBuilder()
            .match(String.class, message-> {
                System.out.println(message);
            })
            .build();
    }
}
```

如代码清单 3-45 所示，RemoteServerActorLauncher 类首先通过加载 remote.conf 的配置（其中配置的 provider 为 RemoteActorRefProvider，见代码清单 3-46），来创建名为 remote、支持远程通信的 ActorSystem；再通过 actorSystem 调用 actorOf 方法创建并启动名为 remoteServerActor 的 Actor 实例，并返回 Actor 地址（ActorRef）；最后通过 ActorRef 调用 tell 方法向 RemoteServerActor 发送消息。

代码清单 3-45 RemoteServerActorLauncher 启动 Actor 和发送消息

```
public class RemoteServerActorLauncher {
    public static void main(String[] args) {
        Config config = ConfigFactory.load("remote.conf");

        ActorSystem actorSystem = ActorSystem.create("remote", config);
        ActorRef actor = actorSystem.actorOf(Props.create(RemoteServerActor.class),
            "remoteServerActor");
            actor.tell("hello!", ActorRef.noSender());

    }
}
```

代码清单 3-46 remote.conf 配置文件内容

```
akka {
    actor {
        provider = "akka.remote.RemoteActorRefProvider"
    }
    remote {
        enabled-transports = ["akka.remote.netty.tcp"]
        netty.tcp {
            hostname = "127.0.0.1"
            port = 50010
        }
    }
}
```

在这个示例中，整个 Actor 创建与消息发送的流程如图 3-15 所示，具体步骤如下。

1）创建远程的 ActorSystem。

2）创建并启动 RemoteServerActorLauncher 实例，返回 ActorRef，创建消息并通过 ActorRef 发送消息。

3）ActorRef 将消息委托给 Dispatcher 发送到 Actor。

4）Dispatcher 把消息暂存在邮箱中，Dispatcher 中封装了一个线程池，用于消息派发，实现异步消息发送的效果。

5）从邮箱中取出消息，委派给 RemoteServerActorLauncher 中通过 createReceive 方法创建的 Receive 实例来处理。

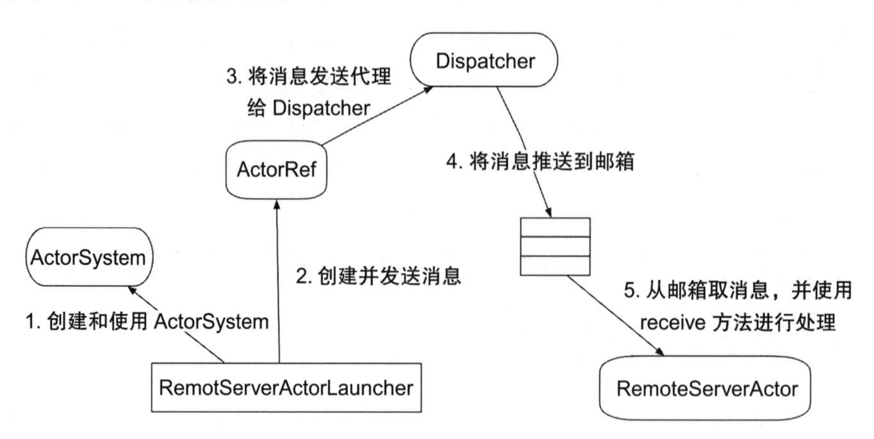

图 3-15 Actor 消息发送流程

如代码清单 3-47 所示，在 LocalClient 中，通过 Akka URL 与 RemoteServerActor 进行远程通信。首先通过加载 client.conf 来配置远程 Actor 的地址情况。client.conf 的配置与 remote.conf 一样，在实际生产中，client.conf 中的 hostName 为远程 Actor 对应的机器或者虚拟机的真实 IP。再根据加载的配置创建 local 的 ActorSystem，然后 actorSystem 调用 actorSelection 的方法得到远程 Actor 的地址。最后获取远程 Actor 地址并发送给远程 Actor。

代码清单 3-47 进行远程访问的 LocalClient

```
public class LocalClient {

    public static void main(String[] args) {
        Config config = ConfigFactory.load("client.conf");
        ActorSystem actorSystem = ActorSystem.create("local", config);

        ActorSelection toFind = actorSystem.actorSelection(
            "akka.tcp://remote@127.0.0.1:50010/user/remoteServerActor");
```

```
        toFind.tell("I am from local.", ActorRef.noSender());
    }
}
```

在上面的示例中，发送消息使用了tell模式。Actor的发送消息模式有ask、tell和forward，三者的特点如下。

- ask模式：发送消息异步，并返回一个Future来代表可能的消息回应。
- tell模式：一种fire-and-forget（发后即忘）的方式，发送消息异步并立即返回，无返回信息。
- forward模式：类似邮件的转发，将收到的消息由一个Actor转发到另一个Actor。

至此，与组件通信相关的Actor知识就介绍得差不多了，想要更深入地了解Akka Actor通信知识的读者可以查阅Akka官方网站（https://akka.io/）。

3.2.2　组件间通信实现

3.1节介绍了运行时的组件，对于这些组件内的多线程访问，没有锁和算子操作来保证状态，而主要通过runAsync方法、callAsync方法，以及通过getMainThreadExecutor调度来执行Future的回调方法，来实现对组件状态的安全操作。组件间通过RpcGateway子类的方法实现远程的方法调用。组件内部的安全状态操作是基于本地Actor实现的，而组件间的通信是通过远程Actor实现的。至于组件内的本地通信与组件间通信的设计与实现，下面就来揭开其神秘的面纱。

首先来看下组件通信的整体情况。组件通信相关的类位于flink-runtime模块下的org.apache.flink.runtime.rpc包中，整体的相关类的架构如图3-16所示。组件通信的主要部分如下。

- RpcEndpoint：远程过程调用端点（rpc）基础类，提供远程过程调用的分布式组件需要继承这个基础类。前面提到的运行时组件Dispatcher、TaskExecutor、ResourceManager和JobMaster组件都继承了RpcEndpoint。
- AkkaRpcActor：接收RpcInvocation、RunAsync、CallAsync和ControlMessages的消息来实现运行时组件中状态的安全操作。
- AkkaInvocationHandler：作为RpcAkka调用的Handler，AkkaRpcActor接收到的RunAsync、CallAsync和RpcInvocation消息都由AkkaInvocationHandler发送。
- AkkaRpcService：实现RpcService接口，负责启动AkkaRpcActor和连接到RpcEndpoint。连接到一个RpcEndpoint，会返回RpcGateway，供远程过程调用。

其中，与不带Fenced开头的类相比，以Fenced开头的类只是多了对FencingToken的处理逻辑。

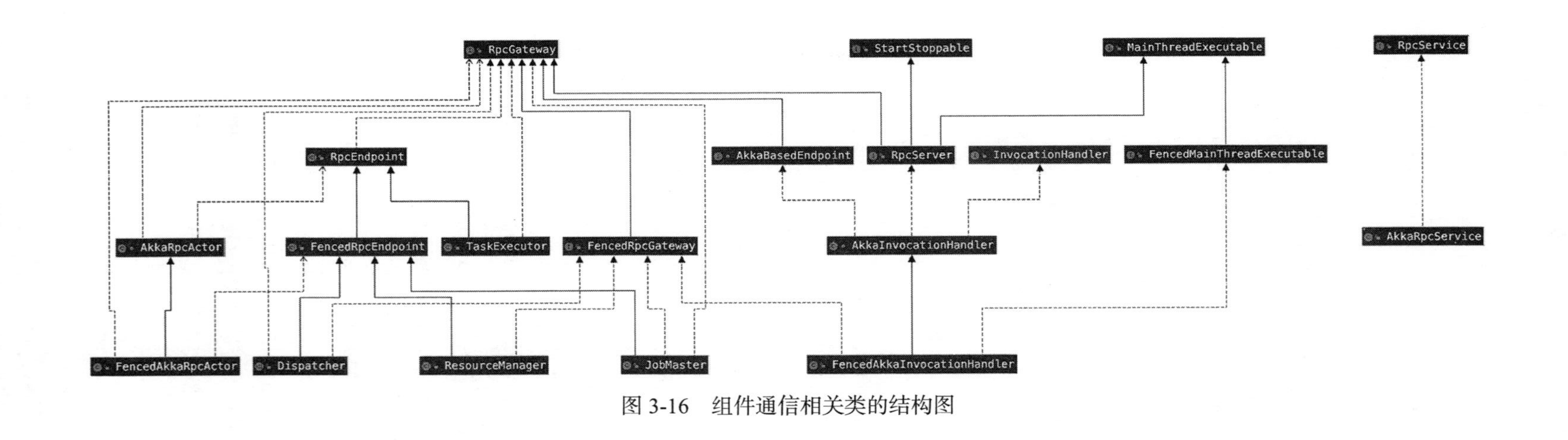

图 3-16　组件通信相关类的结构图

接下来看组件中 runAsync 方法、callAsync 方法、scheduleRunAsync 方法及 getMainThreadExecutor 方法的内部是怎么实现的。

1. AkkaRpcActor

首先来看处理消息的 AkkaRpcActor。除 REST 以外，其他运行时组件（Dispatcher、TaskExecutor、ResourceManager 和 JobMaster）都有一个 AkkaRpcActor 对象。AkkaRpcActor 负责接收消息，并对消息进行处理，以操作 RpcEndpoint（Dispatcher、TaskExecutor、ResourceManager 和 JobMaster 是 RpcEnpoint 类中的子类）的状态，实现对 RpcEndpoint 实现类对象的生命周期控制和状态操作。

AkkaRpcActor 处理的消息分为远程握手消息（RemoteHandshakeMessage）、控制消息和普通消息。远程握手消息主要用于在 RpcEndpoint 之间的远程通信建立连接之前，检查 RpcEndpoint 之间版本是否兼容。

控制消息分 START 消息、STOP 消息和 TERMINATE 消息。AkkaRpcActor 接收到不同控制消息的场景与处理逻辑各不相同，具体如下。

- 当 AkkaRpcActor 接收到 START 消息时，只有 AkkaRpcActor 的状态设置为开始状态，才可以处理流入的普通消息。在 AkkaRpcActor 对应的 RpcEndpoint 启动时，会发送 START 消息给 AkkaRpcActor。
- 当 AkkaRpcActor 接收到 STOP 消息时，AkkaRpcActor 处于不再处理流入的普通消息且将接收到的普通消息丢弃的状态。此时只会发生 JobMaster 失去首领角色的情况。在这种情况下，JobMaster 会将作业设置为暂停状态（Suspended），同时向与其对应的 AkkaRpcActor 发送 STOP 消息。
- 当 AkkaRpcActor 接收到 TERMINATE 消息时，会调用对应 RpcEndpoint 的退出（onStop 方法）逻辑。只有在 Master 或 Worker 进程正常退出或者进程中的组件发生致命错误（Fatal Error）而退出时，才会接收到 TERMINATE 消息。

普通消息有 RunAsync、CallAsync 和 RpcInvocation 消息三种类型。普通消息在组件内部与组件间的使用场景各不相同，具体如下。

- RunAsync 消息包含所需执行的 Runnable 和待执行的时间点，不需要返回执行结果。组件中的 runAsync 和 scheduleRunAsync 方法最终会将 RunAsync 消息发送给 AkkaRpcActor，从而线程安全地执行 Runnable 的 run 方法，修改 RpcEndpoint 实现类对象的状态。
- CallAsync 消息包含所需执行的 Callable，需要返回执行结果。调用 callAsync 方法会触发客户端以 ask 模式将 CallAsync 消息发送给 AkkaRpcActor。
- RpcInvocation 消息分 LocalRpcInvocation 消息和 RemoteRpcInvocation 消息，二者的区别是：LocalRpcInvocation 用于本地 Actor 之间的 RPC，不需要消息的序

列化和反序列化，用于Master上运行时组件间的通信（如ResourceManager与JobMaster的通信）；RemoteRpcInvocation用于Actor远程通信中的RPC，需要序列化与反序列化，用于Master组件与Worker组件的远程通信（如JobMaster与TaskExecutor的通信）。

接下来看下AkkaRpcActor对接收到的普通消息的处理逻辑。

如代码清单3-48所示，AkkaRpcActor处理普通消息的逻辑是，先检查AkkaRpcActor是否处于Running状态，如果处于Running状态，会进行主线程赋值为当前线程（通过CAS方式赋值），接着调用handleRpcMessage方法进行消息处理，最后mainThreadValidator调用exitMainThread方法将主线程设置为空。

代码清单3-48 AkkaRpcActor类中处理普通消息的方法

```
private void handleMessage(final Object message) {
    if (state.isRunning()) {
        mainThreadValidator.enterMainThread();

        try {
            handleRpcMessage(message);
        } finally {
            mainThreadValidator.exitMainThread();
        }
    } else {
        log.info("The rpc endpoint {} has not been started yet. Discarding message"
                + "{} until processing is started.",
                rpcEndpoint.getClass().getName(),
                message.getClass().getName());

        sendErrorIfSender(new AkkaRpcException(
                String.format("Discard message, because the rpc endpoint %s"
                    +" has not been started yet.",
                    rpcEndpoint.getAddress())));
    }
}
```

在普通消息的处理部分，如代码清单3-49所示，处理RunAsync消息的逻辑是，如果RunAsync中的执行时间为0或者已经早于当前时间，立即执行RunAsync中Runnable的run方法，否则将RunAsync消息发送给该AkkaRpcActor，由其加到延迟任务中，即在延迟时间到后AkkaRpcActor又会接收到该RunAsync消息。

代码清单3-49 AkkaRpcActor类中处理RunAsync消息的方法

```
private void handleRunAsync(RunAsync runAsync) {
    final long timeToRun = runAsync.getTimeNanos();
    final long delayNanos;
```

```
        if (timeToRun == 0 || (delayNanos = timeToRun - System.nanoTime()) <= 0) {
            try {
                runAsync.getRunnable().run();
            } catch (Throwable t) {
                log.error("Caught exception while executing runnable"
                    + "in main thread.", t);
                ExceptionUtils.rethrowIfFatalErrorOrOOM(t);
            }
        }
        else {
            FiniteDuration delay = new FiniteDuration(delayNanos, TimeUnit.NANOSECONDS);
            RunAsync message = new RunAsync(runAsync.getRunnable(), timeToRun);

            final Object envelopedSelfMessage = envelopeSelfMessage(message);

            getContext().system().scheduler().scheduleOnce(delay, getSelf(),
                    envelopedSelfMessage,
                    getContext().dispatcher(),
                    ActorRef.noSender());
        }
    }
```

如代码清单3-50所示，对于普通消息中的CallAsync消息，会执行CallAsync中的Callable的任务，并将执行结果通过tell模式发送给CallAsync消息的发送方。

代码清单3-50 AkkaRpcActor类中处理CallAsync消息的方法

```
    private void handleCallAsync(CallAsync callAsync) {
        try {
            Object result = callAsync.getCallable().call();

            getSender().tell(new Status.Success(result), getSelf());
        } catch (Throwable e) {
            getSender().tell(new Status.Failure(e), getSelf());
        }
    }
```

如代码清单3-51所示，AkkaRpcActor处理接收到的RpcInvocation消息的逻辑如下。首先获取RpcInvocation对应的调用方法名和方法对应的参数列表，在这个过程中RemoteRpcInvocation消息存在消息反序列化的过程，如果在这个方法名和方法参数列表中发生异常，会将异常封装成RpcConnectionException并回复给RpcInvocation消息的发送者。接着在RpcEndpoint实现类对象中查找对应方法名和参数列表的方法。如果不存在，则返回方法不存在的异常，并将异常返回给RpcInvocation消息的发送者；如果存在，则根据不同的返回类型进行处理，并将处理结果回复给RpcInvocation消息的发送者。其中，对于不同的RpcInvocation消息的返回类型，回复消息的情况如下。

- 当返回类型是Void类型时，直接通过反射执行查找到的方法，如果正常执行（执行过程中未发生异常），不回复任何消息给RpcInvocation消息的发送者。
- 当返回类型是CompletableFuture类型时，通过反射执行查找到的方法的返回结果的CompletableFuture，在completableFunction完成（onComplete）的情况下，将结果回复给RpcInvocation消息的发送者，即属于异步的回复消息。
- 当返回类型既不是Void类型又不是CompletableFuture类型时，直接将反射执行查找到的方法的执行结果通过tell模式返回给RpcInvocation消息的发送者。

代码清单3-51　AkkaRpcActor类中处理RpcInvocation消息的方法

```
private void handleRpcInvocation(RpcInvocation rpcInvocation) {
    Method rpcMethod = null;

    try {
        // 通过RpcInvocation消息获取调用的方法名和参数列表，并在RpcEndpoint实现类对象
        // 中查找
        String methodName = rpcInvocation.getMethodName();
        Class<?>[] parameterTypes = rpcInvocation.getParameterTypes();

        rpcMethod = lookupRpcMethod(methodName, parameterTypes);
    } catch (ClassNotFoundException e) {
        log.error("Could not load method arguments.", e);

        RpcConnectionException rpcException =
                new RpcConnectionException("Could not load method arguments.", e);
        getSender().tell(new Status.Failure(rpcException), getSelf());
    } catch (IOException e) {
        log.error("Could not deserialize rpc invocation message.", e);

        RpcConnectionException rpcException = new RpcConnectionException(
                "Could not deserialize rpc invocation message.", e);
        getSender().tell(new Status.Failure(rpcException), getSelf());
    } catch (final NoSuchMethodException e) {
        log.error("Could not find rpc method for rpc invocation.", e);

        RpcConnectionException rpcException = new RpcConnectionException(
                "Could not find rpc method for rpc invocation.", e);
        getSender().tell(new Status.Failure(rpcException), getSelf());
    }

    if (rpcMethod != null) {
        try {
            rpcMethod.setAccessible(true);

            // 对于不需要返回结果的返回类型，直接调用反射，执行方法，不回复消息
```

```
            if (rpcMethod.getReturnType().equals(Void.TYPE)) {
                rpcMethod.invoke(rpcEndpoint, rpcInvocation.getArgs());
            }
            else {
                final Object result;
                try {
                    // 通过反射执行调用方法
                    result = rpcMethod.invoke(rpcEndpoint,
                        rpcInvocation.getArgs());
                } catch (InvocationTargetException e) {
                    log.debug("Reporting back error thrown in remote"
                        + "procedure {}", rpcMethod, e);

                    getSender().tell(new Status.Failure(e.getTargetException()),
                        getSelf());
                    return;
                }

                final String methodName = rpcMethod.getName();

                // 根据返回结果是不是CompletableFuture类型决定是否异步回复RpcInvocation
                // 消息给发送者
                if (result instanceof CompletableFuture) {
                    final CompletableFuture<?> responseFuture = (CompletableFuture<?>)
                        result;
                    sendAsyncResponse(responseFuture, methodName);
                } else {
                    sendSyncResponse(result, methodName);
                }
            }
        } catch (Throwable e) {
            log.error("Error while executing remote procedure call {}.",
                rpcMethod, e);
            getSender().tell(new Status.Failure(e), getSelf());
        }
    }
}
```

至此，AkkaRpcActor对于接收到的消息的处理已介绍完，接下来看下AkkaRpcActor的创建与启动过程。

AkkaRpcService负责创建和启动AkkaRpcActor，而这个过程是在AkkaRpcService的startServer方法中进行的。如代码清单3-52所示，AkkaRpcService中startServer方法的处理逻辑分成两部分：创建与启动AkkaRpcActor，用来接收和处理消息；构建RpcServer代理对象，使用发送消息给AkkaRpcActor的方式实现状态的线程安全操作。

AkkaRpcActor的创建与启动部分比较简单，首先通过Props创建AkkaRpcActor，再通过actorSystem调用actorOf启动AkkaRpcActor。RpcServer代理对象的构建逻辑是，根据RpcEndpoint实现类对象的接口中所有继承RpcGateway的接口、rpcServer接口和AkkaBasedEndpoint接口来构建。RpcServer代理对象的InvocationHandler为AkkaInvocationHandler，负责RpcServer对象方法执行的动态代理逻辑（处理逻辑在AkkaInvocationHandler的invoke方法中）。AkkaInvocationHandler中带上AkkaRpcActor的actorRef，处理RpcServer代理对象的方法调用，将方法调用转换为调用消息发送给AkkaRpcActor，从而实现对RpcEndpoint实现类对象的线程安全操作。

代码清单 3-52　AkkaRpcService类的startServer方法

```
@Override
public <C extends RpcEndpoint & RpcGateway> RpcServer startServer(C rpcEndpoint) {
        checkNotNull(rpcEndpoint, "rpc endpoint");

    CompletableFuture<Void> terminationFuture = new CompletableFuture<>();
    final Props akkaRpcActorProps;
    // 根据是否需要带FencingToken访问的RpcEndpoint实现类对象，创建不同类型的AkkaRpcActor
    // 的属性
    if (rpcEndpoint instanceof FencedRpcEndpoint) {
        akkaRpcActorProps = Props.create(
            FencedAkkaRpcActor.class,
            rpcEndpoint,
            terminationFuture,
            getVersion(),
            configuration.getMaximumFramesize());
    } else {
        akkaRpcActorProps = Props.create(
            AkkaRpcActor.class,
            rpcEndpoint,
            terminationFuture,
            getVersion(),
            configuration.getMaximumFramesize());
    }

    ActorRef actorRef;


    synchronized (lock) {
        checkState(!stopped, "RpcService is stopped");
        // 启动AkkaRpcActor
        actorRef = actorSystem.actorOf(akkaRpcActorProps,
            rpcEndpoint.getEndpointId());
        actors.put(actorRef, rpcEndpoint);
    }

    LOG.info("Starting RPC endpoint for {} at {} .",
```

```
    rpcEndpoint.getClass().getName(), actorRef.path());

final String akkaAddress = AkkaUtils.getAkkaURL(actorSystem, actorRef);
final String hostname;
Option<String> host = actorRef.path().address().host();
if (host.isEmpty()) {
    hostname = "localhost";
} else {
    hostname = host.get();
}

Set<Class<?>> implementedRpcGateways = new HashSet<>(
        RpcUtils.extractImplementedRpcGateways(rpcEndpoint.getClass()));

implementedRpcGateways.add(RpcServer.class);
implementedRpcGateways.add(AkkaBasedEndpoint.class);

final InvocationHandler akkaInvocationHandler;

// 根据是否需要带FencingToken访问的RpcEndpoint实现类对象，
// 创建不同类型的AkkaInvocationHandler来与AkkaActor交互，实现方法的线程安全调用
if (rpcEndpoint instanceof FencedRpcEndpoint) {
    akkaInvocationHandler = new FencedAkkaInvocationHandler<>(
            akkaAddress,
            hostname,
            actorRef,
            configuration.getTimeout(),
            configuration.getMaximumFramesize(),
            terminationFuture,
            ((FencedRpcEndpoint<?>) rpcEndpoint)::getFencingToken);

    implementedRpcGateways.add(FencedMainThreadExecutable.class);
} else {
    akkaInvocationHandler = new AkkaInvocationHandler(
            akkaAddress,
            hostname,
            actorRef,
            configuration.getTimeout(),
            configuration.getMaximumFramesize(),
            terminationFuture);
}

ClassLoader classLoader = getClass().getClassLoader();

// 根据RpcEndpoint实现类对象的实现接口中所有继承RpcGateway的接口、
// RpcServer接口、AkkaBasedEndpoint接口构建RpcServer代理对象
// 对于FencedRpcEndpoint实现类对象，代理对象会多实现FencedMainThreadExecutable接口
@SuppressWarnings("unchecked")
```

```
    RpcServer server = (RpcServer) Proxy.newProxyInstance(
            classLoader,
            implementedRpcGateways.toArray(
                new Class<?>[implementedRpcGateways.size()]),
            akkaInvocationHandler);

    return server;
}
```

在 AkkaRpcService 调用 startServer 方法、RpcEndpoint 实现类对象获取到 RpcServer 代理对象、RpcServer 代理对象调用 start 方法后，AkkaRpcActor 即可处理普通消息。

至此，FencedRpcEndpoint/RpcEndpoint 中 runAsync、callAsync 和 scheduleRunAsync 方法的处理流程已十分清晰，如图 3-17 所示，具体处理流程如下。

1）FencedRpcEndpoint/RpcEndpoint 实现类对象中调用 runAsync、callAsync 和 scheduleRunAsync 方法是通过 RpcServer 代理对象完成的。

2）RpcServer 代理对象调用 runAsync、callAsync 和 scheduleRunAsync 方法时会调用 AkkaRpcInvocation 的 invoke 方法，invoke 方法会将这三种方法转换为 RunAsync 消息和 CallAsync 消息发送给 AkkaRpcActor。

3）AkkaRpcActor 接收到 RunAsync 消息和 CallAsync 消息，进行 FencedRpcEndpoint/RpcEndpoint 实现类对象的线程安全的状态修改，或者将执行结果原路返回。

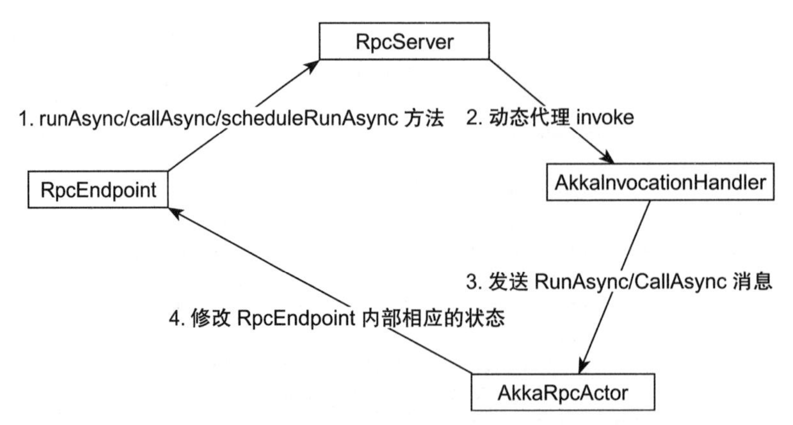

图 3-17　组件内 runAsync、callAsync、scheduleRunAsync 的处理流程

代码清单 3-53 给出了组件中 getMainThreadExecutor 方法执行 Runnable 实现的原理。getMainThreadExecutor 方法的返回值是 RpcEndpoint 实现类对象中的内部类 MainThreadExecutor 对象，而 MainThreadExecutor 的 MainThreadExecutable 就是 RpcServer 代理对象。MainThreadExecutor 执行 Runnable 的实现（MainThreadExecutor 的 execute 方法），

就是 RpcServer 代理对象调用 runAsync 方法来实现的。

代码清单 3-53 RpcEndpoint 类中的内部类 MainThreadExecutor

```
protected static class MainThreadExecutor implements ComponentMainThreadExecutor {

    private final MainThreadExecutable gateway;
    private final Runnable mainThreadCheck;

    MainThreadExecutor(MainThreadExecutable gateway, Runnable mainThreadCheck) {
        this.gateway = Preconditions.checkNotNull(gateway);
        this.mainThreadCheck = Preconditions.checkNotNull(mainThreadCheck);
    }

    public void runAsync(Runnable runnable) {
        gateway.runAsync(runnable);
    }

    public void scheduleRunAsync(Runnable runnable, long delayMillis) {
        gateway.scheduleRunAsync(runnable, delayMillis);
    }

    public void execute(@Nonnull Runnable command) {
        runAsync(command);
    }

    @Override
    public ScheduledFuture<?> schedule(Runnable command, long delay, TimeUnit unit) {
        final long delayMillis = TimeUnit.MILLISECONDS.convert(delay, unit);
        FutureTask<Void> ft = new FutureTask<>(command, null);
        scheduleRunAsync(ft, delayMillis);
        return new ScheduledFutureAdapter<>(ft, delayMillis, TimeUnit.MILLISECONDS);
    }

    @Override
        public <V> ScheduledFuture<V> schedule(Callable<V> callable, long delay,
            TimeUnit unit) {
        throw new UnsupportedOperationException(
                "Not implemented because the method is currently not required.");
    }

    @Override
    public ScheduledFuture<?> scheduleAtFixedRate(Runnable command, long initialDelay,
            long period, TimeUnit unit) {
        throw new UnsupportedOperationException(
                "Not implemented because the method is currently not required.");
    }

    @Override
```

```
    public ScheduledFuture<?> scheduleWithFixedDelay(Runnable command,
            long initialDelay, long delay, TimeUnit unit) {
        throw new UnsupportedOperationException(
                "Not implemented because the method is currently not required.");
    }

    @Override
    public void assertRunningInMainThread() {
        mainThreadCheck.run();
    }
}
```

2. AkkaInvocationHandler

下面介绍RpcServer代理对象的InvocationHandler类AkkaInvocationHandler在组件内部与组件之间通信的作用。

作为RpcServer代理对象和创建远程连接的RpcGateway代理对象（后面会提到）的InvocationHandler，AkkaInvocationHandler能与本地AkkaRpcActor、远程AkkaRpcActor的消息交互。之所以能够这样，主要是因为AkkaInvocationHandler拥有ActorRef类型的对象rpcEndpoint（该rpcEndpoint与RpcEndpoint类无关），并且能够通过该对象直接与对应的Actor通信。

AkkaInvocationHandler类的所有逻辑的入口是实现InvocationHandler的invoke方法。如代码清单3-54所示，当RpcServer代理对象或RpcGateway代理对象执行某个方法时，AkkaInvocationHandler的invoke方法会被调用。而AkkaInvocationHandler的invoke方法的处理逻辑是，先获取调用方法的定义类，然后根据不同调用方法的定义类进行不同的处理。对于不同调用方法的定义类，处理情况如下。

- 调用方法的定义类属于AkkaBasedEndpoint、Object、RpcGateway、StartStoppable、MainThreadExecutable和RpcServer，这是通过反射调用AkkaInvocationHandler的方法，这个场景用于RpcServer调用相应方法时（如调用runAsync、callAsync等方法）。
- 调用方法对应的定义类为FencedRpcGateway时，不支持，直接抛出异常，FencedRpcGateway接口定义的方法只有getFencingToken。
- 调用方法的定义类为其他时，调用invokeRpc来处理逻辑，这个场景用于继承RpcGateway接口的代理对象调用相应方法时。

代码清单3-54 AkkaInvocationHandler中实现InvocationHandler的invoke方法

```
@Override
public Object invoke(Object proxy, Method method, Object[] args) throws
    Throwable {
```

```
        Class<?> declaringClass = method.getDeclaringClass();

        Object result;

        if (declaringClass.equals(AkkaBasedEndpoint.class)
            ||declaringClass.equals(Object.class)
            ||declaringClass.equals(RpcGateway.class)
            ||declaringClass.equals(StartStoppable.class)
            ||declaringClass.equals(MainThreadExecutable.class)
            ||declaringClass.equals(RpcServer.class)) {
            result = method.invoke(this, args);
        } else if (declaringClass.equals(FencedRpcGateway.class)) {
            throw new UnsupportedOperationException(
                "AkkaInvocationHandler does not support the call FencedRpcGateway#"
                + method.getName()
                + ". This indicates that you retrieved a FencedRpcGateway without"
                + "specifying a fencing token. Please use RpcService#connect("
                   + "RpcService, F, Time) with F being the fencing token to "
                + "retrieve a properly FencedRpcGateway.");
        } else {
            result = invokeRpc(method, args);
        }

        return result;
    }
```

如代码清单3-55所示，RpcServer代理对象的方法调用是通过AkkaHandler的invoke调用来实现的（invoke调用的实现即通过反射调用其相应的方法，用于本地调用）。RpcServer代理对象的调用方法有runAsync、scheduleRunAsync、callAsync、start和stop，这些方法的主要逻辑是通过ActorRef的rpcEndpoint属性往本地AkkaRpcActor发送RunAsync消息、CallAsync和控制消息。

代码清单3-55　AkkaInvocationHandler类往本地Actor发送消息的方法

```
    @Override
    public void runAsync(Runnable runnable) {
        scheduleRunAsync(runnable, 0L);
    }

    @Override
    public void scheduleRunAsync(Runnable runnable, long delayMillis) {
        checkNotNull(runnable, "runnable");
        checkArgument(delayMillis >= 0, "delay must be zero or greater");

        if (isLocal) {
            long atTimeNanos = delayMillis == 0 ? 0
```

```java
                : System.nanoTime() + (delayMillis * 1_000_000);
            tell(new RunAsync(runnable, atTimeNanos));
        } else {
            throw new RuntimeException(
                "Trying to send a Runnable to a remote actor at "
                    + rpcEndpoint.path() + ". This is not supported.");
        }
    }

    @Override
    public <V> CompletableFuture<V> callAsync(Callable<V> callable, Time callTimeout) {
        if (isLocal) {
        @SuppressWarnings("unchecked")
            CompletableFuture<V> resultFuture =
                    (CompletableFuture<V>) ask(new CallAsync(callable), callTimeout);

            return resultFuture;
        } else {
            throw new RuntimeException(
                "Trying to send a Callable to a remote actor at "
                    + rpcEndpoint.path() + ". This is not supported.");
        }
    }

    @Override
    public void start() {
        rpcEndpoint.tell(ControlMessages.START, ActorRef.noSender());
    }

    @Override
    public void stop() {
        rpcEndpoint.tell(ControlMessages.STOP, ActorRef.noSender());
    }
```

对于实现继承 RpcGateway 接口的代理对象的调用方法，AkkaInvocationHandler 会调用 invokeRpc 方法进行处理。如代码清单 3-56 所示，AkkaInvocationHandler 中的 invokeRpc 方法的处理逻辑是，根据调用方法名、参数类型和参数值创建 RpcInvocation 对象，对于返回类型为 Void 的，直接通过 tell 模式将 RpcInvocation 对象发送给 AkkaInvocationHandler 中 ActorRef 类型的 rpcEndpoint 对象对应的 AkkaRpcActor；对于返回类型为非 Void 的，通过 ask 模式往 AkkaInvocationHandler 的 rpcEndpoint 对象发送 RpcInvocation 消息，对于结果为 CompletableFuture 的，直接返回相应的 completableFuture；而对于返回类型是其他类型的，直接通过 completableFuture 的 get 方法获取 AkkaRpcActor 的返回消息。

代码清单 3-56 AkkaInvocationHandler 对于需要发送 RpcInvocation 的逻辑

```
private Object invokeRpc(Method method, Object[] args) throws Exception {
    String methodName = method.getName();
    Class<?>[] parameterTypes = method.getParameterTypes();
    Annotation[][] parameterAnnotations = method.getParameterAnnotations();
    Time futureTimeout = extractRpcTimeout(parameterAnnotations, args, timeout);

    // 根据需调用的方法名、参数类型和参数值创建 RpcInvocation
    final RpcInvocation rpcInvocation = createRpcInvocationMessage(methodName,
        parameterTypes, args);

    Class<?> returnType = method.getReturnType();

    final Object result;

    if (Objects.equals(returnType, Void.TYPE)) {
        // 对于不需要返回结果的调用，通过 tell 模式往相应的 AkkaRpcActor 发送 RpcInvocation
        // 消息
        tell(rpcInvocation);

        result = null;
    } else {
        // 对于需要返回结果的调用，通过 ask 模式往相应的 AkkaRpcActor 发送 RpcInvocation 消息
        CompletableFuture<?> resultFuture = ask(rpcInvocation, futureTimeout);

        CompletableFuture<?> completableFuture =
                resultFuture.thenApply((Object o) -> {
            if (o instanceof SerializedValue) {
                try {
                    return ((SerializedValue<?>) o).deserializeValue(getClass()
                        .getClassLoader());
                } catch (IOException | ClassNotFoundException e) {
                    throw new CompletionException(
                        new RpcException("Could not deserialize the "
                            + "serialized payload of RPC method : "
                            + methodName, e));
                }
            } else {
                return o;
            }
        });

        // 根据调用方法的不同返回类型处理返回的消息
        if (Objects.equals(returnType, CompletableFuture.class)) {
            result = completableFuture;
        } else {
            try {
                result = completableFuture.get(futureTimeout.getSize(),
```

```
                    futureTimeout.getUnit());
            } catch (ExecutionException ee) {
                throw new RpcException("Failure while obtaining synchronous"
                    + "RPC result.",
                    ExceptionUtils.stripExecutionException(ee));
            }
        }
    }

    return result;
}
```

组件间通信都是通过调用继承RpcGateway接口的代理对象来实现的。如JobMaster、ResourceManager和TaskExecutor之间都是通过调用JobMasterGateway、TaskExecutor-Gateway和ResourceManagerGateway对应的RpcGateway接口的代理对象来实现通信。

接下来看继承RpcGateway接口的代理对象是怎么创建的。该代理对象的创建是在AkkaRpcService的connect方法中进行的。如代码清单3-57所示，AkkaRpcService的connect方法有两个入参：通信的Akka地址和RpcGateway的类型。在实际的组件调用中，第二个参数传入的是TaskExecutorGateway.class、JobMasterGateway.class、ResourceManagerGateway.class和DispatcherGateway.class等中的一个。AkkaRpcService的connect方法的逻辑是，调用connectInternal进行处理，其中第三个参数提供一个根据actorRef返回AkkaInvocationHandler的函数。

代码清单3-57 AkkaRpcService类中的connect方法

```
@Override
public <C extends RpcGateway> CompletableFuture<C> connect(
    final String address,
    final Class<C> clazz) {

    return connectInternal(
            address,
            clazz,
            (ActorRef actorRef) -> {
        Tuple2<String, String> addressHostname = extractAddressHostname(actorRef);

        return new AkkaInvocationHandler(
                addressHostname.f0,
                addressHostname.f1,
                actorRef,
                configuration.getTimeout(),
                configuration.getMaximumFramesize(),
                null);
    });
}
```

如代码清单 3-58 所示，AkkaRpcService 类中的内部 connect 方法的流程如下。

1）通过 actorSelection 的方式往 Akka 地址对应的 Actor 发送 Identify 消息。对应的 Actor 会返回 ActorIdentity 消息。

2）从 ActorIdentity 消息中提取 ActorRef，再往 ActorRef 发送 RemoteHandshakeMessage 的消息，与对应 Actor 的组件握手建立联系。

3）在与 Akka 地址对应的 Actor 建立联系后，根据入参提供的 class（TaskExecutor-Gateway.class、JobMasterGateway.class、ResourceManagerGateway.class 和 Dispatcher-Gateway.class 等中的一个），invocationHandlerFactor 创建的 invocationHandler（这里对应的是 AkkaInvocationHandler），通过动态代理创建继承 RpcGateway 接口的代理对象。

代码清单 3-58　AkkaRpcService 类中的内部 connect 处理方法

```
private <C extends RpcGateway> CompletableFuture<C> connectInternal(
        final String address,
        final Class<C> clazz,
        Function<ActorRef, InvocationHandler> invocationHandlerFactory) {
    checkState(!stopped, "RpcService is stopped");

    LOG.debug("Try to connect to remote RPC endpoint with address {}."
        + "Returning a {} gateway.", address, clazz.getName());

    // 通过 actorSelection 获取远程 ActorSystem，并发送 ActorIdentity 消息，这属于一种
    // 建立 Akka 远程通信的方式
    final ActorSelection actorSel = actorSystem.actorSelection(address);

    final Future<ActorIdentity> identify = Patterns
            .ask(actorSel, new Identify(42),
                configuration.getTimeout().toMilliseconds())
            .<ActorIdentity>mapTo(ClassTag$.MODULE$.<ActorIdentity>apply(
                ActorIdentity.class));

    final CompletableFuture<ActorIdentity> identifyFuture =
        FutureUtils.toJava(identify);

    final CompletableFuture<ActorRef> actorRefFuture = identifyFuture.thenApply(
            (ActorIdentity actorIdentity) -> {
        if (actorIdentity.getRef() == null) {
            throw new CompletionException(new RpcConnectionException(
                    "Could not connect to rpc endpoint under address " + address + '.'));
        } else {
            return actorIdentity.getRef();
        }
    });

    // 将 RemoteHandshakeMessage 消息发送给远程 Actor，这个属于 Flink 内部 Actor 建立通
```

```
    // 信的握手，其中 Actor 会检测两个 Actor 版本是否兼容、是否支持握手来判断握手是否成功
    final CompletableFuture<HandshakeSuccessMessage> handshakeFuture =
        actorRefFuture.thenCompose(
            (ActorRef actorRef) -> FutureUtils
            .toJava(
                    Patterns.ask(
                    actorRef,
                    new RemoteHandshakeMessage(clazz, getVersion()),
                    configuration.getTimeout().toMilliseconds())
            .<HandshakeSuccessMessage>mapTo(
                    ClassTag$.MODULE$.<HandshakeSuccessMessage>apply(
                        HandshakeSuccessMessage.class))));

    return actorRefFuture.thenCombineAsync(
            handshakeFuture,
            (ActorRef actorRef, HandshakeSuccessMessage ignored) -> {
                InvocationHandler invocationHandler =
                    invocationHandlerFactory.apply(actorRef);

                ClassLoader classLoader = getClass().getClassLoader();

                // 连接成功，创建 RpcGateway 代理对象，供组件间的方法调用
                @SuppressWarnings("unchecked")
                C proxy = (C) Proxy.newProxyInstance(
                        classLoader,
                        new Class<?>[]{clazz},
                        invocationHandler);

                return proxy;
            },
            actorSystem.dispatcher());
}
```

如图 3-18 所示，组件间通信是建立在创建的 RpcGateway 的代理对象调用之上的，大致调用流程如下：

1）在继承 RpcGateway 接口的代理对象调用对应的方法时，调用 AkkaInvocation-Handler 的 invoke 方法；

2）AkkaInvocationHandler 将调用的方法封装成 RpcInvocation，并发送给 AkkaInvocation-Handler 中 ActorRef 类型属性对应的 Actor（组件 2）；

3）组件 2 的 AkkaRpcActor 接收 RpcInvocation 消息；

4）组件 2 的 AkkaRpcActor 通过反射调用 RpcEndpoint 对应的方法，修改组件的状态或者返回执行的结果。

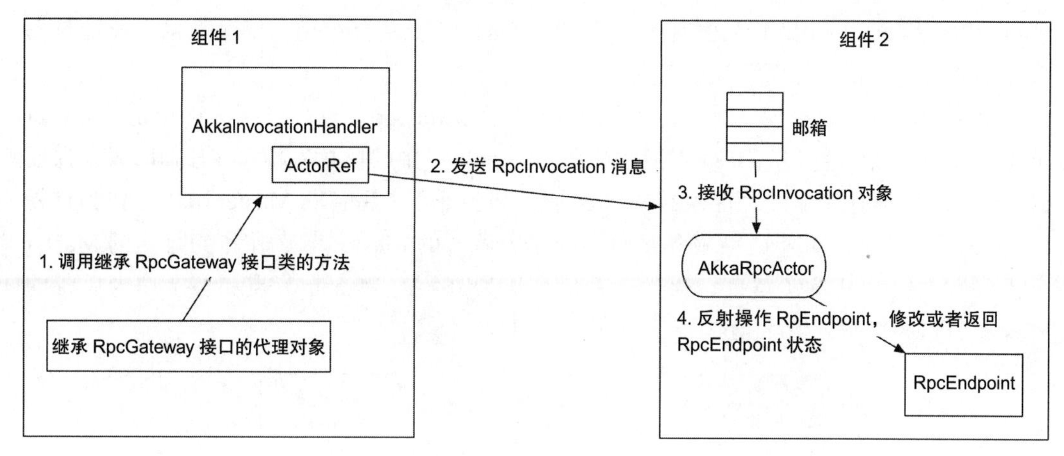

图 3-18 组件间通信的大致流程

至此，组件内部的通信和组件间的通信已经基本介绍完毕，整个组件的通信通过 Akka Actor 与动态代理来实现。AkkaRpcActor 负责处理消息，实现对组件状态的线程安全的变更。AkkaInvocationHandler 作为桥梁，负责动态代理对象与 AkkaRpcActor 之间的连接，来实现组件内部与组件间的通信。

3.3 运行时组件的高可用

运行时组件的高可用特指 Master 节点运行时的高可用，在机器故障或者其他异常下，保证 Master 节点上的运行时组件的高可用，从而保证 Flink 引擎及运行作业的高可用。在 Flink 运行时中，HighAvailabilityServices 用于创建高可用服务，其中提供的高可用服务如下。

- Master 节点上组件（包括 REST、Dispatcher、ResourceManager 和 JobManager）首领的选举与检索。
- 状态的维护，包括 JobGraph 的存储、作业状态的注册、检查点元数据的持久化、最近成功的检查点的情况以及 Blob 存储的持久化。

在实际生产中，高可用中的状态维护类服务是通过 ZooKeeper 与 HDFS 共同实现的。Master 节点的运行时组件经常使用 ZooKeeper 实现首领的选举和检索。本节主要介绍 Master 节点上组件首领的选举与检索，在 Master 节点异常的情况下体现的高可用，以及现有的 Master 节点高可用存在的问题与改进措施。

3.3.1 Master 节点上组件的高可用

在单个 Flink 集群里，默认只有一个 Master 节点，这样会造成单点问题，即若 Master

节点失败，则该 Flink 集群无法恢复。要实现 Master 节点的高可用，以保障 Master 节点失败时集群可以恢复，从而消除单点问题。

以 Standalone 集群模式为例。如图 3-19 所示，Master 节点高可用的思想是，Master 节点可以是首领角色（Leader）和后备角色（Standby）中的任意一种。在任何时候，保证 Standalone 集群有单个作为首领的 Master 节点和多个作为后备的 Master 节点。作为首领的 Master 节点唯一对外提供服务，而多个作为后备的 Master 节点在作为首领的 Master 节点失败时接管其首领角色。通过这种单个作为首领的 Master 节点和多个作为后备的 Master 节点的机制，消除 Master 节点的单点问题。

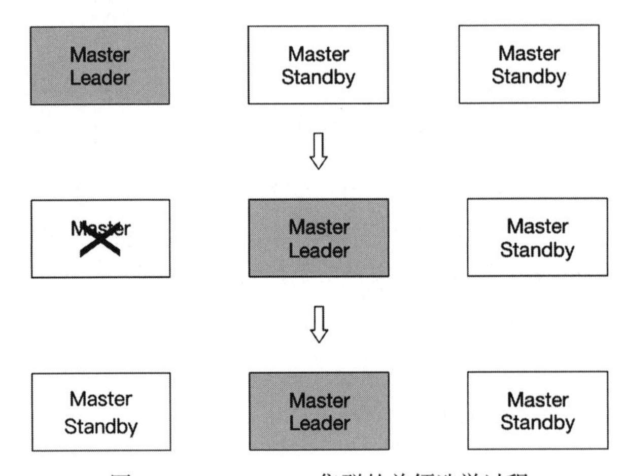

图 3-19 Standalone 集群的首领选举过程

不同于 Standalone 集群模式，在其他集群部署模式（如 YARN、Kubernetes）的 Master 节点高可用的实现机制中，Master 节点只有一个，Master 节点的高可用通过部署模式的机制实现，只是会利用 ZooKeeper 来进行首领的选举和检索，以防各种部署模式下因异常而出现多个 Master 节点提供服务的情况。其中 Master 节点的首领选举和检索是依赖 Curator 客户端与 ZooKeeper 服务交互来实现的。接下来介绍 Curator 在 Master 选举中的实现机制以及与 ZoooKeeper 服务的连接状态转换。

1. Curator

Master 节点的选举是通过 Curator 的 LeaderLatch 实现的，同时还会实现 Curator 的监听器（Listener）来处理回调方法和监听通知。Curator 的 LeaderLatch 的基本原理是，在 ZooKeeper 中选择一个根目录（如 /leaderLatch 目录），这样在多个进程发起选举时，会往根目录创建临时有序节点，编号最小的节点所对应的 ZooKeeper 客户端节点即首领（Leader）。没选举为首领的节点监听首领节点的删除事件，在首领节点被删除后会重新进行选举。

与 LeaderLatch 相关的还有 LeaderLatchListener。在对应的节点使用 LeaderLatch 获取首领时，会调用 LeaderLatchListener 的 isLeader 方法；在对应的节点未获取首领或者失去首领时，会调用 LeaderLatchListener 的 notLeader 方法。

另外，Curator 暴露于 ZooKeeper 的状态主要有以下 4 种（见图 3-20）。

- Connected 状态：初次与 ZooKeeper Server 成功连接。
- Suspended 状态：连接中断时，Leader、Lock 等需要暂停直到连接成功。
- Lost 状态：当与 ZooKeeper 会话（session）过期时，Curator 将状态设置为 Lost。
- Reconnected 状态：原来的连接为 Suspended 或 Lost 状态，重新连接上。

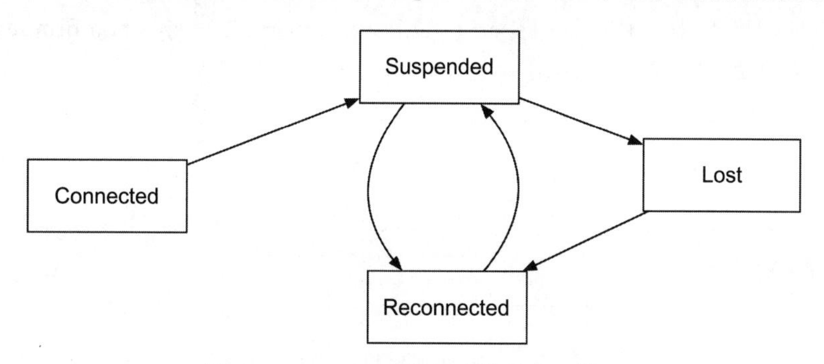

图 3-20 Curator 连接状态的状态机模型

2. Master 节点上组件的首领选举与失去首领角色时的处理

Master 节点上的组件（Dispatcher、REST、ResourceManager 和 JobManager）与选举相关的核心处理类为 ZooKeeperLeaderElectionService。在查看该类的源代码之前，先来看下 Master 节点上组件的首领选举流程。

（1）Master 节点上组件的首领选举流程

如图 3-21 所示，Master 节点上的组件获取首领角色的整个流程如下。

1）Master 节点上组件，通过 HighAvaliableServices 来创建组件各自的 ZookeeperLeader-ElectionService，并启动 ZookeeperLeaderElectionService。

2）ZookeerLeaderElectionService 通过创建与启动 LeaderLatch 来进行选举，在创建 LeaderLatch 的时候将其自身添加为 LeaderLatchListener，来监听 LeaderLatch 的选举情况（代码清单 3-51 中的 start 方法）。

3）LeaderLatch 往 ZooKeeper 的 leaderLatch 根目录（这个根目录会在 ZooKeeperLeader-ElectionService 的创建过程中设置）创建临时的有序节点，并监听 leaderLatch 根目录的节点创建情况。

4）当 LeaderLatch 创建的临时节点为最小的编号，即该 Master 节点上的组件为首领时，LeaderLatch 通知 ZooKeeperLeaderElectionService 已经为首领（isLeader 通知过程，

对应代码清单 3-51 中的 isLeader 方法)。

5）ZooKeeperLeaderElectionService 接收到组件为首领的通知，调用相应组件的授予首领角色的处理逻辑（grantLeadership 过程）。在 grantLeadership 的过程中，REST、Dispatcher、JobManager 和 ResourceManager 共同的处理逻辑是，将授予中的 LeaderSessionId 设置为 FencingToken，以防止接收到的发给老首领的消息被处理。启动相关的服务或者进行相应的状态恢复。最终组件都会执行 comfirmLeadership 方法，将组件地址与选举为首领时随机产生的首领会话 ID（leaderSessionID）提供给 ZooKeeperLeaderElectionService。

6）ZooKeeperLeaderElectionServcie 将组件地址和首领会话 ID 写到运行时组件对应的 ZooKeeper 临时节点上，供 ZooKeeperLeaderRetrievalService 检索（comfirmLeadership 过程，对应代码清单 3-51 中的 comfirmLeadership 方法)。

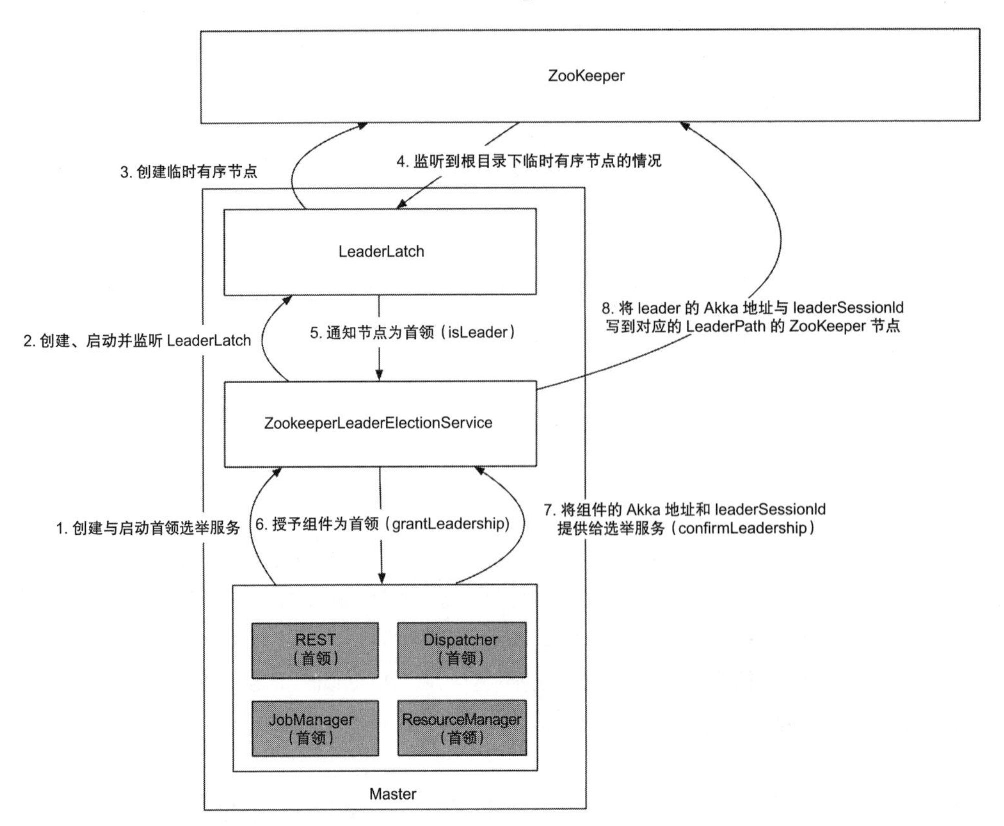

图 3-21　Master 节点上组件获取首领角色的整个流程

在被选举为首领后，Master 节点上的组件会启动相关服务或者恢复一些状态。不同运行时组件启动相关服务与恢复状态的情况如下。

❑ REST 组件没有需要启动或者恢复的相关服务。

- ❑ Dispatcher 组件恢复所有的作业。
- ❑ JobMaster 组件启动 JobMaster，以运行恢复提交的作业。
- ❑ ResourceManager 组件将状态重置，并启动心跳服务和 SlotManager 服务。

Master 节点上的组件不为首领的情况大致有以下 3 种：

- ❑ 在首领选举过程中未获取首领角色，变成后备角色；
- ❑ 原来为首领，但因为与 ZooKeeper 的连接断开，处于 Suspended 状态，须等到与 ZooKeeper 重新连接上时才会变成首领；
- ❑ 原来为首领，但因为与 ZooKeeper 的会话过期（Session 超时），需要连接上，重新参加首领选举。

（2）Master 节点上的组件失去首领角色时的处理流程

Master 节点上的组件失去首领角色时，组件的处理流程如下。

1）当组件的 LeaderLatch 失去首领角色时，会调用 ZooKeeperLeaderElectionService 的 notLeader 方法（如代码清单 3-59 所示）。

2）ZooKeeperLeaderElectionService 的 notLeader 方法会调用组件的 revokeLeadership 方法，来实现组件失去首领角色的处理逻辑。

其中，组件失去首领角色的处理逻辑（revokeLeadership 方法的处理逻辑）如下。

- ❑ REST 组件不进行任何处理。
- ❑ Dispatcher、JobManager 和 ResourceManager 的共同处理逻辑为将 FencingToken 设置为 null（表示丢弃带 FencingToken 的消息）。另外，Dispatcher 会停止所有 JobManager 的运行。ResourceManager 会清空组件上注册的 TaskExecutor、JobMaster 等注册信息，暂停 SlotManager 服务（清空 SlotManager 服务的状态）和停止心跳服务。JobMaster 会暂停对应的作业，暂停 SlotPool 服务（清空 SlotPool 中的状态），与 ResourceManager 断开连接，并停止心跳服务。

代码清单 3-59　ZooKeeperElectionLeaderService 类的核心代码片段

```
@Override
public void start(LeaderContender contender) throws Exception {
    Preconditions.checkNotNull(contender, "Contender must not be null.");
    Preconditions.checkState(leaderContender == null, "Contender was already set.");

    LOG.info("Starting ZooKeeperLeaderElectionService {}.", this);

    synchronized (lock) {
        client.getUnhandledErrorListenable().addListener(this);

        leaderContender = contender;

        // 启动 LeaderLatch 进行选举，并添加监听器
```

```
            leaderLatch.addListener(this);
            leaderLatch.start();

            cache.getListenable().addListener(this);
            cache.start();

            client.getConnectionStateListenable().addListener(listener);

            running = true;
        }
    }
    ...

    // 当 Master 节点的组件被选举为首领时，会调用 confirmLeaderSessionID 方法，
    // 将首领地址和获取首领角色时产生的随机 ID 写入 ZooKeeper 对应的临时节点，
    // 供 TaskExecutor 或者 Master 运行时的其他组件检索 Master 首领节点
    @Override
    public void confirmLeaderSessionID(UUID leaderSessionID) {
        if (LOG.isDebugEnabled()) {
            LOG.debug(
                "Confirm leader session ID {} for leader {}.",
                leaderSessionID,
                leaderContender.getAddress());
        }

        Preconditions.checkNotNull(leaderSessionID);

        if (leaderLatch.hasLeadership()) {
            synchronized (lock) {
                if (running) {
                    // 再次检测获取首领角色时随机产生的首领会话 ID 与当前 ID 是否一致，防止中间
                    // 有首领切换
                    if (leaderSessionID.equals(this.issuedLeaderSessionID)) {
                        confirmedLeaderSessionID = leaderSessionID;
                        writeLeaderInformation(confirmedLeaderSessionID);
                    }
                } else {
                    LOG.debug("Ignoring the leader session Id {} confirmation,"
                        + "since the ZooKeeperLeaderElectionService"
                        + "has already been stopped.", leaderSessionID);
                }
            }
        } else {
            LOG.warn("The leader session ID {} was confirmed even though the " +
                "corresponding JobManager was not elected as the leader.", leaderSessionID);
        }
    }
```

```
...
@Override
public void isLeader() {
    synchronized (lock) {
        if (running) {
            issuedLeaderSessionID = UUID.randomUUID();
            confirmedLeaderSessionID = null;

            if (LOG.isDebugEnabled()) {
                LOG.debug(
                        "Grant leadership to contender {} with session ID {}.",
                        leaderContender.getAddress(),
                        issuedLeaderSessionID);
            }

            // 通知 Master 节点运行时组件执行获取首领角色的处理逻辑
            leaderContender.grantLeadership(issuedLeaderSessionID);
        } else {
            LOG.debug("Ignoring the grant leadership notification since the"
                + "service has already been stopped.");
        }
    }
}

@Override
public void notLeader() {
    synchronized (lock) {
        if (running) {
            issuedLeaderSessionID = null;
            confirmedLeaderSessionID = null;

            if (LOG.isDebugEnabled()) {
                LOG.debug("Revoke leadership of {}.", leaderContender.getAddress());
            }
            // 通知 Master 节点运行时组件执行失去首领角色的处理逻辑
            leaderContender.revokeLeadership();
        } else {
            LOG.debug("Ignoring the revoke leadership notification since"
                + "the service has already been stopped.");
        }
    }
}
```

3. Master 节点上组件的首领检索

在 3.2 节中提到，组件之间的通信是通过 Akka 来实现的，那么组件中 Akka Actor 的 Akka 地址是怎么被获取来实现 Akka 通信的呢？下面来揭开其神秘的面纱。

以 TaskExecutor 与 ResourceManager 通信为例，组件之间初次进行通信的流程如下（见图 3-22）。

1）在 ResourceManager 组件被选举为首领的时候，会将 ResourceManager 组件的 Akka 地址和 LeaderSessionId 写到对应的首领的临时节点上。

2）TaskExecutor 在与 ResourceManager 进行通信之前，会创建 ZooKeeperLeader-RetrievalService 来监听 ResourceManager 的首领信息，当监听到 ResourceManager 的首领信息（首领信息不为空）时，会根据首领信息与 ResourceManager 进行 Akka 通信（首领检索过程）。

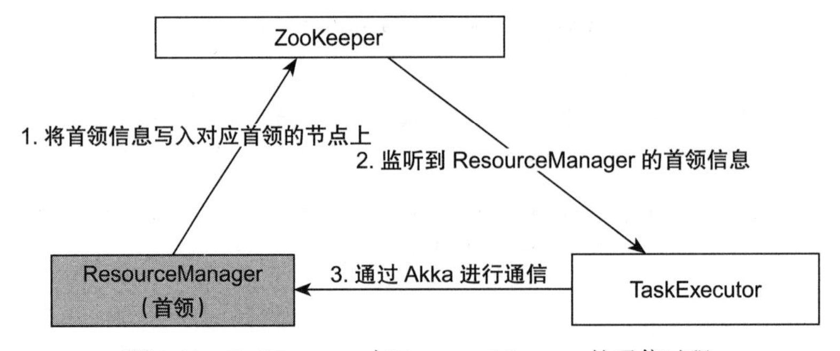

图 3-22　TaskExecutor 与 ResourceManager 的通信过程

Master 节点上组件首领的检索服务，核心类为 ZooKeeperLeaderRetrievalService，其核心处理逻辑如下。

1）ZooKeeperLeaderRetrievalService 在启动时，会添加与检索组件首领对应的 ZooKeeper 临时节点（见代码清单 3-60）。

2）当 ZooKeeperLeaderRetrievalService 监听到 leaderLatch 的变更，且首领地址和首领会话 ID（leaderSessionID）为空时（因监听的组件失去首领，其对应的首领临时节点被移除），首领检索服务会通知组件，组件会断开与检索首领对应组件的连接。在其他情况下，组件会与检索首领对应的组件进行 Akka 通信。

代码清单 3-60　ZooKeeperLeaderRetrievalService 类的核心片段

```
@Override
public void start(LeaderRetrievalListener listener) throws Exception {
    Preconditions.checkNotNull(listener, "Listener must not be null.");
    Preconditions.checkState(leaderListener == null,
        "ZooKeeperLeaderRetrievalService can only be started once.");

    LOG.info("Starting ZooKeeperLeaderRetrievalService {}.", retrievalPath);

    synchronized (lock) {
        leaderListener = listener;
```

```
        client.getUnhandledErrorListenable().addListener(this);
        cache.getListenable().addListener(this);
        cache.start();

        client.getConnectionStateListenable().addListener(connectionStateListener);

        running = true;
    }
}

...

@Override
public void nodeChanged() throws Exception {
    synchronized (lock) {
        if (running) {
            try {
                LOG.debug("Leader node has changed.");
                // 当监听的组件首领对应的ZooKeeper临时节点发生变化时，读取该临时节点的内容
                ChildData childData = cache.getCurrentData();

                String leaderAddress;
                UUID leaderSessionID;

                if (childData == null) {
                    leaderAddress = null;
                    leaderSessionID = null;
                } else {
                    byte[] data = childData.getData();

                    if (data == null || data.length == 0) {
                        leaderAddress = null;
                        leaderSessionID = null;
                    } else {
                        ByteArrayInputStream bais = new ByteArrayInputStream(data);
                        ObjectInputStream ois = new ObjectInputStream(bais);

                        leaderAddress = ois.readUTF();
                        leaderSessionID = (UUID) ois.readObject();
                    }
                }
                // 如果监听的运行时组件的首领Akka地址和首领会话ID有变化，则通知首领检索
                    的监听者
                if (!(Objects.equals(leaderAddress, lastLeaderAddress) &&
                        Objects.equals(leaderSessionID, lastLeaderSessionID))) {
                    LOG.debug(
                            "New leader information: Leader={}, session ID={}.",
                            leaderAddress,
```

```
                                leaderSessionID);

                        lastLeaderAddress = leaderAddress;
                        lastLeaderSessionID = leaderSessionID;
                        leaderListener.notifyLeaderAddress(leaderAddress, leaderSessionID);
                    }
                } catch (Exception e) {
                    leaderListener.handleError(new Exception(
                        "Could not handle node changed event.", e));
                    throw e;
                }
            } else {
                LOG.debug("Ignoring node change notification since the service has"
                    + "already been stopped.");
            }
        }
    }
```

3.3.2 现有运行时组件高可用存在的问题及其解决方案

现有的 Master 节点上的运行的组件通过 ZooKeeper 实现高可用，存在两个问题：

- 对 ZooKeeper 的连接过于敏感；
- Master 节点在出现异常后再次恢复，会影响作业的运行。

接下来详细看下这两个问题产生的原因与解决方案。

1. 运行时组件的高可用对 ZooKeeper 的连接过于敏感

前面提到，Master 节点上组件的首领选举是通过 Curator 的 LeaderLatch 来实现的。如代码清单 3-61 所示，当状态变为 Suspended 或 Lost 时，LeaderLatch 就会将首领设置为 false，即组件不是首领，而 Suspended 状态意味着与 ZooKeeper 的连接断开，Master 节点上组件会先失去首领角色，等待连接上再恢复首领角色。当 Master 运行时组件失去首领角色时，会将作业置于暂停状态；恢复首领角色时，才会通过持久化的作业信息对作业进行恢复。这使得运行时组件的高可用对 ZooKeeper 的连接过于敏感。在实际的生产中，ZooKeeper 集群的某个节点故障或滚动升级都会影响依赖该 ZooKeeper 的大部分甚至所有作业。

代码清单 3-61　LeaderLatch 类的处理状态变化的方法

```
private void handleStateChange(ConnectionState newState) {
    switch(newState) {
        case RECONNECTED:
            try {
                this.reset();
```

```
                } catch (Exception var3) {
                    ThreadUtils.checkInterrupted(var3);
                    this.log.error("Could not reset leader latch", var3);
                    this.setLeadership(false);
                }
                break;
            case SUSPENDED:
            case LOST:
                this.setLeadership(false);
        }
    }
```

对于运行时组件的高可用对 ZooKeeper 的连接过于敏感的问题，解决方案有如下两种。

- 优化 LeaderLatch 处理 Suspended 状态，不马上将首领设置为 false，滞后一段时间再次检查与连接的状态，然后决定是否要将首领设置为 false。这样能很好地解决与 ZooKeeper 的连接敏感的问题，但是会带来副作用：在网络分区的极端情况下会产生脑裂（split-brain）问题。
- 在特定的部署模式下，使用 SingleLeaderElectionService 方式，不保障 Master 节点的高可用，而是通过部署模式来保障 Master 节点的高可用。

2. Master 节点异常会影响到作业

在 Master 节点发生异常、再次恢复的过程中，作业会受到影响（作业会被停止一段时间）。业内有对 Master 节点发生异常时使作业不受影响的优化（JobManager Recovery 过程不影响作业的运行），如在 Flink Forward San Francisco 2019 上有嘉宾分享的不需要作业的 Master 恢复机制。该恢复机制的处理流程如下（见图 3-23）。

1）当 Master 节点发生异常时，会启动新的 Master 节点，并授予其首领角色。新的 JobMaster 启动时，会进入等待 Task（任务）汇报的状态。

2）TaskExecutor 在与 Master 节点失去连接的情况下，不会立即停止 TaskExecutor 中的 Task，而是等待一段时间发现新的 Master 地址，并往这个地址汇报 Task 和 Slot 的情况。

3）JobMaster 地址根据汇报 Task 和 Slot 的情况，重新构建 ExecutionGraph 和 SlotPool，对于汇报的 Task 不齐的情况进行全量重启（full restart），反之恢复成功。

其中对于无需作业的 Master 恢复机制，需要考虑恢复过程前后 TaskExecutor 的检查点 汇报的处理逻辑（读者可以在阅读完 4.2 节再回来思考）。

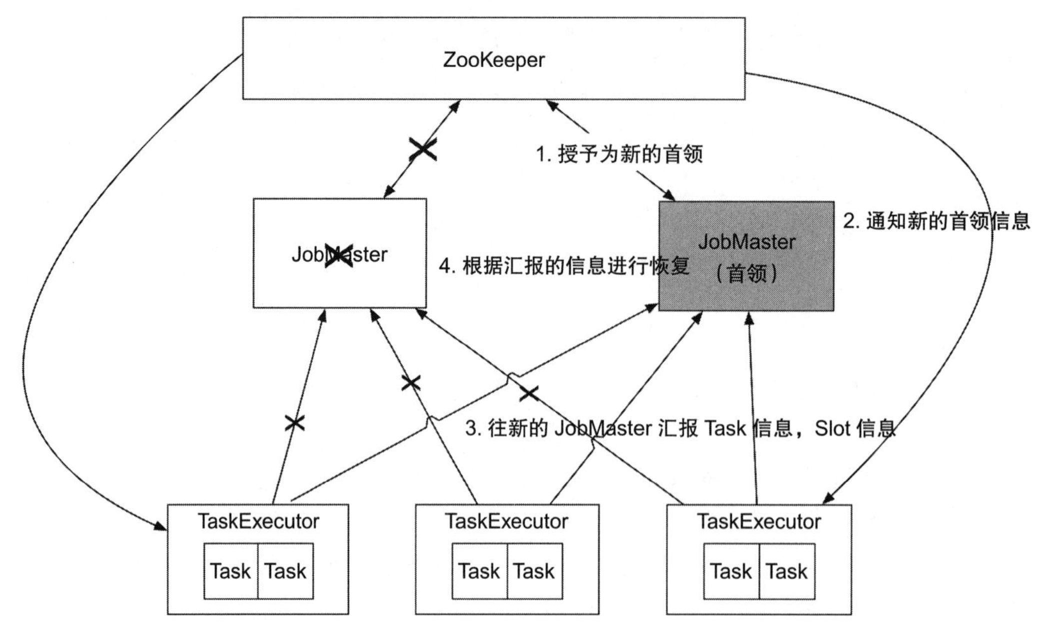

图 3-23　Master 节点异常对作业无影响的处理流程

3.4　本章小结

本章首先介绍了运行时的组件——REST、Dispatcher、ResourceManager、JobMaster 和 TaskExecutor，并围绕 Slot 的申请过程来展开介绍组件之间的通信。接着讲解组件内部和组件之间的通信，并对组件通信实现原理和设计进行剖析。最后介绍组件的高可用，主要介绍了首领选举与检索的实现，以及在实际生产中组件高可用存在的问题及其解决方案。

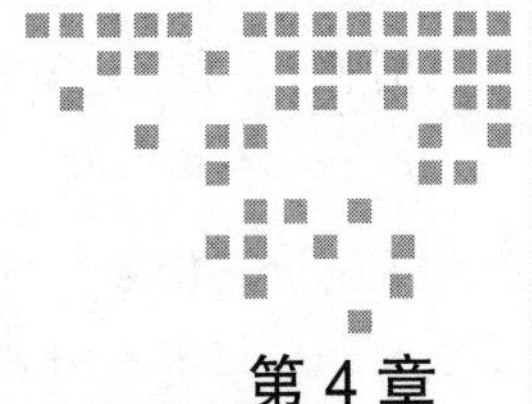

第4章 Chapter 4 状态管理与容错

提到实时计算引擎，人们自然而然地会将之与离线计算引擎分开讨论。对于离线计算引擎来说，由于需要计算的数据集是固定和有界的，当一个任务在提交执行过程中遇到不可预知的错误时，任务就会中断或失败。这个时候我们只需要找到问题的根源并进行修复，之后重新提交任务并运行即可。在任务运行过程中无须太过关注中间状态的处理，只要任务逻辑与数据集是固定的，那么结果必然是相同的。

回到实时计算上来，与离线计算不同，实时计算的数据是无界的，任务触发执行后会永久运行下去，在执行过程中一旦有不可预知的错误（比如数据源出现脏数据）使得任务中断或失败，如果没有容错机制，那么实时计算会变得极不可靠。Flink 在容错方面的设计非常巧妙，通过引入状态的概念对数据处理时的快照进行管理，同时使用检查点机制定时将任务状态进行上报与存储，能够保证对数据的 Exactly-once 语义。本章就来对 Flink 的状态与容错进行详细分析。

4.1 状态

状态在 Flink 中是特别重要的概念，如果对状态有很好的理解，我们就能更好地掌握 Flink 的特性。接下来我们就对 Flink 的两大状态进行详细讲述。

4.1.1 状态的原理与实现

在 Flink 中，状态分为 Keyed State 和 Operator State 两种。这两种状态又各自可以分为 Raw State（原始状态）和 Managed State（可管理状态）两种形式。Managed State 是官

方推荐使用的状态形式，所有与 DataStream 相关的函数都可以使用它，我们在用 Flink 解决实际问题的时候，用得更多的也是 Managed State。接下来主要说明一下 Managed Keyed State 和 Managed Operator State 的实现原理。

1. Managed Keyed State 介绍

顾名思义，Managed Keyed State 只可以使用在 KeyedStream 上，具体可以分为 ValueState、ListState、ReducingState、AggregatingState、FoldingState 和 MapState（在未来版本中 FoldingState 会被 AggregatingState 替代）。如果想要使用这些状态，那么首先需要在代码中声明 StateDescriptor，代码如下。

```
public abstract class StateDescriptor<S extends State, T> implements Serializable

public enum Type {
    @Deprecated
    UNKNOWN,
    VALUE,
    LIST,
    REDUCING,
    FOLDING,
    AGGREGATING,
    MAP
}
```

StateDescriptor 构造函数会声明状态的名称和数据类型，也会在类中给出各种方法供用户使用。所有 Managed Keyed StateDescriptor 的父类均为 StateDescriptor。

StateDescriptor 类是一个抽象类，实现了 Java 的 Serializable 接口。该类也声明了枚举类型，分别对应上述的状态类型。

```
protected StateDescriptor(String name, TypeSerializer<T> serializer, @Nullable
    T defaultValue)

protected StateDescriptor(String name, TypeInformation<T> typeInfo, @Nullable
    T defaultValue)

protected StateDescriptor(String name, Class<T> type, @Nullable T defaultValue)
```

StateDescriptor 提供了三个构造函数，从代码可以看出，这三个构造函数的不同之处在于第二个参数的设置。第一个参数用来声明状态的名称，这个名称可以自定义。状态名称最好与状态的意义相关，且状态名称不可以重复。第三个参数是默认值，如果状态没有被赋值，那么查询状态得到的返回值就是这个默认值。第二个参数可以定义为 TypeSerializer、TypeInformation 和 Class，分别对应状态数据类型的三种表达形式。

了解了 StateDescriptor 的构造后，我们下一步需要知道 StateDescriptor 在什么地方进行初始化操作。在本节的开头我们说过，所有与 DataStream 相关的函数都可以使用 Managed State。状态记录了每个函数中的状态，所以 Managed Keyed State 的声明是在函数中初始化的，具体来说是在函数类的 open 方法中完成的。状态初始化完成，就表明状态可用，Flink 通过 RuntimeContext 操作状态。根据定义 Managed Keyed State 类型的不同，RuntimeContext 提供了不同的 getState 方法，如 ValueState。getState 方法的内容如下：

```
@Override
public <T> ValueState<T> getState(ValueStateDescriptor<T> stateProperties) {
    KeyedStateStore keyedStateStore = checkPreconditionsAndGetKeyedStateStore(
        stateProperties);
    stateProperties.initializeSerializerUnlessSet(getExecutionConfig());
    return keyedStateStore.getState(stateProperties);
}
```

getState 方法主要做以下三件事情。

- 获取 KeyedStateStore。KeyedStateStore 是在 StreamOperator 中根据 keyedStateBackend 初始化得到的。KeyedStateStore 是 Keyed State 存储的对象，每一次状态的变更都会同步到 KeyedStateStore 中去。
- 状态序列化方法初始化。提供一个序列化方法来指定声明状态序列化的方式，一个状态只会初始化一次，这是为了避免同一个状态被多种方式序列化。
- 从 KeyedStateStore 中得到状态的初始值。如果任务是第一次启动，那么会得到状态的默认值；如果任务是从检查点启动的，那么会获得从 stateBackend 中恢复的状态值。

在函数中 open 方法初始化状态后，我们接着就需要了解状态在流计算处理过程中的使用。在实现了 RichFunction 接口的类中，会有对应的处理方法，比如 RichFlatMapFunction 方法中需要重写 flatMap 方法，RichFilterFunction 方法中需要重写 filter 方法等，状态就是在这些函数中对应的方法里具体使用的。这些方法的参数会传入所有经过此函数的事件，一个事件进入函数后，先后调用状态的 value() 和 update() 方法，value() 方法得到当前状态的最新值，update() 方法把处理后的最新值更新到状态中。这两个方法的具体执行逻辑会根据状态的具体实现类而定，比如 RocksDBValueState、RocksDBMapState 等。

```
public interface ValueState<T> extends State {
    T value() throws IOException;
    void update(T value) throws IOException;

}
```

通过这两个方法的循环调用实现了状态的读取与更新。

针对 Keyed State，Flink 提供了两种具体的实现：heap 和 rocksdb。例如，MapState 就有 HeapMapState 和 RocksDBMapState 两个实现类。其他几种 Keyed State 同样如此。这两种实现方法有相同点，也有不同点。

（1）相同点

两者都继承了 InternalKvState 类，都需要覆盖 getKeySerializer、getNamespaceSerializer 和 getValueSerializer 方法。

```
@Override
public TypeSerializer<K> getKeySerializer() {
    return keySerializer;
}

@Override
public TypeSerializer<N> getNamespaceSerializer() {
    return namespaceSerializer;
}

@Override
public TypeSerializer<Map<UK, UV>> getValueSerializer() {
    return valueSerializer;
}
```

这三种方法分别对应 key、namespace 和 value 的序列化器，并根据 Keyed State 的类型进行相应接口方法的具体实现。比如 ValueState 有 value() 和 update() 方法，那么在 HeapValueState 和 RocksDBValueState 中会重写这两个方法，实现状态的读取和更新。

（2）不同点

两者的不同点主要在于对状态进行操作的介质。对于 heap 来说，每种状态都关联着一个 StateTable，对状态的更新读取都是通过 StateTable 进行的。而对于 rocksdb 来说，每种状态都关联着一个 ColumnFamilyHandle，这个类是 rocksdb 的内部类，对应 RocksDB 列簇，rocksdb 的状态变更都是通过 ColumnFamilyHandle 实现的。

2. Managed Operator State 介绍

介绍完 Managed Keyed State，下面来说说另一种 Managed State——Managed Operator State。这种 State 的实现方法与 Keyed State 不同，如果计算逻辑不需要通过 key 做分类，我们就可以用 Operator State。Operator State 的使用需要在函数中实现 CheckpointedFunction 接口或者 ListCheckpointed 接口，我们先来探究一下实现 CheckpointedFunction 的流程。

（1）CheckpointedFunction

在函数中实现了 CheckpointedFunction 接口后，有两个方法需要覆盖：snapshotState

和 initializeState。进行任务初始化或恢复的时候，调用 initializeState 方法进行状态的初始化。初始化的方式跟 Keyed State 相同，都是先构建 StateDescriptor，但是后续的操作则跟 Keyed State 有所不同：initializeState 方法会传入一个参数，这个参数为 FunctionInitializationContext 接口，这个接口继承自 ManagedInitializationContext，作用是将状态注册到状态管理器。那么整个注册过程是怎样的呢？下面我们来进行分析。

1）StateInitializationContext 接口继承自 FunctionInitializationContext，这个接口有一个实现类 StateInitializationContextImpl，这个类会在 AbstractStreamOperator 中的 initializeState 方法中构造。

```
public StateInitializationContextImpl(
        boolean restored,
        OperatorStateStore operatorStateStore,
        KeyedStateStore keyedStateStore,
        Iterable<KeyGroupStatePartitionStreamProvider> rawKeyedStateInputs,
        Iterable<StatePartitionStreamProvider> rawOperatorStateInputs) {

    this.restored = restored;
    this.operatorStateStore = operatorStateStore;
    this.keyedStateStore = keyedStateStore;
    this.rawOperatorStateInputs = rawOperatorStateInputs;
    this.rawKeyedStateInputs = rawKeyedStateInputs;
}

@Override
public final void initializeState() throws Exception {
    ...
    try {
        StateInitializationContext initializationContext =
            new StateInitializationContextImpl(
            context.isRestored(), // 判断作业是否首次启动或重启
            operatorStateBackend, // Operator State 的后端
            keyedStateStore, // Keyed State 的后端
            keyedStateInputs, // Keyed State 的状态流
            operatorStateInputs); // Operator State 的状态流

            initializeState(initializationContext);
    ...
}
```

2）在 StreamTask 执行的时候会调用 initializeState 方法初始化在各自任务内部执行算子的状态，每个算子就会分别调用 initializeState 进行状态初始化。这些算子全部继承自 AbstractStreamOperator，所以都会执行 AbstractStreamOperator 的 initializeState。这也就对应上了第一步的操作。

```
private void initializeState() throws Exception {

    StreamOperator<?>[] allOperators = operatorChain.getAllOperators();

    for (StreamOperator<?> operator : allOperators) {
        if (null != operator) {
            operator.initializeState();
        }
    }
}
```

3）建立 FunctionInitializationContext 后，在函数内部就可以通过上下文对状态进行操作和管理。

在函数中将状态初始化后，如果在程序中开启了检查点功能（4.2 节会详细介绍），那么任务会定时执行 snapshotState 方法，将上一次检查点和这次检查点之间的状态进行更新。

（2）ListCheckpointed

与 CheckpointedFunction 接口相比，ListCheckpointed 接口比较受限：ListCheckpointed 提供的方法只用于任务恢复。ListCheckpointed 提供两个方法：snapshotState 与 restore-State。snapshotState 的作用与 CheckpointedFunction 的 snapshotState 方法一致，都是在做检查点的时候进行状态处理。restoreState 方法的作用则是在任务失败后恢复上一个检查点中算子的状态。

3. Managed Keyed State 和 Managed Operator State 的比较

两种状态主要有以下区别。

- Keyed State 只能应用于 KeyedStream，而 Operator State 都可以用。
- Keyed State 可以理解成一个算子为每个子任务中的每个 key 维护了一个状态的命名空间，而所有子任务共享 Operator State。
- Operator State 只提供了 ListState，而 Keyed State 提供了 ValueState、ListState、ReducingState 和 MapState。
- operatorStateStore 的默认实现只有 DefaultOperatorStateBackend，状态都存储在堆内存之中；而 Keyed State 的存储则根据存储状态介质配置的不同而不同。

4.1.2 状态生存时间的原理与实现

Flink 提供了状态的过期机制，这里需要注意一下，状态生存时间（Time-To-Live，TTL）只对 Keyed State 有效。在实际开发过程中，经常会遇到任务做检查点的时候，状态过大导致做检查点的过程很慢甚至超时，经过分析后发现其实一些算子的状态（如

MapState）或计算中间值并不需要一直保存在状态里，或者有些计算中间值需要分段计算（例如按天、小时计算），所以对状态提供生存时间机制是非常有必要的。

Flink 状态生存时间的设计理念是在存储的数据上加上一个存储的时间戳（目前只支持系统时间），然后在每次获取状态的时候判断是否过期，并根据过期策略对其进行处理，判断是否需要过滤或者删除。

接下来我们就来看一下状态生存时间的具体实现步骤。

1）创建 StateTtlConfig 对象，配置相应参数后，通过相应的 StateDescriptor 调用 enableTimeToLive 方法开启状态生存时间特性。

```
private StateTtlConfig(
        UpdateType updateType,
        StateVisibility stateVisibility,
        TtlTimeCharacteristic ttlTimeCharacteristic,
        Time ttl,
        CleanupStrategies cleanupStrategies) {
    this.updateType = checkNotNull(updateType);
    this.stateVisibility = checkNotNull(stateVisibility);
    this.ttlTimeCharacteristic = checkNotNull(ttlTimeCharacteristic);
    this.ttl = checkNotNull(ttl);
    this.cleanupStrategies = cleanupStrategies;
    checkArgument(ttl.toMilliseconds() > 0, "TTL is expected to be positive.");
}

public void enableTimeToLive(StateTtlConfig ttlConfig) {
    Preconditions.checkNotNull(ttlConfig);
    Preconditions.checkArgument(
            ttlConfig.getUpdateType() != StateTtlConfig.UpdateType.Disabled
            &&queryableStateName == null,
            "Queryable state is currently not supported with TTL");
    this.ttlConfig = ttlConfig;
}
```

2）在程序中设置了相应的 keyedStateBackend 后，任务第一次初始化的时候会调用 AbstractKeyedStateBackend 中的 getOrCreateKeyedState 方法来创建状态。这个时候在 getOrCreateKeyedState 中，我们会看到调用了 TtlStateFactory 类的 createStateAndWrapWithTtlIfEnabled 方法，也正是在这个方法中创建了带生存时间特性的状态。

```
public <N, S extends State, V> S getOrCreateKeyedState(
        final TypeSerializer<N> namespaceSerializer,
        StateDescriptor<S, V> stateDescriptor) throws Exception {
    checkNotNull(namespaceSerializer, "Namespace serializer");
    checkNotNull(keySerializer,
        "State key serializer has not been configured in the config. "
        + "This operation cannot use partitioned state.");
```

```
        InternalKvState<K, ?, ?> kvState =
            keyValueStatesByName.get(stateDescriptor.getName());
        if (kvState == null) {
            if (!stateDescriptor.isSerializerInitialized()) {
                stateDescriptor.initializeSerializerUnlessSet(executionConfig);
            }
            kvState = TtlStateFactory.createStateAndWrapWithTtlIfEnabled(
                    namespaceSerializer, stateDescriptor, this, ttlTimeProvider);
            keyValueStatesByName.put(stateDescriptor.getName(), kvState);
            publishQueryableStateIfEnabled(stateDescriptor, kvState);
        }
        return (S) kvState;
    }
```

3）带生存时间的 Keyed State 都继承自 AbstractTtlState，AbstractTtlState 获得状态值和更新状态值的方法与无生存时间特性的状态不太一样。在执行这两个方法的时候，会首先调用一个 accessCallback。这个线程的执行内容由 StateTtlConfig 中有没有设置过期机制决定。如果设置了增量过期，那么会在获取和更新状态的时候根据状态的增量过期设定清除不符合要求的状态；如果没有设置增量过期，那么回调函数内容为空。经过 accessCallback 的过滤以后，相应的 stateBackend 再根据生存时间设置的过期时间清除过期数据，最后返回符合要求的状态。

```
class TtlValueState<K, N, T>
        extends AbstractTtlState<K, N, T, TtlValue<T>,
        InternalValueState<K, N, TtlValue<T>>>
        implements InternalValueState<K, N, T> {

    TtlValueState(TtlStateContext<InternalValueState<K, N, TtlValue<T>>, T>
            tTtlStateContext) {
        super(tTtlStateContext);
    }

    @Override
    public T value() throws IOException {
        accessCallback.run();
        return getWithTtlCheckAndUpdate(original::value, original::update);
    }

    @Override
    public void update(T value) throws IOException {
        accessCallback.run();
        original.update(wrapWithTs(value));
    }

    @Nullable
    @Override
```

```
    public TtlValue<T> getUnexpiredOrNull(@Nonnull TtlValue<T> ttlValue) {
        return expired(ttlValue) ? null : ttlValue;
    }
}
```

4.2 检查点

检查点（checkpoint）是Flink中一个很重要的名词。正是因为有了检查点机制，Flink在运行流式任务的时候才能保证系统内部的数据一致性，下面进行详细介绍。

4.2.1 检查点机制原理

前面着重讲解了Flink的状态知识，从中可知Flink的函数和算子都是带状态的，这些状态根据流进的数据而不断被更新。基于容错的考虑，我们需要不断收集和保存状态的快照，一旦任务失败，就可以直接从保存的状态中快速恢复到失败前的执行状态。这就是检查点机制的大致原理。

具体展开介绍检查点之前，我们需要先了解一些知识。检查点机制的实现需要持久存储的支持，主要分下面两种：

- 需要可根据时间进行回放的数据源存储，例如Kafka、RabbitMQ、Kinesis等；
- 需要持久存储来存放任务的状态，例如HDFS、S3、GFS等。

检查点机制会定时收集任务的状态并上传到持久存储中，当任务失败进行恢复时，需要从数据源中进行数据回放，并重新进行消费计算。

4.2.2 检查点执行过程

如果任务需要检查点机制的保障，则需要在代码中进行显式设置，因为默认是不开启检查点的。一旦开启了检查点，任务就会定时进行快照操作。下面我们就来仔细讲述检查点的完整执行过程。

1）在任务的初始化过程中，JobMaster会通过SchedulerNG完成各种调度操作。SchedulerNG有个方法叫作startScheduling，在此方法中会调用ExecutionGraph的scheduleForExecution方法进行作业的运行规划。

```
@Override
public void startScheduling() {
    mainThreadExecutor.assertRunningInMainThread();

    try {
        executionGraph.scheduleForExecution();
    } catch (Throwable t) {
```

```
            executionGraph.failGlobal(t);
        }
    }
```

2）在 scheduleForExecution 方法中会首先判断作业的状态是否从 created 转换到 running。状态的转换是通过 transitionState 方法完成的，在转换的过程中会通知所有 JobStatusListener 状态变更信息。负责检查点的 JobStatusListener 名为 CheckpointCoordinator-DeActivator，一旦此监听器监听到任务状态变为 running，就会立即调用 Checkpoint-Coordinator 触发 startCheckpointScheduler 方法进行检查点的调度操作。

```
private boolean transitionState(JobStatus current, JobStatus newState,
        Throwable error) {
    assertRunningInJobMasterMainThread();
    // 一致性检查
    if (current.isTerminalState()) {
        String message = "Job is trying to leave terminal state " + current;
        LOG.error(message);
        throw new IllegalStateException(message);
    }

    //执行状态转换
    if (STATE_UPDATER.compareAndSet(this, current, newState)) {
        LOG.info("Job {} ({}) switched from state {} to {}.",
            getJobName(), getJobID(), current, newState, error);

        stateTimestamps[newState.ordinal()] = System.currentTimeMillis();
        notifyJobStatusChange(newState, error);
        return true;
    }
    else {
        return false;
    }
}

private void notifyJobStatusChange(JobStatus newState, Throwable error) {
    if (jobStatusListeners.size() > 0) {
        final long timestamp = System.currentTimeMillis();
        final Throwable serializedError = error == null ? null
            : new SerializedThrowable(error);

        for (JobStatusListener listener : jobStatusListeners) {
            try {
                listener.jobStatusChanges(getJobID(), newState, timestamp,
                    serializedError);
            } catch (Throwable t) {
                LOG.warn("Error while notifying JobStatusListener", t);
            }
```

```
        }
    }
}

public class CheckpointCoordinatorDeActivator implements JobStatusListener {

    private final CheckpointCoordinator coordinator;

    public CheckpointCoordinatorDeActivator(CheckpointCoordinator coordinator) {
        this.coordinator = checkNotNull(coordinator);
    }

    @Override
    public void jobStatusChanges(JobID jobId, JobStatus newJobStatus,
        long timestamp, Throwable error) {
        if (newJobStatus == JobStatus.RUNNING) {
            // 开始检查点调度
            coordinator.startCheckpointScheduler();
        } else {
            // 其他情况则应停止检查点的调度
            coordinator.stopCheckpointScheduler();
        }
    }
}
```

3）在 startCheckpointScheduler 方法中将会触发一个定时任务 ScheduledTrigger，这个定时任务负责根据用户配置的时间间隔进行运行状态处理。

```
public void startCheckpointScheduler() {
    synchronized (lock) {
        if (shutdown) {
            throw new IllegalArgumentException(
                "Checkpoint coordinator is shut down");
        }

        // 确保优先定时器都已经取消
        stopCheckpointScheduler();

        periodicScheduling = true;
        long initialDelay = ThreadLocalRandom.current().nextLong(
                minPauseBetweenCheckpointsNanos / 1_000_000L, baseInterval + 1L);
        currentPeriodicTrigger = timer.scheduleAtFixedRate(
                new ScheduledTrigger(), initialDelay, baseInterval,
                TimeUnit.MILLISECONDS);
    }
}
```

4）ScheduledTrigger 首先会拿到作业的所有 Execution（单个 ExecutionVertex 的容器），

然后判断所有要进行快照的任务是否都处于 running 状态。如果所有任务都处于 running 状态，就会再判断操作是检查点还是保存点（savepoint）。最后轮询所有的 Execution，触发 triggerCheckpoint 方法。

5）Execution 的 triggerCheckpoint 方法首先拿到运行 Execution 任务的 LogicalSlot 信息，再通过 LogicalSlot 得到此 Slot 所在 TaskManager 的 TaskManagerGateway，并调用 triggerCheckpoint 方法。

```
...
final LogicalSlot slot = assignedResource;

if (slot != null) {
    final TaskManagerGateway taskManagerGateway = slot.getTaskManagerGateway();

    taskManagerGateway.triggerCheckpoint(attemptId, getVertex().getJobId(),
        checkpointId, timestamp, checkpointOptions, advanceToEndOfEventTime);
}
...
```

6）TaskManagerGateway 的 triggerCheckpoint 方法本质上是执行 TaskExecutorGateway 的 triggerCheckpoint 方法，在这个方法里，通过 executionAttemptID 得到具体的任务，最后触发任务的 triggerCheckpointBarrier 方法，进而通过任务的 AbstractInvokable 类执行 triggerCheckpoint 方法。在流任务中，所有任务都继承自 StreamTask，而 StreamTask 恰恰继承自 AbstractInvokable。

7）当 StreamTask 执行 triggerCheckpoint 方法时，会将运行在此任务中的所有 StreamOperator 取出，并轮询执行 snapshotState 方法，SnapshotState 根据用户配置的 StateBackend 进行状态的 snapShot 操作。任务在进行快照的时候，会将状态和相应的 metainfo 异步写入文件系统中，然后返回相应的 statehandle 对象用作恢复。

8）在所有的算子全部完成状态 snapShot 并告知 JobManager 后，就可以认为一次检查点执行过程全部完成。

4.2.3 任务容错

上一节介绍了任务执行检查点的过程，这个过程的作用简单来说就是持续不断地将任务的状态保存下来，用作任务失败后恢复。接下来我们深入介绍任务的容错机制。

在深入分析代码之前，我们需要了解 Flink 的两个有关容错的概念：Restart Strategy 和 Failover Strategy。前者决定了失败的任务是否应该重启，什么时候重启；后者决定了哪些任务需要重启。这两个概念的相关值都是通过参数配置的，具体可以参考 Flink 官方文档，这里不详细介绍，但无论是哪种配置，任务出错后进行恢复的本质是不变的——Task 拿到最近一个检查点的状态进行恢复。

既然任务失败状态恢复的本质是相同的，那么我们就可以以一个典型的任务恢复过程 FlinkKafkaConsumerBase 为例来进行分析。

1）这个类继承自 RichParallelSourceFunction 并且使用了 CheckpointedFunction 接口。根据之前介绍的状态相关内容，大家会立即想到这个类有两个重写方法——initializeState 和 snapshotState。前者在初始化或者恢复状态时调用，后者在检查点做快照时调用。当任务失败后重启时，首先会调用 initializeState 方法，这个方法包含以下三步。

第一步，通过 FunctionInitializationContext 得到任务相应的 OperatorStateStore。

第二步，根据传入的相关参数从 OperatorStateStore 中拿出任务失败前最后一次成功检查点中的状态。相对于 FlinkKafkaConsumerBase 类来说，这一步拿出的是一个 ListState 类型，里面存储的是 Tuple2<KafkaTopicPartition, Long> 二元组数据结构。

第三步，根据 FunctionInitializationContext 判断这次 initializeState 的调用是否为任务重启恢复操作，如果是，则将上一步得到的 ListState 赋给全局变量 restoredState，以供后面的 open 方法使用。

```
@Override
public final void initializeState(FunctionInitializationContext context) throws
        Exception {

    OperatorStateStore stateStore = context.getOperatorStateStore();

    ListState<Tuple2<KafkaTopicPartition, Long>> oldRoundRobinListState =
            stateStore.getSerializableListState(
                DefaultOperatorStateBackend.DEFAULT_OPERATOR_STATE_NAME);

    this.unionOffsetStates = stateStore.getUnionListState(new ListStateDescriptor<>(
            OFFSETS_STATE_NAME,
            TypeInformation.of(
            new TypeHint<Tuple2<KafkaTopicPartition, Long>>() {})));

    if (context.isRestored() && !restoredFromOldState) {
        restoredState = new TreeMap<>(new KafkaTopicPartition.Comparator());

        for (Tuple2<KafkaTopicPartition, Long> kafkaOffset :
                oldRoundRobinListState.get()) {
            restoredFromOldState = true;
            unionOffsetStates.add(kafkaOffset);
        }
        oldRoundRobinListState.clear();

        if (restoredFromOldState && discoveryIntervalMillis
                != PARTITION_DISCOVERY_DISABLED) {
            throw new IllegalArgumentException(
                "Topic / partition discovery cannot be enabled if the job is"
```

```
                    + "restored from a savepoint from Flink 1.2.x.");
            }

            //计算所有需要恢复的状态值
            for (Tuple2<KafkaTopicPartition, Long> kafkaOffset :
                    unionOffsetStates.get()) {
                restoredState.put(kafkaOffset.f0, kafkaOffset.f1);
            }
        }
    }
```

2）InitializeState 方法执行完毕，紧接着会执行函数的 open 方法。这个方法在任务初始化的时候只会执行一次，一般有关任务的配置或者加载操作都会在 open 中完成。由于上一步我们已经从检查点中将任务状态（restoredState）取出，因此在 open 中要做的就是将状态加载到任务中，让任务从状态断点处恢复运行。FlinkKafkaConsumerBase 这个操作就是将 Kafka 相应的分区位移点（offset）信息从状态中恢复，继续从位移点消费数据。

任务失败恢复的过程大致可以总结为两步：首先，算子从失败前任务状态存储中取出最后一次检查点中对应的状态；然后，算子加载对应的状态，从上次断点开始正常运行。不同算子恢复任务的不同之处只是在于从状态存储中恢复的状态类型不同，本质相同。

在这里，我们需要对一个知识点进行引申：任务并行度改变后状态的恢复也就是我们常说的状态重分配；针对改变并行度的算子，状态的恢复当然会不同，具体的操作在 CheckpointCoordinator 中进行。

```
// 重新分配任务状态
final Map<OperatorID, OperatorState> operatorStates = latest.getOperatorStates();

StateAssignmentOperation stateAssignmentOperation = new StateAssignmentOperation(
    latest.getCheckpointID(), tasks, operatorStates, allowNonRestoredState);

stateAssignmentOperation.assignStates();
```

构建完 StateAssignmentOperation 对象后，就会调用 assignStates 方法，这个方法会进行以下操作。

1）判断并发度是否改变，如果没变，那么不重新分配，但如果任务状态的模式是广播类型，则会将此任务的状态广播给所有其他任务。

2）对于 Operator State，会对每一个名称的状态计算出每个子任务中的元素个数之和（这就要求各个元素相互独立）并进行轮询调度（round robin）分配。

3）对于 Keyed State 的重新分配，首先根据新的并发度和最大并发度计算新的 keyGroupRange，然后根据 subtaskIndex 获取 keyGroupRange，最后获取到相应的 keyStateHandle 并完成状态的切分。

4.3 状态后端

状态后端（State Backend），顾名思义，是用来存放任务状态的地方。在 Flink 中，状态后端分为三类：FsStateBackend、MemoryStateBackend 和 RocksDBStateBackend。这三种类型分别对应着不同的存储方式：FsStateBackend 先把任务状态存储在 TaskManager 的内存中，当作业开始做检查点的时候，将内存中的状态写到文件系统中；MemoryStateBackend 也会将任务状态存储在 TaskManager 的内存中，但不同的是做检查点的时候，所有 TaskManager 会将内存中的状态上传至 JobManager，存储在 JobManager 的内存中而不是可靠的外部存储中；RocksDBStateBackend 会将状态存储在 RocksDB 中，做检查点的时候，再将状态上传至可靠的文件系统中。

这三种状态后端的优缺点其实可从上面的简单描述中猜到一二，但这里还是全面分析下，让读者可以更好地衡量利弊，选择合适的状态后端进行状态存储。

（1）FsStateBackend

FsStateBackend 在前后两次检查点之间，会将状态保存在内存中，这也决定了状态的更改会非常快（写入和读取都是内存操作）。当做检查点的时候，会将内存的状态刷到文件系统中，这保证了状态的可靠性存储。如果 TaskManager 的内存给得比较大，那么 FsStateBackend 可以很好地支持大状态任务的运行。然而这种状态存储也存在短板：如果遇到大状态任务，每次做检查点都需要将全量的状态写入文件系统中，这无疑是种资源浪费，因为之前存储过的状态在下一次并不需要重复上传；此外，分配给 TaskManager 的内存是提交任务的时候定好的，在任务运行中不能改变大小。如果在某个时间点任务处理的数据量猛增，而之前给定的内存不足以存储状态，无疑会导致任务故障转移（failover）。

（2）MemoryStateBackend

这种状态存储与 FsStateBackend 有一半的过程是相同的，状态改变非常快也是其优点一个。但是，当做检查点的时候，所有 TaskManager 的状态会上报给 JobManager 并存储在内存中，这也就决定了这种状态存储是不可靠的。此外，MemoryStateBackend 还有一个短板是，使用它时必须考虑到 JobManager 的内存设置问题，如果设置不当，检查点就会失败。因此，这种状态后端不会被用在生产环境中，只会用在测试或者调试环境中。

（3）RocksDBStateBackend

这种状态存储是三者中最可靠的。首先，无论是状态变更还是检查点状态保存，都是使用 RocksDB 来存储的，稳定性有保障；其次，RocksDBStateBackend 是支持增量检查点机制的，也就是说每次只上传最新变更的状态，相对于每次都做增量的检查点，这种机制无疑是更快、更节省资源的；最后，RocksDBStateBackend 是不断将变更的状态存储到 RocksDB 中的，这也就意味着可以同时利用内存和磁盘资源存储状态，因而对大状态任务的支持也特别好。

但是，这种状态存储也有短板，由于状态的每次更改都需要存储至 RocksDB，随之而来的是频繁的序列与反序列化操作，如果遇到任务数据倾斜，那么在倾斜的几个带状态的子任务中，数据处理会很慢，最终导致反压。

分析过状态后端的概念细节后，我们接下来结合代码说明一下具体的实现步骤。其实源代码中这三种状态存储类继承的父类和调用的接口都很相似，只是方法内实现的细节不同，我们就以 RocksDBStateBackend 类为例探究状态存储类的具体逻辑。

1）所有的状态后端都是通过构造函数初始化创建的，RocksDBStateBackend 继承 AbstractStateBackend 并调用 ConfigurableStateBackend 接口。AbstractStateBackend 有两个方法 createKeyedStateBackend 和 createOperatorStateBackend，所有自定义状态后端的类都需要重写覆盖。这两个方法分别创建 KeyedStateBackend 和 OperatorStateBackend，KeyedStateBackend 用于存储 Keyed State，而 OperatorStateBackend 用于存储 Operator State。

2）上一步中提到的两个重写方法会在 StreamTaskStateInitializerImpl 的 streamOperatorStateContext 方法中间接调用。streamOperatorStateContext 方法的作用是创建 StreamOperatorStateContext 对象，这个对象会初始化 Stream Operator 中所有与状态有关的操作。

```
// -------------- Keyed State Backend --------------
keyedStatedBackend = keyedStatedBackend(keySerializer,operatorIdentifierText,
    prioritizedOperatorSubtaskStates,streamTaskCloseableRegistry,metricGroup);

// -------------- Operator State Backend --------------
operatorStateBackend = operatorStateBackend(operatorIdentifierText,
    prioritizedOperatorSubtaskStates,streamTaskCloseableRegistry);
```

3）streamOperatorStateContext() 方法的调用在 AbstractStreamOperator 的 initializeState() 方法中进行。也就是说每个算子在初始化时，就会完成与状态后端相关的全部设置。

```
@Override
public final void initializeState() throws Exception {

    final TypeSerializer<?> keySerializer =
        config.getStateKeySerializer(getUserCodeClassloader());

    final StreamTask<?, ?> containingTask =
            Preconditions.checkNotNull(getContainingTask());
    final CloseableRegistry streamTaskCloseableRegistry =
            Preconditions.checkNotNull(containingTask.getCancelables());
    final StreamTaskStateInitializer streamTaskStateManager =
```

```
            Preconditions.checkNotNull(
                containingTask.createStreamTaskStateInitializer());

    final StreamOperatorStateContext context =
        streamTaskStateManager.streamOperatorStateContext(
            getOperatorID(),
            getClass().getSimpleName(),
            this,
            keySerializer,
            streamTaskCloseableRegistry,
            metrics);

    this.operatorStateBackend = context.operatorStateBackend();
    this.keyedStateBackend = context.keyedStateBackend();

    if (keyedStateBackend != null) {
        this.keyedStateStore = new DefaultKeyedStateStore(keyedStateBackend,
            getExecutionConfig());
    }

    timeServiceManager = context.internalTimerServiceManager();

    CloseableIterable<KeyGroupStatePartitionStreamProvider> keyedStateInputs =
            context.rawKeyedStateInputs();
    CloseableIterable<StatePartitionStreamProvider> operatorStateInputs =
            context.rawOperatorStateInputs();

    try {
        StateInitializationContext initializationContext =
            new StateInitializationContextImpl(
                context.isRestored(), // 判断作业是否首次启动或者重启
                operatorStateBackend, // Operator状态存储后端
                keyedStateStore, // keyed  状态存储后端
                keyedStateInputs, // keyed 状态流
                operatorStateInputs); // Operator 状态流

        initializeState(initializationContext);
    } finally {
        closeFromRegistry(operatorStateInputs, streamTaskCloseableRegistry);
        closeFromRegistry(keyedStateInputs, streamTaskCloseableRegistry);
    }
}
```

4）我们讲一下 keyedStateBackend。当 keyedStateBackend 不为空时，会初始化一个 DefaultKeyedStateStore 对象。这个对象应用了 KeyedStateStore 接口，KeyedStateStore 接口我们在 4.1.1 节提到过，所有 Keyed State 在获取状态值时会调用其相应的方法。无论是哪一种 Keyed State，获取状态的最后一步都是调用 getPartitionedState 方法。

```
@Override
public <T> ValueState<T> getState(ValueStateDescriptor<T> stateProperties) {
    requireNonNull(stateProperties, "The state properties must not be null");
    try {
        stateProperties.initializeSerializerUnlessSet(executionConfig);
        return getPartitionedState(stateProperties);
    } catch (Exception e) {
        throw new RuntimeException("Error while getting state", e);
    }
}
```

getPartitionedState 方法才是真正利用不同状态后端进行 Keyed State 初始化的入口。

```
protected <S extends State> S getPartitionedState(StateDescriptor<S, ?>
        stateDescriptor) throws Exception {
    return keyedStateBackend.getPartitionedState(
        VoidNamespace.INSTANCE,
        VoidNamespaceSerializer.INSTANCE,
        stateDescriptor);
}
```

这个方法的具体实现在 AbstractKeyedStateBackend 中，方法中又会调用 getOrCreateKeyedState 方法，最后调用 TtlStateFactory 的 createStateAndWrapWithTtlIfEnabled 方法。

```
public <N, S extends State, V> S getOrCreateKeyedState(
        final TypeSerializer<N> namespaceSerializer,
        StateDescriptor<S, V> stateDescriptor) throws Exception {
    checkNotNull(namespaceSerializer, "Namespace serializer");
    checkNotNull(keySerializer,
        "State key serializer has not been configured in the config. "
        + "This operation cannot use partitioned state.");

    InternalKvState<K, ?, ?> kvState = keyValueStatesByName.get(stateDescriptor.
        getName());
    if (kvState == null) {
        if (!stateDescriptor.isSerializerInitialized()) {
            stateDescriptor.initializeSerializerUnlessSet(executionConfig);
        }
        kvState = TtlStateFactory.createStateAndWrapWithTtlIfEnabled(
                namespaceSerializer, stateDescriptor, this, ttlTimeProvider);
        keyValueStatesByName.put(stateDescriptor.getName(), kvState);
        publishQueryableStateIfEnabled(stateDescriptor, kvState);
    }
    return (S) kvState;
}
```

createStateAndWrapWithTtlIfEnabled 方法在 4.1.2 节中提到过，它会根据用户是否

设置了状态过期而创建状态。如果设置了状态过期，则初始化 TtlStateFactory ；否则会直接调用 stateBackend 的 createInternalState 方法。如果用的 heap backend，则相应的 createInternalState 会为相应的 State 创建 stateTable。

```
public <N, SV, SEV, S extends State, IS extends S> IS createInternalState(
        @Nonnull TypeSerializer<N> namespaceSerializer,
        @Nonnull StateDescriptor<S, SV> stateDesc,
        @Nonnull StateSnapshotTransformFactory<SEV> snapshotTransformFactory)
        throws Exception {
    StateFactory stateFactory = STATE_FACTORIES.get(stateDesc.getClass());
    if (stateFactory == null) {
        String message = String.format("State %s is not supported by %s",
            stateDesc.getClass(), this.getClass());
        throw new FlinkRuntimeException(message);
    }
    StateTable<K, N, SV> stateTable = tryRegisterStateTable(
            namespaceSerializer,
            stateDesc,
            getStateSnapshotTransformFactory(stateDesc, snapshotTransformFactory));
    return stateFactory.createState(stateDesc, stateTable, getKeySerializer());
}
```

如果用的是 rocksdb backend，那么 createInternalState 会为相应的 State 创建 Column-FamilyHandle。

```
public <N, SV, SEV, S extends State, IS extends S> IS createInternalState(
        @Nonnull TypeSerializer<N> namespaceSerializer,
        @Nonnull StateDescriptor<S, SV> stateDesc,
        @Nonnull StateSnapshotTransformFactory<SEV> snapshotTransformFactory)
        throws Exception {
    StateFactory stateFactory = STATE_FACTORIES.get(stateDesc.getClass());
    if (stateFactory == null) {
        String message = String.format("State %s is not supported by %s",
            stateDesc.getClass(), this.getClass());
        throw new FlinkRuntimeException(message);
    }
    Tuple2<ColumnFamilyHandle, RegisteredKeyValueStateBackendMetaInfo<N, SV>>
        registerResult =
            tryRegisterKvStateInformation(
                stateDesc, namespaceSerializer, snapshotTransformFactory);
    return stateFactory.createState(stateDesc, registerResult,
        RocksDBKeyedStateBackend.this);
}
```

这两个对象是不是很眼熟？是的，它们就是上面提到的状态介质，Keyed State 的操作都是通过它们进行的。

5）我们看看 Operator Backend。AbstractStreamOperator 中通过 StreamOperatorStateContext 获取到 operatorStateBackend，operatorStateBackend 初始化 State 的操作在 DefaultOperator-StateBackend 类中，这个类中有个 getListState 方法用于状态创建和变更。所有的 Operator State 都维护在 registeredOperatorStates 中，它是一个 map 数据结构，键是状态名，值是 PartitionableListState 对象。如果 State name 存在于 map 中，则返回相应的 Partitionable-ListState；如果状态名不存在，则初始化 PartitionableListState。PartitionableListState 类中有各种对状态值的操作，用于状态变更。

```
...
stateDescriptor.initializeSerializerUnlessSet(getExecutionConfig());
TypeSerializer<S> partitionStateSerializer =
        Preconditions.checkNotNull(stateDescriptor.getElementSerializer());

@SuppressWarnings("unchecked")
PartitionableListState<S> partitionableListState =
        (PartitionableListState<S>) registeredOperatorStates.get(name);

if (null == partitionableListState) {
    // 此状态无须恢复，创建新的状态类

    partitionableListState = new PartitionableListState<>(
            new RegisteredOperatorStateBackendMetaInfo<>(
                name,
                partitionStateSerializer,
                mode));

    registeredOperatorStates.put(name, partitionableListState);
} else {
    ...
}
```

不同形式的状态后端各有优缺点，如何选择取决于具体的业务。了解各个状态后端的实现逻辑，有助于我们做选择和调优。

4.4 本章小结

本章介绍了 Flink 中的状态管理与容错，分别从状态、状态后端、检查点三个概念入手进行了详细说明与代码剖析。状态与容错是 Flink 很重要的特性之一，也是任务实现 exactly-once 的重要保障，更是其区别于其他流计算引擎的独特之处。读者不要把状态和容错的思维局限于 Flink 这一种计算引擎上，这种思维适用于大多数分布式计算引擎，实现数据不丢失和任务快速恢复。

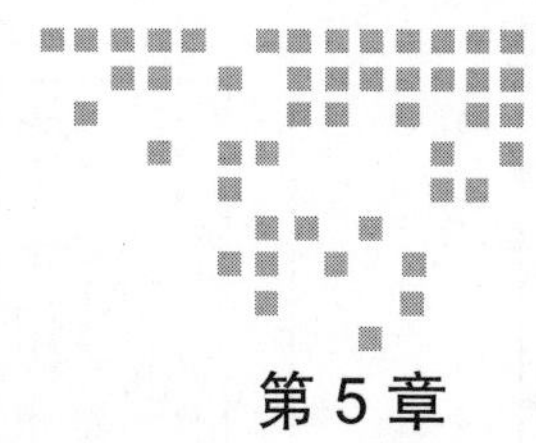

第 5 章 Chapter 5

任务提交与执行

本章主要介绍任务提交的整个过程和实现原理，包括其中的 DAG 转换、Slot 分配、任务状态的变化等。任务的提交因部署模式而异，这里不一一介绍每种部署模式的提交过程，只重点讲解使用比较广泛的 Flink on YARN 模式，其他模式可以参考第 8 章。本章还简单介绍了任务运行机制。

5.1 任务提交整体流程

图 5-1 所示为任务提交的整体流程，下面对其中的每个步骤进行一一说明。由于整个流程比较复杂，我们省去了一些与任务提交相关度不太高的环节，比如 Flink 的 JobManager 是怎么与 YARN 的 ResourceManager 交互来申请资源的，或者 YARN 的 NodeManager 是怎么启动 Flink 的 TaskManager 的。

1）提交作业：执行 ./bin/flink run -m yarn-cluster -d 来提交任务，这里我们按照 yarn-cluster 模式来提交任务，并且使用 detached 模式。

2）解析参数：命令行入口类 CliFrontend 会解析相关参数，根据不同的命令和参数执行不同的逻辑。

3）生成 JobGraph：如果判断是通过 Per-Job（用 -m yarn-cluster 指定，后续版本中可能没有 Per-Job 的概念，这里不用纠结具体的叫法）和 detached 模式提交的任务，会通过 PackagedProgramUtils 的 createJobGraph 方法来创建当前任务的 JobGraph。

4）创建描述符：创建 YarnClusterDescriptor 来提交 YARN 作业。

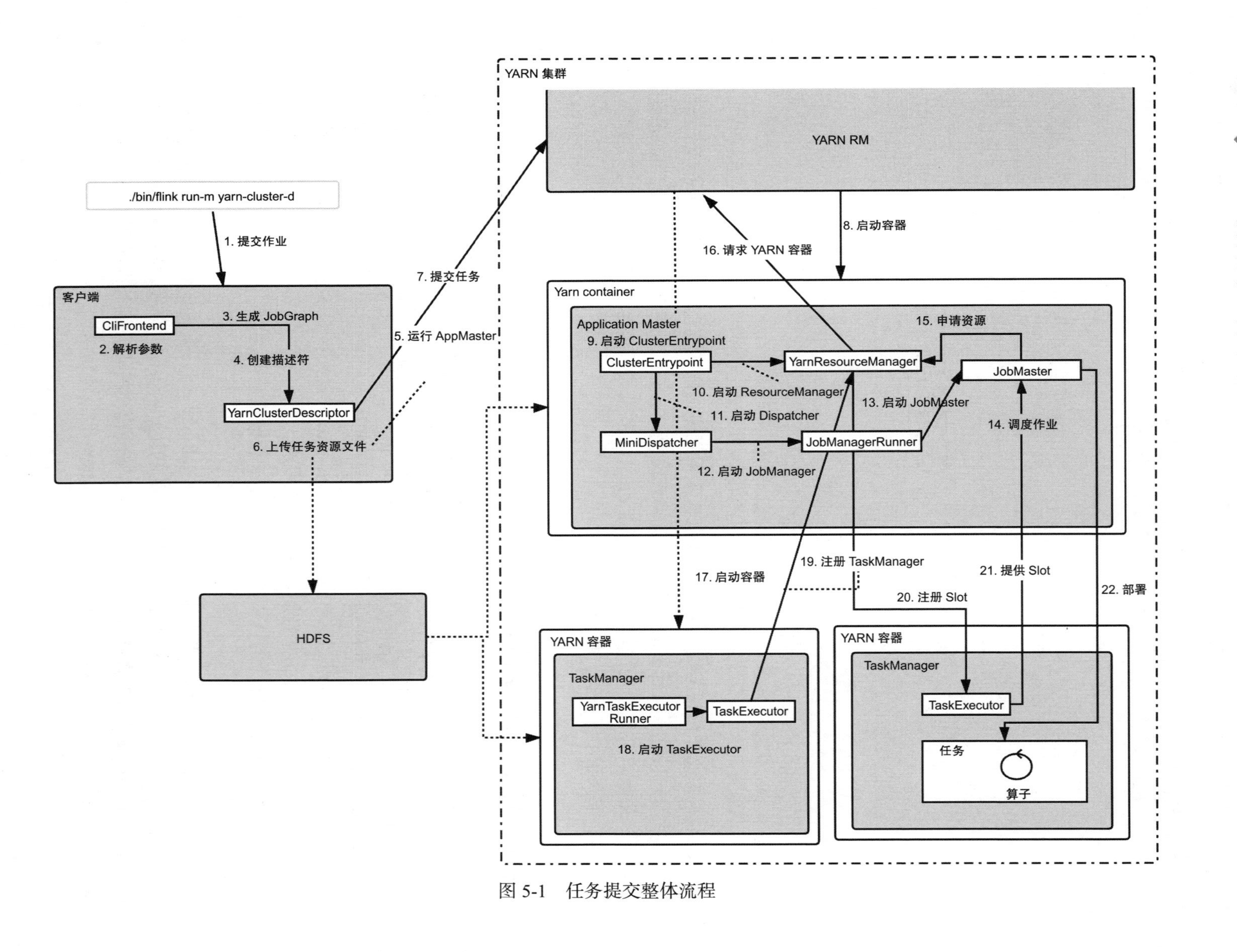

图 5-1 任务提交整体流程

5）运行 AppMaster：这里是向 YARN 集群提交一个任务，与 Spark 及其他引擎往 YARN 上提交任务的过程是一样的。具体就是使用 YarnClient 接口的相关方法提交任务。

6）上传任务资源文件：提交任务的过程中需要把任务用到的文件或配置上传到文件系统中，以使任务在不同的节点启动之后都可以获取到需要的资源。

7）提交任务：把任务提交给 YARN 的 ResourceManager（RM）。YARN 的 RM 会启动一个容器来运行 JobManager。具体过程如下：创建一个新的任务，判断资源情况，调度器（Scheduler）进行调度，随后 YARN 的 RM 通知 NodeManager 启动服务。

8）启动容器：YARN 的 NodeManager 收到 RM 的通知，进行一系列校验和资源文件的准备，包括文件的下载和环境变量的设置，然后运行启动脚本（由 ContainersLauncher 根据 AppMaster 的启动命令生成）启动 AppMaster。

9）启动 ClusterEntrypoint：启动 Flink 的 AppMaster，入口类是 ClusterEntrypoint。

10）启动 ResourceManager：ClusterEntrypoint 会依次启动 JobManager 中的各个服务，首先启动负责资源管理的 YarnResourceManager，这是 JobManager 内部的服务，与 YARN 的 RM 是不同的服务。

11）启动 Dispatcher：Dispatcher 主要负责接收任务的提交，包括 REST 方式，为 Flink 提供一个任务提交管理中心化的角色。Dispatcher 还可以用来对 JobManager 进行容错管理，在 JobManager 失败后做恢复工作。

12）启动 JobManager：JobManager 对应的实现类是 JobManagerRunner，用来管理作业的调度和执行。

13）启动 JobMaster：JobManager 会把与作业相关的具体事情委托给 JobMaster，自己则主要做一些高可用相关的工作。

14）调度作业：JobMaster 会根据 JobGraph 构建 ExecutionGraph，具体的执行过程后面会详细分析。ExecutionGraph 经过 Slot 的分配之后就可以进行真正的部署了。这个时候如果还没有有效的 Slot，会先申请 Slot。

15）申请资源：JobMaster 在调度任务的时候会通过 SlotPool 进行 Slot 的申请和分配。SlotPool 是通过 YarnResourceManager 进行 Slot 的请求的，而 YarnResourceManager 内部通过 SlotManager 进行 Slot 管理。YarnResourceManager 收到 Slot 请求之后会先判断是否有有效的 Slot 可供分配。如果有就直接分配；如果没有，则需要启动一个新的 TaskManager 提供新的 Slot。

16）请求 YARN 容器，即 Flink 中的 TaskManager。

17）启动容器：YARN 的 NodeManager 收到命令之后，启动我们需要的容器。

18）启动 TaskExecutor：TaskManager 的入口类是 YarnTaskExecutorRunner，该类会负责启动 TaskExecutor。

19）注册 TaskManager：TaskExecutor 启动之后会向 YarnResourceManager 注册，成功后再向 SlotManager 汇报自己的资源情况，也就是 Slot，同时会启动心跳等服务。

20）注册 Slot：在 TaskExecutor 向 YarnResourceManager 注册之后，SlotManager 就有了我们需要的 Slot。SlotManager 会从等待的请求队列里开始分配资源，向 TaskManager 请求 Slot 的分配。

21）提供 Slot：TaskExecutor 收到 Slot 请求后，进行一些检查和异常的判断，没有问题的话就会将 Slot 分配给 JobMaster。到这里 ExecutionGraph 就得到了需要的物理资源 Slot。

22）部署：Execution 执行部署任务流程，向 TaskExecutor 提交任务，TaskExecutor 启动新的线程执行任务。到这里整个任务提交的流程结束。

后 3 节会分别介绍其中的关键过程：DAG 转换、Slot 分配和任务执行。

5.2 DAG 转换

上一节介绍了任务提交的整体流程，这一节重点看下 Flink 中的用户代码是怎么转化为物理执行算子的，这也就是 DAG 的转换过程。

5.2.1 DAG 的 4 层转换

用户代码到 Fink 任务物理执行会经过多次转换，从最初的 program 依次到 StreamGraph、JobGraph、ExecutionGraph，ExecutionGraph 中的 ExecutionVertex 经过 Slot 的分配最终部署到 TaskManager，形成分布式执行的任务。我们先通过图 5-2 从整体上看一下这 4 层转换的大致过程，后面再以具体的例子 WordCount 来详细分析每个过程。

5.2.2 WordCount 转换过程

下面以 WordCount 的例子来从源代码角度详细了解 DAG 的 4 层转换。本例来源于 Flink 源代码中的例子 org.apache.flink.streaming.examples.wordcount.WordCount。WordCount 的代码如下（后续章节提到的 WordCount 都是指的该代码，以下讲解的语境都是以 local 模式在本地运行）：

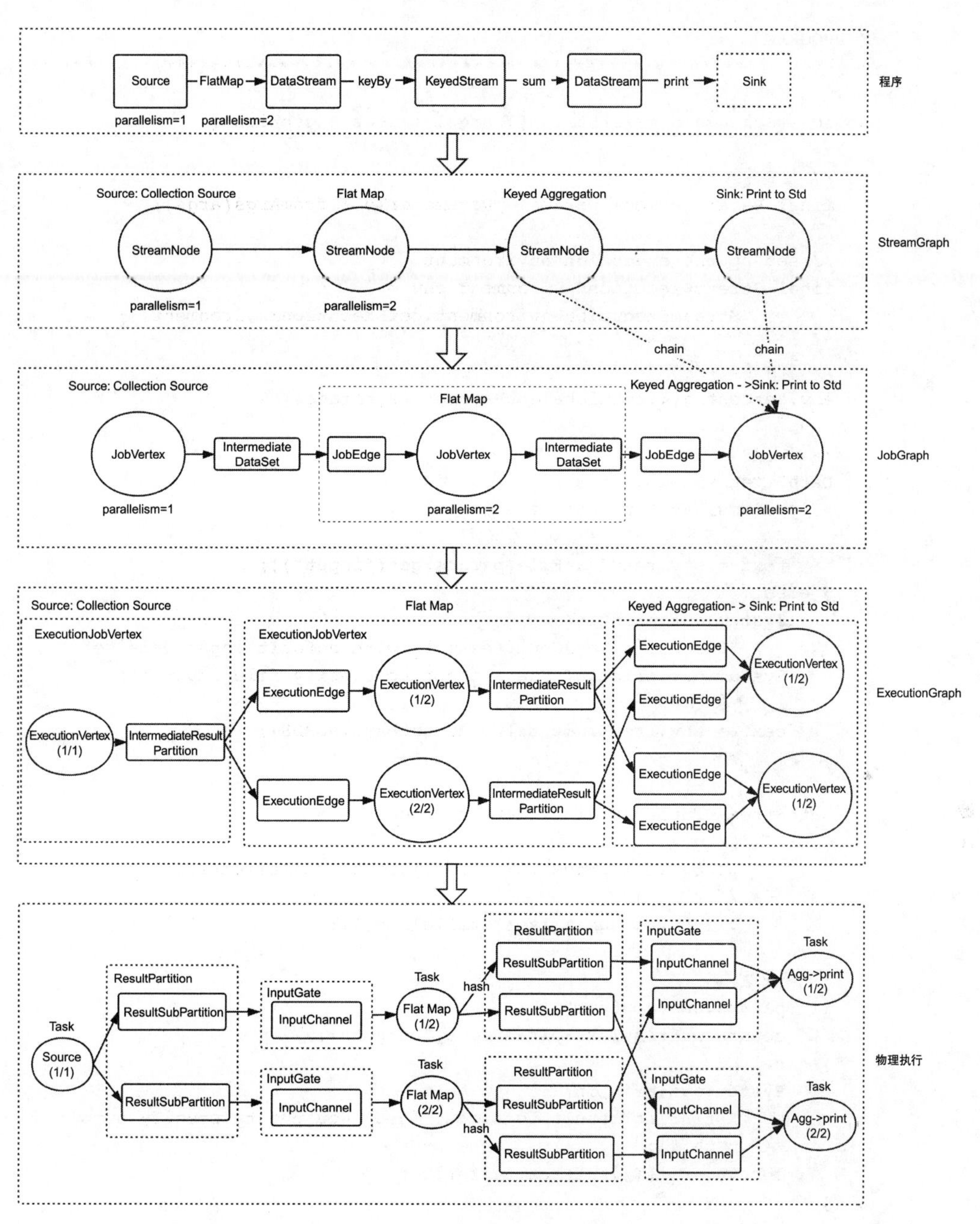

图 5-2　DAG 的 4 层转换

```java
public class WordCount {

    // ************************************************************************
```

```
// PROGRAM
// *************************************************************************

public static void main(String[] args) throws Exception {

    // 检查输入参数
    final ParameterTool params = ParameterTool.fromArgs(args);

    // set up the execution environment
    final StreamExecutionEnvironment env =
            StreamExecutionEnvironment.getExecutionEnvironment();

    // 确保输入参数有效
    env.getConfig().setGlobalJobParameters(params);

    // 获取输入数据
    DataStream<String> text;
    if (params.has("input")) {
        //从给定的输入路径中读取文本文件
        text = env.readTextFile(params.get("input"));
    } else {
        System.out.println(
            "Executing WordCount example with default input data set.");
        System.out.println("Use --input to specify file input.");
        // 获取文本数据
        text = env.fromElements(WordCountData.WORDS);
    }

    DataStream<Tuple2<String, Integer>> counts =
            // 分词
            text.flatMap(new Tokenizer()).setParallelism(2)
            // 汇总
            .keyBy(0).sum(1).setParallelism(2);

    // 输出结果
    if (params.has("output")) {
        counts.writeAsText(params.get("output"));
    } else {
        System.out.println(
            "Printing result to stdout. Use --output to specify output
            path.");
        counts.print().setParallelism(2);
    }

    // 执行
    env.execute("Streaming WordCount");
}
```

```
    public static final class Tokenizer implements FlatMapFunction<String,
            Tuple2<String, Integer>> {

        @Override
        public void flatMap(String value, Collector<Tuple2<String, Integer>> out) {
            // 格式化并按行分隔
            String[] tokens = value.toLowerCase().split("\\W+");

            // 发送元组
            for (String token : tokens) {
                if (token.length() > 0) {
                    out.collect(new Tuple2<>(token, 1));
                }
            }
        }
    }
}
```

1. 算子到 StreamGraph 的转换

DataStream 转换的过程会把算子（封装了用户的执行函数）封装成 StreamTransformation，放到 StreamExecutionEnvironment 的变量 Transformations 中，StreamTransformation 本身也持有前一个 Transform 的引用。这样用户的转换逻辑就全部放到了 Transformations 中。生成 StreamGraph 的过程就是把 Transformations 转换为 StreamGraph 的过程。

```
protected final List<StreamTransformation<?>> transformations = new ArrayList<>();
```

StreamTransformation 生成 StreamGraph 的过程其实就是构造 StreamNode 的过程，StreamNode 包含当前算子及算子的上下游关系。每个 StreamTransformation 包含的算子构造一个 StreamNode，StreamTransformation 包含的上下游关系构造 StreamEdge，如图 5-3 所示。

其中比较关键的方法是 StreamGraphGenerator 的 transform 方法。在构造 StreamNode 的过程中还会设置 Slot 共享组。Slot 共享组是分配 Slot(Flink 中抽象出来的资源管理单元) 时的一个依据，Flink 中可以把不同的子任务分配到相同的 Slot 中运行，以便充分利用资源，相同的 Slot 共享组可以被分配到同一个 Slot 中。如果不设置，默认是 default。

2. StreamGraph 到 JobGraph 的转换

StreamGraph 转换为 JobGraph 的过程就是构建 JobVertex 的过程，JobVertex 也是后续 Flink 任务的最小调度单位。JobVertex 可以包括多个算子，也就是把多个算子根据一定规则串联起来。创建 JobGraph 主要是由 StreamingJobGraphGenerator 的 createJobGraph 方法完成的。该方法的主要逻辑如下。

1）遍历 StreamGraph，为每个 streamNode 生成 byte 数组类型的哈希值并赋值给 OperatorID，作为状态恢复的唯一标识。

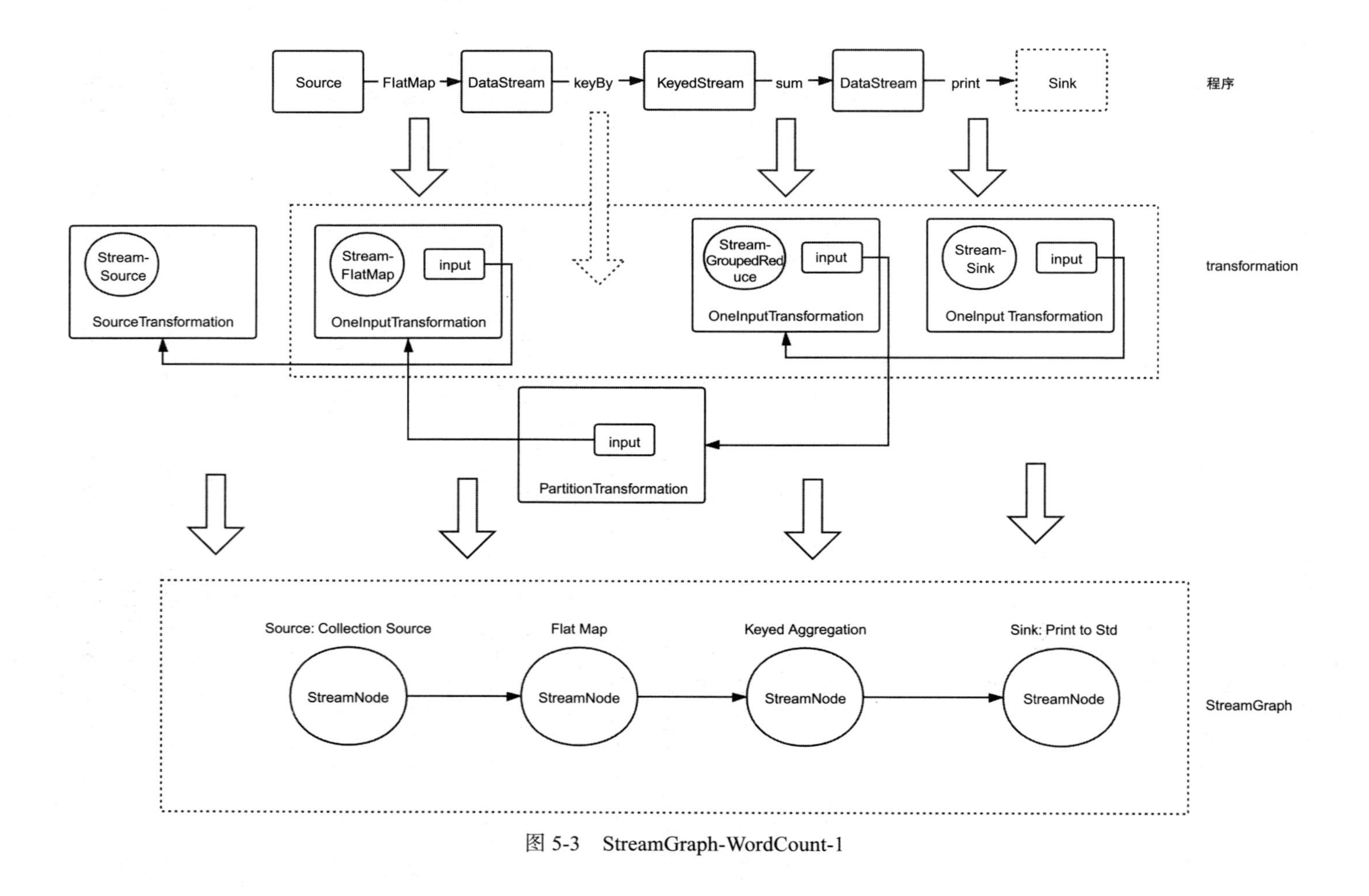

图 5-3 StreamGraph-WordCount-1

2）利用 StreamNode 及其相关关系构造 JobVertex。其主要逻辑实现在 StreamingJobGraphGenerator 的 createChain 方法中。该方法的主要逻辑如下。

- 不能串联到一起的，单独生成 JobVertex，并把算子中的用户函数（如 WordCount 的 Tokenizer 方法）及相关属性序列化到 JobVertex 的 configuration 中。
- 可以串联到一起的，选取串开头的 StreamNode 作为当前 JobVertex 的 JobVertexID，将其他 StreamNode 都序列化到配置字段 chainedTaskConfig_ 中。当然序列化的对象也是存储了 StreamNode 相关信息的 StreamConfig 类。算子之间的关系生成了 JobEdge 和 IntermediateDataSet 类，放到 JobVertex 中。

3）设置 Slot 共享组及其他作业相关的属性，包括资源分配 location 属性、checkpoint 等。

WordCount 生成的 JobGraph 如图 5-4 所示。

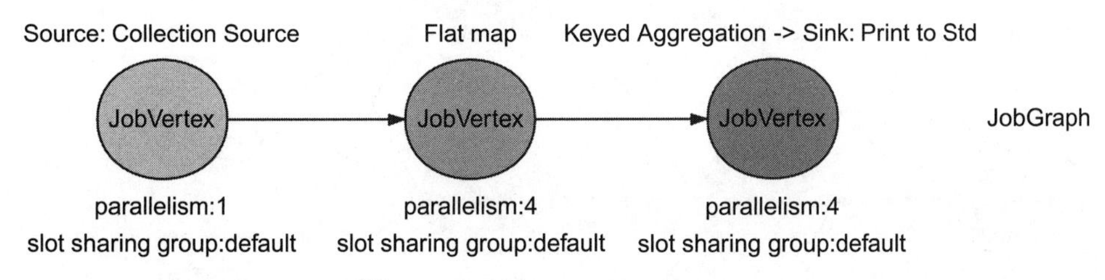

图 5-4　StreamGraph-WordCount-2

哪些算子可以串联呢？直接看以下源代码：

```java
public static boolean isChainable(StreamEdge edge, StreamGraph streamGraph) {
    StreamNode upStreamVertex = edge.getSourceVertex();
    StreamNode downStreamVertex = edge.getTargetVertex();

    StreamOperator<?> headOperator = upStreamVertex.getOperator();
    StreamOperator<?> outOperator = downStreamVertex.getOperator();

    return downStreamVertex.getInEdges().size() == 1
        && outOperator != null
        && headOperator != null
        && upStreamVertex.isSameSlotSharingGroup(downStreamVertex)
        && outOperator.getChainingStrategy() == ChainingStrategy.ALWAYS
        && (headOperator.getChainingStrategy() == ChainingStrategy.HEAD ||
            headOperator.getChainingStrategy() == ChainingStrategy.ALWAYS)
        && (edge.getPartitioner() instanceof ForwardPartitioner)
        && upStreamVertex.getParallelism() == downStreamVertex.getParallelism()
        && streamGraph.isChainingEnabled();
}
```

开发者关注的是否可以串联的是：上下游并发是否一样，是否包含 keyBy 或者 Rebalance 的动作。算子串联的过程就是循环判断所有的 StreamNode 是否符合要求。对于上面的

WordCount 的例子，我们稍微设置下并发：

```
env.getConfig().setParallelism(2);
text = env.fromElements(WordCountData.WORDS);
DataStream<Tuple2<String, Integer>> counts =
    text.flatMap(new Tokenizer()).keyBy(0).sum(1);
counts.print().setParallelism(3);
```

生成的 JobGraph 就变成图 5-5 这样了。

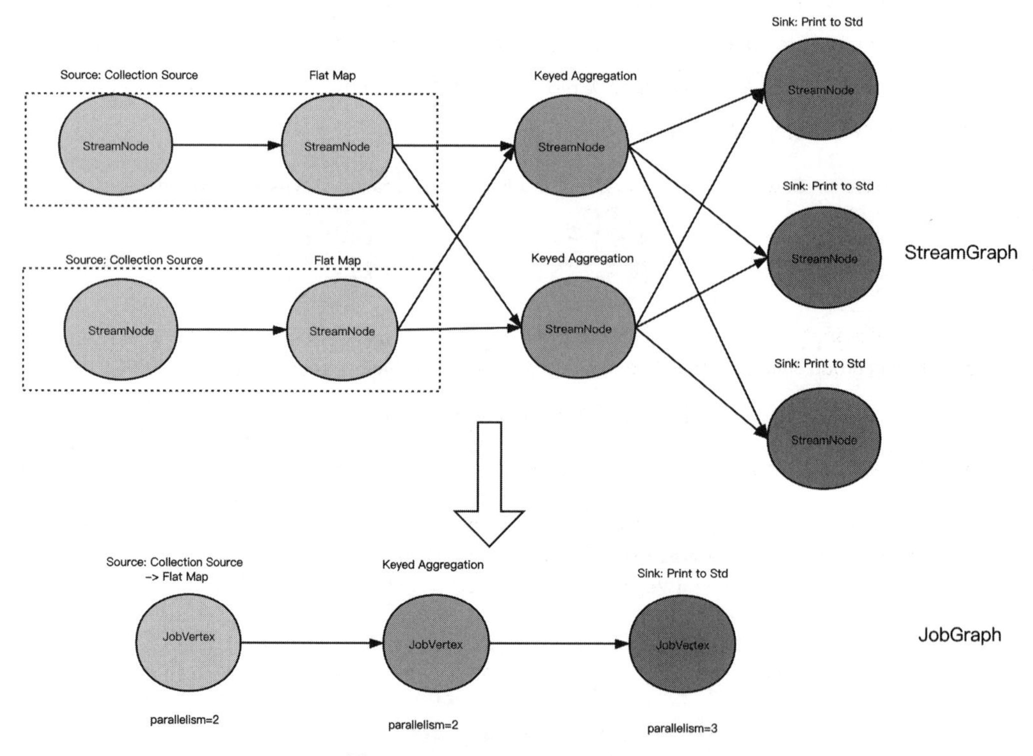

图 5-5 StreamGraph-WordCount-3

3. JobGraph 到 ExecutionGraph 的转换

ExecutionGraph 是 JobGraph 的并发版本，每个 JobVertex 对应 ExecutionJobVertex，ExecutionJobVertex 就是 JobVertex 增加一些执行信息的封装类。一个有 10 个并发的算子会生成 1 个 JobVertex、1 个 ExecutionJobVertex 和 10 个 ExecutionVertex。ExecutionVertex 代表一个并发的子任务，可以被执行一次或者多次，内部 Execution 对象表示执行状态。当然在 ExecutionGraph 内部也有 JobStatus 对象来记录整个作业的执行状态。ExecutionVertex 是通过 IntermediateResultPartition 来连接的。接着看上面 WordCount 的例子，JobGraph 转换为 ExecutionGraph 的过程如图 5-6 所示。

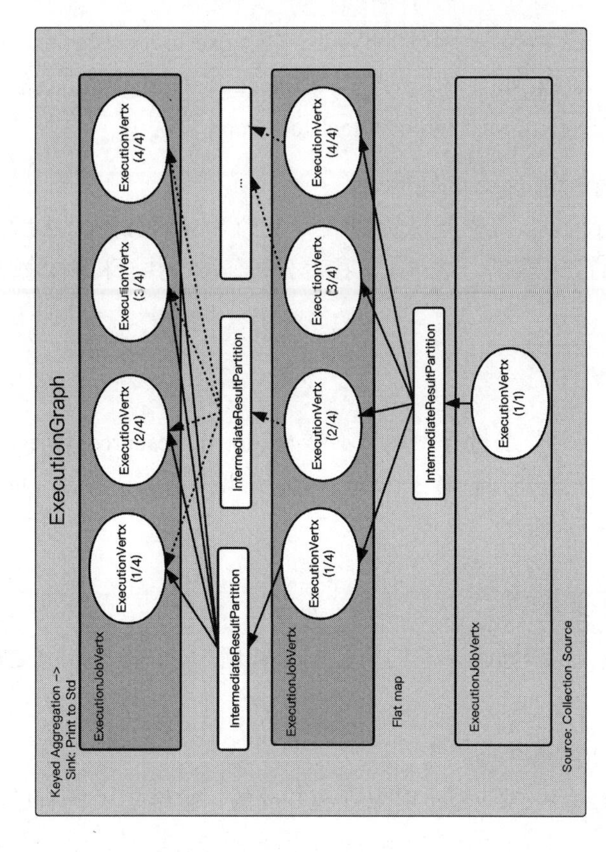

图 5-6　ExecutionGraph-WordCount

转换过程并不复杂，主要就是根据 JobVertex 构建 ExecutionJobVertex，根据 IntermediateDataSet 构建 IntermediateResult，构建入口在 ExecutionGraphBuilder 的 buildGraph 方法中，主要逻辑实现在 ExecutionGraph 的 attachJobGraph 方法中。

4. ExecutionGraph 到 Task 的转换

ExecutionGraph 到 Task 需要经过资源的分配即 Slot 的分配，然后部署。我们将在 5.3 节重点分析 Slot 的分配过程，在 5.4 节接着分析任务的执行机制，这里暂不展开。

5.3 Slot 分配

本节重点介绍 Slot 的分配过程。本节不涉及 Slot 在 ResourceManager 和 TaskManager 之间的申请过程，这些内容可以参考 3.1.3 节，这里假设所有需要的 Slot 都已经在 JobMaster 的 SlotPool 中申请好。

5.3.1 相关概念和实现类

下面看几个重要的逻辑角色，它们一起配合管理 Slot，而且相互之间有一些实现上的依赖或继承关系。

1. SlotManager 和 SlotPool

SlotManager 是 ResourceManager 用来管理 Slot 的，它维护了所有已经注册的 Slot 的状态及使用情况。而 SlotPool 是 JobManager 中用来服务 Slot 请求和分配的，当 Slot 不足时它会向 ResourceManager 请求更多的 Slot。SlotPool 即使在 ResourceManager 服务无法响应的时候也可以单独提供服务。它们之间的关系和交互如图 5-7 所示。

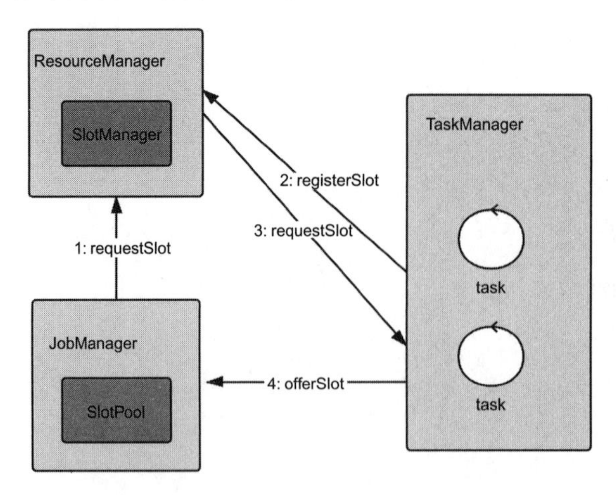

图 5-7　SlotManager 和 SlotPool

2. PhysicalSlot、LogicalSlot、MultiTaskSlot、SingleTaskSlot

PhysicalSlot 和 LogicalSlot 是用来抽象 Slot 概念的，而 MultiTaskSlot 和 SingleTaskSlot 是用来辅助 Slot 的分配而用到的包装类，不对应任何概念，进一步说，TaskSlot 的这两个实现类只是用来辅助共享 Slot 分配，如果没有设置 Slot 共享组，甚至不需要这两个类。

PhysicalSlot 表示物理意义上的 Slot，已经分配了唯一标识 AllocationID，拥有 TaskManagerGateway 等属性，可以用来部署任务。

LogicalSlot（见图 5-8）表示逻辑意义上的 Slot，一个 LogicalSlot 对应一个 Execution-Vertex 或任务，或者多个 LogicalSlot 对应一个 PhysicalSlot，表示它们共用同一个 Slot 执行。

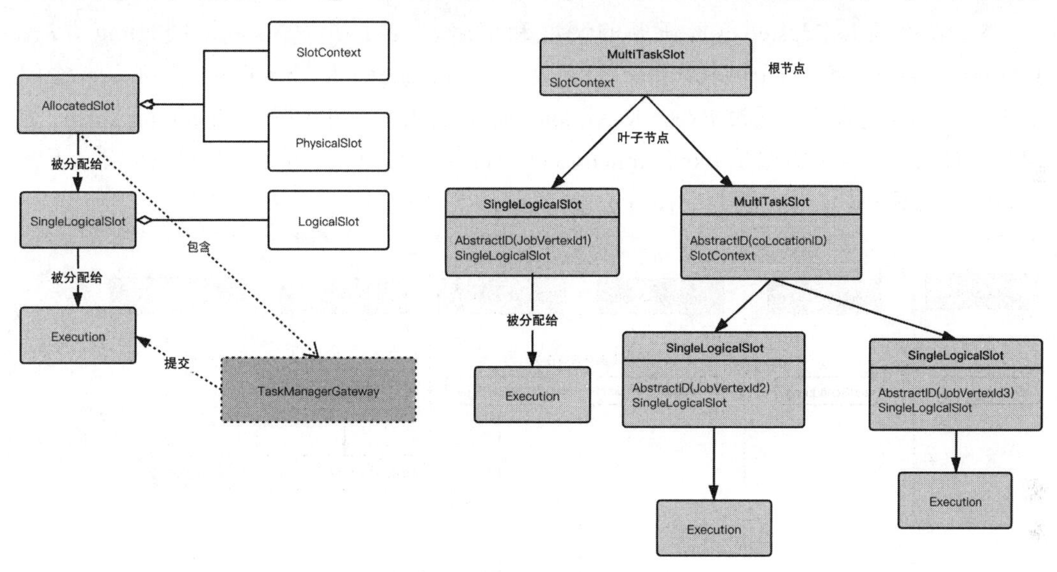

图 5-8 LogicalSlot

PhysicalSlot 唯一的实现类是 AllocatedSlot，LogicalSlot 的主要实现类是 SingleLogicalSlot，它们都实现了 tryAssignPayload 方法，也就是说，AllocatedSlot 可以装载一个 SingleLogicalSlot，SingleLogicalSlot 可以装载一个 Execution（Execution 表示 ExecutionVertex 的一次执行）。这里 payLoad 表示“被分配给”的意思，也就是说 Execution 会拥有一个 SingleLogicalSlot，而 SingleLogicalSlot 会拥有 AllocatedSlot。AllocatedSlot 包含 Slot 的物理信息，如 Task-ManagerGateway，可以用来执行一次 Execution。

MultiTaskSlot 是为了完成多个 LogicalSlot 对一个 PhysicalSlot 的映射而用到的工具类。MultiTaskSlot 和 SingleTaskSlot 的接口都是 TaskSlot。MultiTaskSlot 是一个树形结构，叶子节点就是 SingleTaskSlot，非叶子节点还是 MultiTaskSlot。树的根节点是 MultiTaskSlot，根节点会被分配一个 SlotContext，SlotContext 具体实现就是 AllocatedSlot，也就是 Physical-Slot。树的所有叶子节点都会共享这个 PhysicalSlot，而每个叶子节点 SingleTaskSlot 会

对应一个 SingleLogicalSlot，也就是 LogicalSlot，这样就可以利用该树形结构表达多个 LogicalSlot 对一个 PhysicalSlot 的映射。每个叶子节点都有唯一的 AbstractID，这个就是 JobVertexID，也就是说每个物理 Slot 节点上执行的任务都是不同的，不可能同一个任务的并发执行在相同的 Slot 上。

MultiTaskSlot 表示的是同一个 Slot 共享组下的 Slot 分配，这个是通过 SlotSharing-Manager 来保证的，每个 Slot 共享组都会唯一对应一个 SlotSharingManager。

5.3.2 Slot 申请流程

5.1 节提到 JobMaster 负责任务的调度和部署。入口方法是 startScheduling 方法，JobMaster 会委托给 LegacyScheduler 执行。LegacyScheduler 是 ExecutionGraph 的一个门面类，具体的实现还是通过 ExecutionGraph。作业的调度和部署是以 ExecutionVertex 为单位进行的。主要的方法是 ExecutionGraph 的 scheduleForExecution。下面先来看一下整个过程（见图 5-9），然后再对具体方法进行分析。

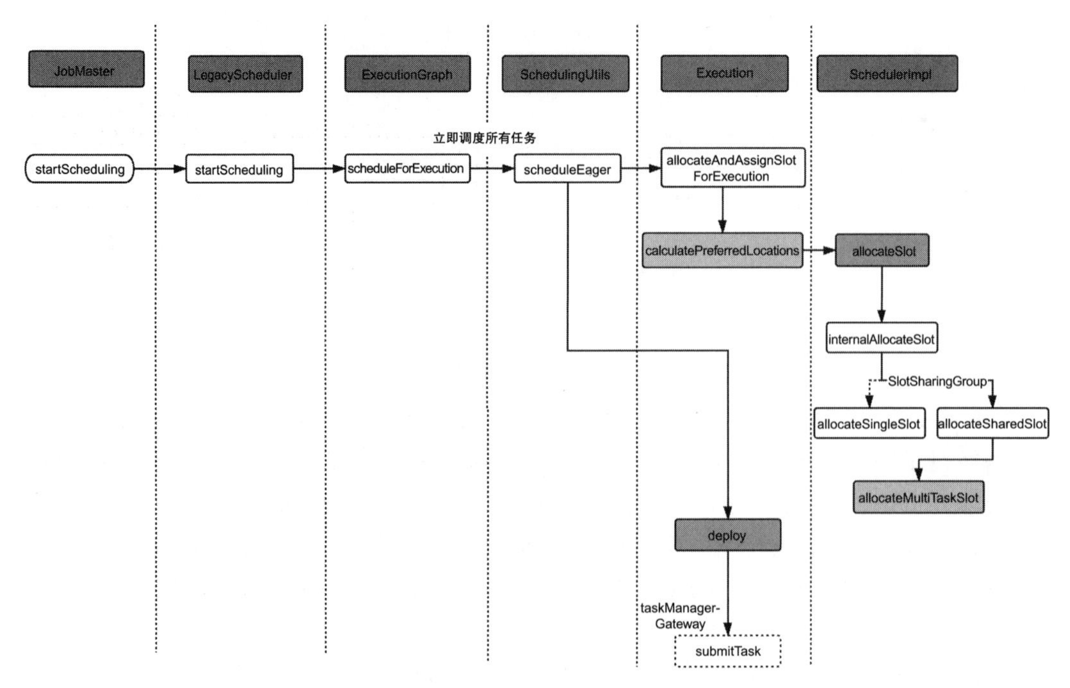

图 5-9 Slot-Allocate

SchedulingUtils 会根据 ScheduleMode 进入不同的方法，走不同的调度流程。Schedule-Mode 主要有以下几种。

❑ LAZY_FROM_SOURCES：下游的任务需要在上游结果产生的前提下进行调度，

一般用在离线的场景。

- LAZY_FROM_SOURCES_WITH_BATCH_SLOT_REQUEST：与 LAZY_FROM_SOURCES 基本一致，不同的是这种模式支持在 Slot 资源不足的情况下执行作业，但用户需要确保作业中没有 shuffle 操作。
- EAGER：立刻调度所有的任务，流任务一般采用这种模式。

SchedulingUtils 的 scheduleEager 方法源代码如下（省略了非关键步骤代码）：

```
public static CompletableFuture<Void> scheduleEager(
        final Iterable<ExecutionVertex> vertices,
        final ExecutionGraph executionGraph) {

    executionGraph.assertRunningInJobMasterMainThread();

    checkState(executionGraph.getState() == JobStatus.RUNNING,
        "job is not running currently");
    // 分配 Slot
    for (ExecutionVertex ev : vertices) {
        CompletableFuture<Execution> allocationFuture =
                ev.getCurrentExecutionAttempt().allocateResourcesForExecution(
                slotProviderStrategy,
                LocationPreferenceConstraint.ALL,
                allPreviousAllocationIds);

        allAllocationFutures.add(allocationFuture);
    }

    final ConjunctFuture<Collection<Execution>> allAllocationsFuture =
            FutureUtils.combineAll(allAllocationFutures);

    return allAllocationsFuture.thenAccept(
            (Collection<Execution> executionsToDeploy) -> {
                for (Execution execution : executionsToDeploy) {
                    try {
                        // 部署作业
                        execution.deploy();
                    } catch (Throwable t) {
                        throw new CompletionException(new FlinkException(
                                String.format("Could not deploy execution %s.",
                                    execution), t));
                    }
                }
    })
}
```

可以看到这个方法的最关键之处在于：

- allocateResourcesForExecution，也就是 Slot 的分配；

- execution.deploy()，也就是 Slot 分配好之后 Task 的部署。

我们先来看 allocateResourcesForExecution，该方法在分配之前会先调用 calculatePreferredLocations 方法来寻找 Slot 的位置偏好，接着进入 SchedulerImpl 类的 allocateSlot。SchedulerImpl 是 Slot 分配比较核心的类，它会根据是否有 Slot 共享组设置来调用不同的方法。一般情况下，即使用户层面不设置 Slot 共享组，Flink 也有默认的 Slot 共享组（默认为 default），因此我们主要来看 allocateSharedSlot 方法。allocateSharedSlot 方法的核心逻辑是分配 MultiTaskSlot，由图 5-8 可以看出，MultiTaskSlot 的树形结构能够很好地表达多个任务（或者说 LogicalSlot）分配同一个物理 Slot 的情况。allocateSharedSlot 的主要逻辑实现在 allocateMultiTaskSlot 中，我们来看其实现：

```java
private SlotSharingManager.MultiTaskSlotLocality allocateMultiTaskSlot(
        AbstractID groupId,
        SlotSharingManager slotSharingManager,
        SlotProfile slotProfile,
        boolean allowQueuedScheduling,
        @Nullable Time allocationTimeout) throws NoResourceAvailableException {

    Collection<SlotSelectionStrategy.SlotInfoAndResources> resolvedRootSlotsInfo =
            slotSharingManager.listResolvedRootSlotInfo(groupId);

    SlotSelectionStrategy.SlotInfoAndLocality bestResolvedRootSlotWithLocality =
            slotSelectionStrategy.selectBestSlotForProfile(resolvedRootSlotsInfo,
            slotProfile).orElse(null);

    final SlotSharingManager.MultiTaskSlotLocality multiTaskSlotLocality =
            bestResolvedRootSlotWithLocality != null ?
                    new SlotSharingManager.MultiTaskSlotLocality(
                            slotSharingManager.getResolvedRootSlot(
                                    bestResolvedRootSlotWithLocality.getSlotInfo()),
                            bestResolvedRootSlotWithLocality.getLocality())
                    :null;

    if (multiTaskSlotLocality != null && multiTaskSlotLocality.getLocality() ==
            Locality.LOCAL) {
        return multiTaskSlotLocality;
    }

    final SlotRequestId allocatedSlotRequestId = new SlotRequestId();
    final SlotRequestId multiTaskSlotRequestId = new SlotRequestId();

    Optional<SlotAndLocality> optionalPoolSlotAndLocality =
            tryAllocateFromAvailable(allocatedSlotRequestId, slotProfile);

    if (optionalPoolSlotAndLocality.isPresent()) {
```

```
            SlotAndLocality poolSlotAndLocality = optionalPoolSlotAndLocality.get();
            if (poolSlotAndLocality.getLocality() == Locality.LOCAL
                    || bestResolvedRootSlotWithLocality == null) {

                final PhysicalSlot allocatedSlot = poolSlotAndLocality.getSlot();
                final SlotSharingManager.MultiTaskSlot multiTaskSlot =
                        slotSharingManager.createRootSlot(
                                multiTaskSlotRequestId,
                                CompletableFuture.completedFuture(
                                    poolSlotAndLocality.getSlot()),
                                allocatedSlotRequestId);

                if (allocatedSlot.tryAssignPayload(multiTaskSlot)) {
                    return SlotSharingManager.MultiTaskSlotLocality.of(multiTaskSlot,
                            poolSlotAndLocality.getLocality());
                } else {
                    multiTaskSlot.release(new FlinkException(
                        "Could not assign payload to allocated slot "
                    + allocatedSlot.getAllocationId() + '.'));
                }
            }
        }

        if (multiTaskSlotLocality != null) {
            if (optionalPoolSlotAndLocality.isPresent()) {
                slotPool.releaseSlot(
                allocatedSlotRequestId,
                new FlinkException("Locality constraint is not better fulfilled by"
                    + "allocated slot."));
            }
            return multiTaskSlotLocality;
        }

        if (allowQueuedScheduling) {
            // 如果没有Slot，那么检查在Slot共享组中没有完成的Slot
            SlotSharingManager.MultiTaskSlot multiTaskSlot =
                    slotSharingManager.getUnresolvedRootSlot(groupId);

            if (multiTaskSlot == null) {
                final CompletableFuture<PhysicalSlot> slotAllocationFuture =
                        requestNewAllocatedSlot(
                                allocatedSlotRequestId,
                                slotProfile,
                                allocationTimeout);

                multiTaskSlot = slotSharingManager.createRootSlot(
                        multiTaskSlotRequestId,
                        slotAllocationFuture,
```

```
                    allocatedSlotRequestId);

            slotAllocationFuture.whenComplete(
                    (PhysicalSlot allocatedSlot, Throwable throwable) -> {
                final SlotSharingManager.TaskSlot taskSlot =
                        slotSharingManager.getTaskSlot(multiTaskSlotRequestId);

                if (taskSlot != null) {
                    // 还有效
                    if (!(taskSlot instanceof SlotSharingManager.MultiTaskSlot)
                            || throwable != null) {
                        taskSlot.release(throwable);
                    } else {
                        if (!allocatedSlot.tryAssignPayload(
                                ((SlotSharingManager.MultiTaskSlot) taskSlot))) {
                            taskSlot.release(new FlinkException(
                                    "Could not assign payload to allocated slot "
                                    + allocatedSlot.getAllocationId() + '.'));
                        }
                    }
                 } else {
                    slotPool.releaseSlot(
                            allocatedSlotRequestId,
                            new FlinkException("Could not find task slot with "
                                    + multiTaskSlotRequestId + '.'));
                }
            });
        }

        return SlotSharingManager.MultiTaskSlotLocality.of(multiTaskSlot, Locality.
            UNKNOWN);
    }
```

该方法的主要逻辑可分为以下几个步骤。

1）从 resolvedRootSlots 中寻找可共享、已分配 Slot 的 MultiTaskSlot，这里是否符合共享的过滤条件是所有节点的 groupId 都与当前需要分配的 groupId 不相同。这一点比较好理解，也就是同一个物理 Slot 上不能有相同的任务。

2）如果找到符合条件的 MultiTaskSlot，并且符合要求的位置偏好，那么直接返回。

3）如果没有找到可以共享的 MultiTaskSlot，那么从 slotPool 中分配一个 PhysicalSlot 出来，并且在符合位置偏好的情况下新生成一个 MultiTaskSlot，然后将新创建的 root MultiTaskSlot 作为 PhysicalSlot 的装载。

4）如果在步骤 3 中没有申请到新的 PhysicalSlot，那么检查 slotSharingManager 的 unresolvedRootSlots 中是否有符合要求的 MultiTaskSlot（这里的判断方法和步骤 1 是一样的），有则直接返回。

5）步骤 4 中如果没有符合要求的 MultiTaskSlot，那么 slotPool 会向 ResourceManager 请求新的 Slot，然后新建一个 MultiTaskSlot，装载之后返回。

这里 unresolvedRootSlots 指的是还未分配物理资源的 Slot（SlotContext 的 Future 还未完成）。

我们再来分析 calculatePreferredLocations 方法，看看 Slot 位置偏好的选择标准。calculate-PreferredLocations 方法的具体实现如下：

```
public CompletableFuture<Collection<TaskManagerLocation>>
        calculatePreferredLocations(LocationPreferenceConstraint
            locationPreferenceConstraint) {
    final Collection<CompletableFuture<TaskManagerLocation>> preferredLocationFutures =
            getVertex().getPreferredLocations();
    final CompletableFuture<Collection<TaskManagerLocation>> preferredLocationsFuture;

    switch(locationPreferenceConstraint) {
        case ALL:
            // 默认是 All，意思是前面的偏好列表都可以使用
            preferredLocationsFuture =
                FutureUtils.combineAll(preferredLocationFutures);
            break;
        case ANY:
            // 遍历所有的输入，只关注已经分配了的偏好位置
            final ArrayList<TaskManagerLocation> completedTaskManagerLocations =
                    new ArrayList<>(preferredLocationFutures.size());

            for (CompletableFuture<TaskManagerLocation> preferredLocationFuture:
                    preferredLocationFutures) {
                if (preferredLocationFuture.isDone()
                        && !preferredLocationFuture.isCompletedExceptionally()) {
                    final TaskManagerLocation taskManagerLocation =
                        preferredLocationFuture.getNow(null);

                    if (taskManagerLocation == null) {
                        throw new FlinkRuntimeException(
                        "TaskManagerLocationFuture was completed with null."
                            + "This indicates a programming bug.");
                    }

                    completedTaskManagerLocations.add(taskManagerLocation);
                }
            }

            preferredLocationsFuture = CompletableFuture.completedFuture(
                completedTaskManagerLocations);
            break;
        default:
```

```
            throw new RuntimeException("Unknown LocationPreferenceConstraint "
                    + locationPreferenceConstraint + '.');
    }

    return preferredLocationsFuture;
}
```

上面的实现是，先用ExecutionVertex的getPreferredLocations方法获取所有的偏好信息，然后根据偏好模式来选择偏好信息。locationPreferenceConstraint如果是All，那么就会拿到前面获取的所有偏好信息；如果是ANY，那么就只会选取已经分配好的偏好信息。我们接着来看看getPreferredLocations方法：

```
public Collection<CompletableFuture<TaskManagerLocation>> getPreferredLocations() {
    Collection<CompletableFuture<TaskManagerLocation>> basedOnState =
        getPreferredLocationsBasedOnState();
    return basedOnState != null ? basedOnState :
        getPreferredLocationsBasedOnInputs();
}
```

如果有历史状态，则直接拿历史状态的偏好信息（比如作业是从检查点恢复的，那么会将它上次的位置信息作为本次的位置偏好）；如果没有，则使用getPreferredLocations-BasedOnInputs获取的偏好信息。getPreferredLocationsBasedOnInputs的主要选择依据是：

- 若该ExecutionVertex没有上游（如Source），那么返回一个空的集合，表示没有位置偏好；
- 依据输入来选择位置偏好，但是如果某个输入的位置太多（超过8个不同的位置），那么该输入不能作为位置偏好依据。

总的来说就是依据已有的信息来选择；如果没有，那就依据上游的位置信息来选择。如果上游分布的范围很广，那么位置信息就没有参考价值，选任何一个位置都没有太大影响。

5.3.3 任务部署

经过上面的Slot申请之后，就可以进行部署工作了。部署的主要逻辑在Execution的deploy方法中，实现如下：

```
public void deploy() throws JobException {
    assertRunningInJobMasterMainThread();

    final LogicalSlot slot = assignedResource;

    // 去掉了非核心逻辑代码
```

```
    try {

        final TaskDeploymentDescriptor deployment = TaskDeploymentDescriptorFactory
            .fromExecutionVertex(vertex, attemptNumber)
            .createDeploymentDescriptor(
                    slot.getAllocationId(),
                    slot.getPhysicalSlotNumber(),
                    taskRestore,
                    producedPartitions.values());

        // 赋空，方便 GC
        taskRestore = null;

        final TaskManagerGateway taskManagerGateway = slot.getTaskManagerGateway();

        final ComponentMainThreadExecutor jobMasterMainThreadExecutor =
            vertex.getExecutionGraph().getJobMasterMainThreadExecutor();

        CompletableFuture
            .supplyAsync(() -> taskManagerGateway.submitTask(deployment,
                rpcTimeout), executor)
            .thenCompose(Function.identity())
            .whenCompleteAsync((ack, failure) -> {
                // 只响应失败的案例
                if (failure != null) {
                    if (failure instanceof TimeoutException) {
                        String taskname = vertex.getTaskNameWithSubtaskIndex()
                                + " (" + attemptId + ')';

                        markFailed(new Exception(
                                "Cannot deploy task " + taskname
                                    + " - TaskManager ("
                                + getAssignedResourceLocation()
                                + ") not responding after a rpcTimeout of "
                                + rpcTimeout, failure));
                    } else {
                        markFailed(failure);
                    }
                }
            },
            jobMasterMainThreadExecutor);

    }
    catch (Throwable t) {
        markFailed(t);
        ExceptionUtils.rethrow(t);
    }
}
```

整个过程比较清楚，就是拿到分配的 Slot 构造 TaskDeploymentDescriptor，然后通过 TaskManagerGateway 进行提交。TaskDeploymentDescriptor 包装了执行任务所需的大部分信息，其中的信息都经过了序列化。下一节就来具体分析提交之后的过程。

5.4 任务执行机制

本节主要介绍任务的执行机制和 MailBox 线程模型。如果没有特别说明，本节中的所有分析都是基于流任务的。

5.4.1 任务执行过程

5.3 节介绍了 Slot 的分配，ExecutionVertex 在经过 Slot 分配之后进行部署，TaskManager 会收到 submitTask 的请求，启动并执行任务。入口代码在 TaskExecutor 的 submitTask 方法中。我们根据图 5-10 来看一下整个过程。

（1）初始化 StreamTask

在任务启动之后构造 StreamTask，并调用其中的 invoke 方法。StreamTask 是流作业的执行基类，是调度和执行的基本单元和实现类。StreamTask 会运行我们的算子，算子可能以算子串的形式存在。StreamTask 最重要的方法是 invoke 方法。invoke 方法主要完成以下几项内容。

1）初始化 stateBackend，加载 operatorChain。

2）执行 init 方法。该方法是个抽象方法，每个具体的 StreamTask 类都有不同的实现。StreamTask 的主要实现类有 OneInputStreamTask（一个输入的任务）和 SourceStreamTask（source 处的任务）。对于 OneInputStreamTask 来说，init 的主要工作是构建 InputGate，用来消费分区的数据。

3）初始化算子的状态（从检查点恢复数据），然后打开所有的算子。这里最终会调用 ProcessFunction 的 open 方法，也就是用户实现的函数的 open 方法。

4）开始运行算子，也就是图 5-10 中的步骤 2。在输入数据处理完成后，进入 close 流程。

5）关闭过程主要包括：timerService（用来注册 Timer）停止服务；关闭所有的算子；清空所有缓存的数据；清理所有的算子。该方法是用来释放资源的，比如关闭 stateBackend。

6）执行一个 finally 步骤，包括停止 timerService，停止异步检查点进程，做些清理工作，以及关闭 recordWriter。

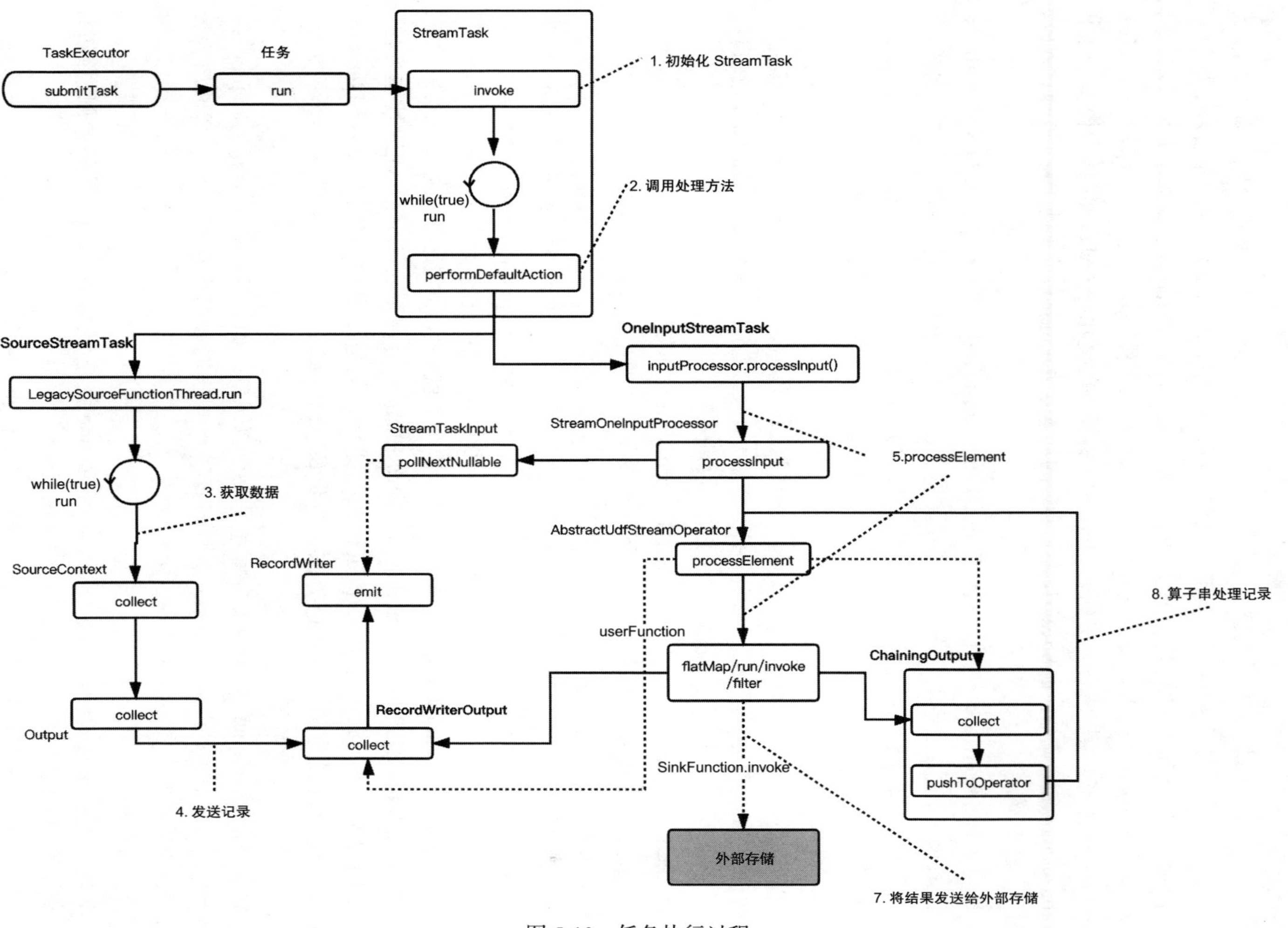
TaskExecutor
submitTask
任务
run
StreamTask
invoke
1. 初始化 StreamTask
while(true)
run
2. 调用处理方法
performDefaultAction
SourceStreamTask
OneInputStreamTask
inputProcessor.processInput()
LegacySourceFunctionThread.run
StreamTaskInput
StreamOneInputProcessor
pollNextNullable
processInput
5.processElement
while(true)
run
3. 获取数据
AbstractUdfStreamOperator
SourceContext
RecordWriter
processElement
collect
emit
8. 算子串处理记录
userFunction
ChainingOutput
flatMap/run/invoke
/filter
collect
RecordWriterOutput
collect
Output
collect
SinkFunction.invoke
pushToOperator
4. 发送记录
外部存储
7. 将结果发送给外部存储

图 5-10　任务执行过程

（2）执行处理方法

看过Flink早期版本代码的读者看到performDefaultAction方法可能会感到疑惑，怎么增加了这样一个方法？Flink的早期版本（如1.4版本）中StreamTask的run方法是个抽象方法，不同的实现类有不同的实现；而在我们分析的1.9版本中，run方法变成了具体方法，把performDefaultAction拿出来让各实现类实现。简单看一下代码就会发现，1.9版本增加了一个mailbox变量，这就是稍后会讲到的Flink对线程模型的优化——MailBox线程模型。这里performDefaultAction就是各个StreamTask要实现的具体方法，也就是算子的主要工作流程入口。

（3）拉取数据

我们来看StreamTask的一个具体实现：SourceStreamTask。SourceStreamTask的performDefaultAction（该方法也有一些与MailBox有关的逻辑，可以忽略，只需关注主要过程）经过一系列的调用最终会启动SourceFunction的run方法。对于流任务的Source来说，SourceFunction是一个无限循环的函数，永不休止地进行数据的消费或者生产。

（4）发送数据

数据在SourceFunction中产生之后，主线程会调用sourceContext进行收集，并经过Output接口实现类将其发送到网络端或下游算子。在图5-10中有两个Output的接口实现类，分别是RecordWriterOutput和ChainingOutput。

- RecordWriterOutput：将数据通过RecordWriter发送出去。
- ChainingOutput：将数据推送到下一个算子，主要出现在算子串中。

（5）处理数据

我们来看StreamTask另一个经常使用的具体实现：OneInputStreamTask。OneInputStreamTask的performDefaultAction方法就是调用StreamOneInputProcessor的processInput，然后进一步调用算子的processElement。图5-10中给出的是我们比较常见的一个算子基础类AbstractUdfStreamOperator。顾名思义，这个类就是可以接受用户定义函数（UDF）的算子类。AbstractUdfStreamOperator的processElement会调用userFunction的具体方法，也就是用户实现的方法。这对于MapFunction来说，就是调用Map方法；对于FlatMapFunction来说，就是调用FlatMap方法；对于SinkFunction来说，就是调用invoke方法。

（6）算子串处理数据

如果当前OneInputStreamTask的算子是一个算子串，那么经过第一个算子的processElement方法之后，ChainingOutput会调用collect方法把数据推送到下一个算子，然后接着经过下一个算子的processElement方法。

（7）将数据发送到外部

如果当前算子是StreamSink，那么userFunction就是SinkFunction，最终会调用SinkFunction的invoke方法，把数据发送到外部系统。

上面的过程还是比较抽象，下面以WordCount处理一条数据为例来看看任务是怎么执行的，如图5-11所示。

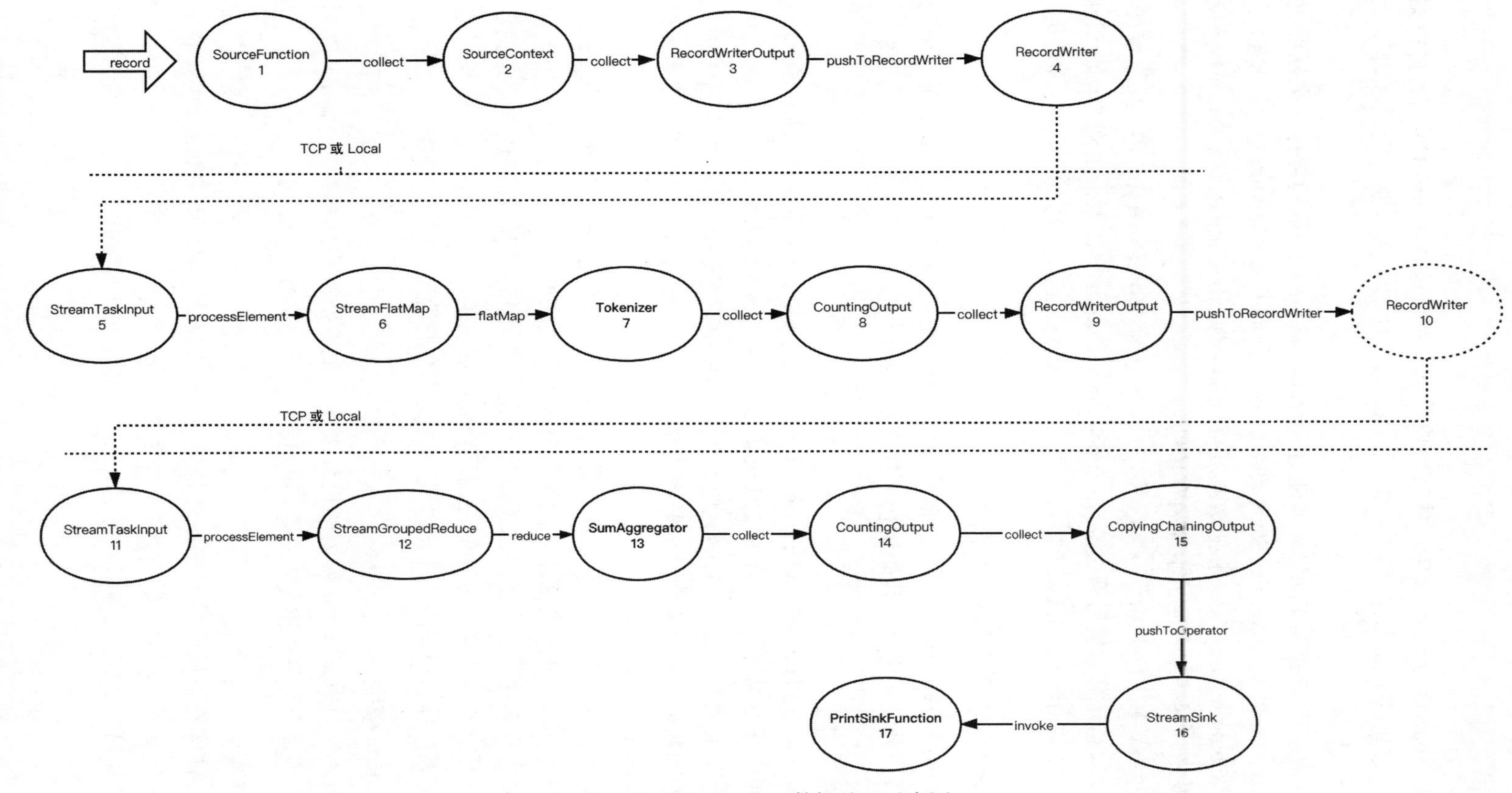

图 5-11 WordCount 数据处理示意图

首先在 SourceFunction 处生成或者拉取数据，然后通过 SourceContext 将数据收集到 Output 中，这里的 Output 是 RecordWriterOutput，这样数据会通过网络或者本地的方式被发送到一个任务中。

下一个任务，这里是 FlatMap，通过 StreamTaskInput 获取到数据，数据经过算子调用 map 函数，也就是 Tokenizer 处理之后，被收集到 CountingOutput（只起到计数的作用），接着 CountingOutput 转手把数据给了 RecordWriterOutput，由 RecordWriterOutput 再把数据发送到网络或者通过本地内存传输。

经过网络传输（稍后介绍）和数据的重新分区，StreamGroupedReduce 算子拿到了数据，进行求和计算，然后通过 CopyingChainingOutput 把数据推送到 StreamSink 算子，由 StreamSink 调用 userFunction 也就是 PrintSinkFunction 将数据打印到标准输出。

5.4.2 MailBox 线程模型

MailBox 线程模型是 Flink 1.9 版本引入的任务线程模型，它对早期版本中的简单线程模型进行了升级，优化了代码结构，提高了运行效率。

1. 改进理由

为什么要对 StreamTask 的线程模型进行优化？ Flink 1.9 版本的代码已经经过部分的改造，不能很好地说明问题，下面以 Flink 1.4 版本代码为例来说明。

StreamTask 内部有一个 Object 类型的锁变量 lock，该变量会在多个地方用到，用来同步算子处理数据和检查点、定时器触发等操作。（为什么需要同步呢？读者可以自己思考下。）我们通过图 5-12 来看看。

StreamTask 的锁变量被多个地方引用和使用，而且还通过 SourceContext 的 API 暴露给了用户。Flink 1.4 及之前版本的实现有以下不足之处：

- 锁对象在多个类中传递和使用，代码的可读性和后期的维护成本都是问题，而且后续开发的功能容易因锁的使用不当而出现问题。
- 把框架内部的锁暴露给用户，这不是一个好的设计。

2. MailBox 模型

MailBox 模型借鉴 Actor 模型的设计理念，把需要同步的行为（action）放到一个队列或者消息容器里，然后单线程顺序获取行为，最后执行。

3. 具体实现

对于具体实现，最简单的想法就是通过一个阻塞队列实现。Flink 1.9 版本是用一个 ringBuffer 的 Runnable 数组缓存行为，然后实现 take 或 put 相关方法。这里我们看看 Flink 1.10 版本的实现（该版本在本书发售之前已经发布，并且这部分代码已经比较完善）。

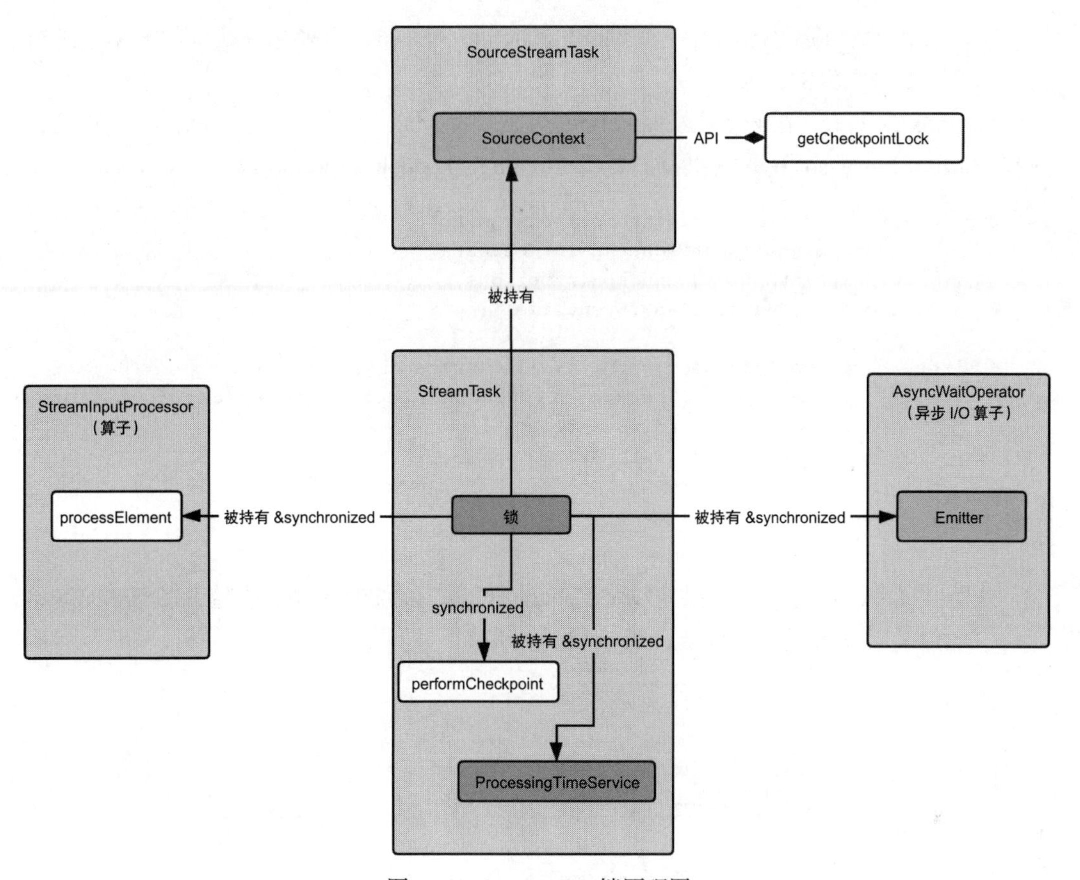

图 5-12 StreamTask 锁原理图

Flink 1.10 版本中引入了更多的相关类来达到更好的扩展性。MailboxProcessor 是核心门面类，提供了主线程入口方法 runMailboxLoop：

```
public void runMailboxLoop() throws Exception {
    // 去掉了无关代码
    while (processMail(localMailbox)) {
        // 锁默认已经被获取
        mailboxDefaultAction.runDefaultAction(defaultActionContext);
    }
}
```

该方法的主要工作是处理 MailBox 消息。如果全部处理完成，并且当前有输入数据或结果数据可以写出，那么执行默认行为，即调用算子的数据处理方法。

MailboxProcessor 内封装了 MailBox 的核心实现 TaskMailbox，具体实现可以认为就是 BlockingQueue，用来存放 Mail（内部封装了具体的行为，比如检查点行为）。

MailboxProcessor 内部还有一个 MailboxDefaultAction，用来存放默认的数据处理行为，即算子处理数据的行为。

MailboxExecutor 用来对外暴露 submit 方法（将 Mail 放到 TaskMailbox 里），它被存放在 MailboxProcessor 中。这里我们看看 StreamTask 的 checkpoint 方法：

```
public Future<Boolean> triggerCheckpointAsync(
        CheckpointMetaData checkpointMetaData,
        CheckpointOptions checkpointOptions,
        boolean advanceToEndOfEventTime) {

    return mailboxProcessor.getMainMailboxExecutor().submit(
            () -> triggerCheckpoint(checkpointMetaData, checkpointOptions,
                advanceToEndOfEventTime),
            "checkpoint %s with %s",
            checkpointMetaData,
            checkpointOptions);
}
```

这里将 checkpoint 方法包装成一个 Callable，放到 TaskMailbox 中，供随后在 runMailbox-Loop 方法中取出来执行（可以结合图 5-13 来理解）。

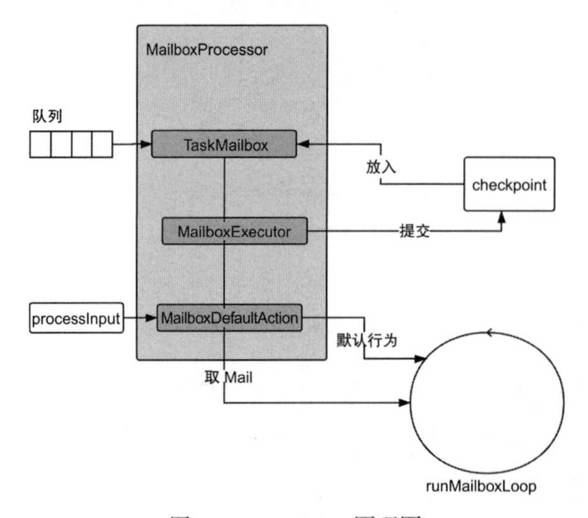

图 5-13 MailBox 原理图

4. 与遗留 Source 的兼容问题

看 MailBox 相关代码的读者可能会看到这样的代码：

```
actionExecutor.runThrowing(() -> {

    if (checkpointOptions.getCheckpointType().isSynchronous()) {
```

```
            setSynchronousSavepointId(checkpointId);

            if (advanceToEndOfTime) {
                advanceToEndOfEventTime();
            }
        }

    });
```

这段代码出现在 StreamTask 的 performCheckpoint 方法中，查看其他方法还会发现变量 actionExecutor 的踪迹。那么 actionExecutor 变量是做什么的呢？actionExecutor 主要是为了兼容以前的 getCheckpointLock 方法而引入的辅助类，用来兼容历史遗留的同步锁被传入 SourceContext 的情况。除此之外，SourceStreamTask 的 processInput 也有特别的地方：

```
protected void processInput(MailboxDefaultAction.Controller controller) throws
    Exception {

    controller.suspendDefaultAction();
    sourceThread.setTaskDescription(getName());
    sourceThread.start();
    sourceThread.getCompletionFuture().whenComplete(
            (Void ignore, Throwable sourceThreadThrowable) -> {
        if (sourceThreadThrowable == null || isFinished) {
            mailboxProcessor.allActionsCompleted();
        } else {
            mailboxProcessor.reportThrowable(sourceThreadThrowable);
        }
    });
}
```

方法 controller.suspendDefaultAction() 会导致 MailBox 不再进行对默认行为的调用（一直进行 processMail 处理，因为 isDefaultActionUnavailable 方法返回 true），也就是该 processInput 方法只会进来一次，这和我们的直观理解不相符。这同样是历史遗留问题，看 SourceFunction 的代码会发现，SourceFunction 一般是新启动一个线程，并且会无限循环地获取或者生产数据，这会导致 SourceStreamTask 的 processInput 无法返回主线程或者第二次调用不合法。当然 Flink 社区正在不断优化改进 Source 的问题，具体可以参考 FLIP-27。

5.5 本章小结

本章主要介绍了任务提交的整个流程，对流程中的每个阶段都进行了深入分析和详细梳理，其中与 Flink 主要角色的交流通信可结合第 3 章来对照阅读。通过第 3 章和本章的学习，读者对 Flink 运行时应该有了一个整体认识，心中有了一个整体架构，再看其他章节时就会有一种补充细节和扩展功能接口的感觉了。

Chapter 6 第 6 章

Flink 网络栈

Flink 网络栈是 Flink 中数据传输的重要组成部分，主要包括内存管理、数据 shuffle、反压实现等内容。本章可以帮助读者了解 Flink 中的运行时核心内容，分别讲解了内存管理、网络传输及流批一体的 shuffle 架构等。

6.1 内存管理

内存管理贯穿于 Flink 中的各个部分，在网络栈的实现中，内存管理主要针对内存中的 NetworkBuffer 区域。本节将系统地梳理 Flink 整体的内存管理机制，为下文的网络数据传输做好铺垫。

TaskManager 中内存的划分

我们常见的 Java 程序依托于 JVM 进行内存的管理、创建对象、在垃圾回收时进行内存回收，但也饱受 Java 的垃圾回收困扰，其中一大原因是在计算的场景中，大部分对象是临时产生的，很快就会被销毁，这加大了垃圾回收的压力。因此很多大数据框架走上了自己管理内存的道路，Flink 即是如此。

在 Flink 中，在启动任务时会通过 -tm 参数指定 TaskManager 的内存大小，会向 YARN（下文讨论时均以 On YARN 模式举例，其他资源管理框架的行为模式也类似）申请指定内存大小的容器)，在启动容器之前会根据内存的配置计算各个内存块的大小。

TaskManager 的内存划分主要分为下面两个阶段。

第一阶段：在向 YARN 申请容器之后，根据参数配置容器的启动进程参数，主要是确定进程的堆大小和directMemory的大小，这由两个参数确定：-Xmx和-XX:Max-DirectMemorySize。

第二阶段：在容器启动后，启动TaskManager时进行Flink内部管理的内存划分，根据用户的配置，预先将内存块申请好进行池化处理，第一步只进行内存切分的计算，第二步在启动Worker时进行内存的细化切分。

1. TaskManager进程启动参数

YARN启动容器时通过上下文构建容器进程的启动脚本，其中涉及内存参数的计算，代码段可参考ContaineredTaskManagerParameters#create：

```
//（1）计算需要给容器预留的内存
final long cutoffMB = calculateCutoffMB(config, containerMemoryMB);

//（2）将剩余的内存分为Heap和Off heap 两部分
final long heapSizeMB = TaskManagerServices.calculateHeapSizeMB(
    containerMemoryMB - cutoffMB, config);
final long offHeapSizeMB = containerMemoryMB - heapSizeMB;
```

- 计算需要从容器总体内存预留的内存，设置参数containerized.heap-cutoff-ratio，最小值受containerized.heap-cutoff-min参数控制，这块内存预留给JVM使用，是一个经验值，主要作用是因在JVM中有一些非堆的内存开销，预留内存大小，防止内存超用后被杀掉。
- 从减去预留内存后剩下的内存中，通过比例或者指定的网络缓存的个数计算出网络缓存块的大小，网络缓存块在堆内模式和堆外模式下都是使用堆外内存。
- 总内存减去网络缓存及预留内存得到堆内存大小，堆内存与Flink其他管理的内存大小合起来称为heapAndManaged。
- 如果是堆内模式，得到的参数就是堆内存大小；如果是堆外模式，那么还要将得到的heapAndManagedMemory减去taskmanager.memory.size或者taskmanager.memory.fraction指定的大小，从而得到最终的堆内存大小。
- 最终由containerMemoryMB减去heapSizeMB得到MaxDirectMemorySize的大小。

图6-1和图6-2所示分别为堆内模式和堆外模式下的内存分布情况。

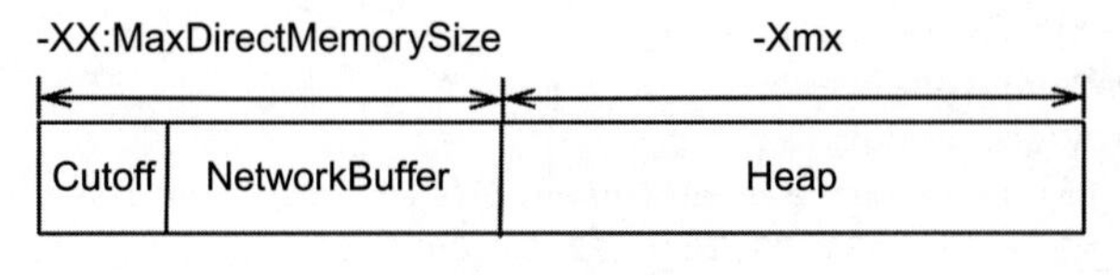

图6-1　堆内模式

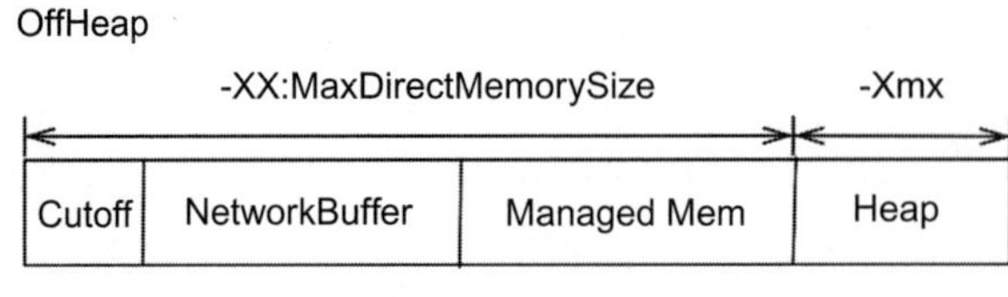

图 6-2 堆外模式

两者的区别就在于，Managed Memory 是放在堆内还是放在堆外。如果是堆内模式，那么在计算完 Cutoff 和 NetworkBuffer 的内存后，剩下的内存就全部是堆内内存的大小。如果是堆外模式，那么在计算完 Cutoff 和 NetworkBuffer 的内存后，再 减去 Managed Memory 才是堆内存的大小。这里我们提到的 NetworkBuffer 的内存，可以理解成在每一个 TaskManager 上专门开辟的一块内存，用作两个远程 TaskManager 之间的数据交换缓存区，这是一个有界的缓存池，后文会重点介绍。

通常可以通过设置相关的参数启动一个 Flink 作业，通过查看 TaskManager 的启动参数来验证这段逻辑。下面举个实际的例子，启动时将 TaskManager 内存大小设置为 1024MB。

参数：

```
containerized.heap-cutoff-ratio: 0.2f
containerized.heap-cutoff-min: 600
taskmanager.memory.off-heap: true
taskmanager.network.memory.fraction: 0.1f
taskmanager.network.memory.min: 64mb
taskmanager.network.memory.max: 1gb
taskmanager.memory.fraction: 0.7f
```

最终启动命令：

```
yarn      46218  46212  1 Jan08 ?        00:17:50
/home/yarn/java-current/bin/java
-Xms109m -Xmx109m -XX:MaxDirectMemorySize=915m -verbose:gc -XX:+PrintGCDetails
    -XX:+PrintGCDateStamps
-XX:+UseGCLogFileRotation -XX:NumberOfGCLogFiles=2 -XX:GCLogFileSize=512M
-Xloggc:/data1/hadoopdata/nodemanager/logdir/application_1545981373722_0172/
    container_e194_1545981373722_0172_01_000005/taskmanager_gc.log
-XX:+UseConcMarkSweepGC
-XX:CMSInitiatingOccupancyFraction=75
-XX:+UseCMSInitiatingOccupancyOnly
-XX:+AlwaysPreTouch -server
-XX:+HeapDumpOnOutOfMemoryError
-Dlog.file=/data1/hadoopdata/nodemanager/logdir/application_1545981373722_0172/
    container_e194_1545981373722_0172_01_000005/taskmanager.log
-Dlogback.configurationFile=file:./logback.xml
```

```
-Dlog4j.configuration=file:./log4j.properties org.apache.flink.yarn.YarnTaskManager
--configDir.
```

从设置的进程内存大小1024MB以及上面的一系列参数，我们可以计算出TaskManager启动时的堆内内存和堆外内存的大小。计算过程如下：

1024MB – Math.max(1024MB × 0.2, 600MB) = 424MB–cutoff（需要预留的内存）

其中，0.2为containerized.heap-cutoff-ratio设置的cutoff比例；600MB为最小cutoff的大小，受containerized.heap-cutoff-min参数控制。

424MB – Math.max(424MB * 0.1, 64MB) = 360MB（网络缓存大小）

360MB * (1 – 0.7) = 108MB（堆内内存大小）

1024MB – 108MB = 916MB（堆外内存大小）

可以看到计算结果与TaskManager的启动参数吻合，另外从以上结果还可以看到，如果用户开启了堆外内存的选项，那么默认比例70%~80%的内存会分配给堆外内存，交由Flink管理。堆内预留的比例相对较小，如果程序中使用了一些数据结构来缓存数据，则需要考虑这部分内存占用，适当增加堆内内存的比例以防止出现堆内OOM（内存溢出）的问题。

2. NetworkBuffer Pool

上面说到TaskManager的内存划分为两个阶段：一个是在启动前用以确定TaskManager的内存参数，另一个是在启动时按照划分的比例进行NetworkBuffer的申请及Managed Memory的预先申请。

首先在创建ShuffleEnvironment（网络运行环境）时会采用与启动前一致的计算方式申请NetworkBuffer。

```
for (int i = 0; i < numberOfSegmentsToAllocate; i++) {
    availableMemorySegments.add(MemorySegmentFactory
        .allocateUnpooledOffHeapMemory(segmentSize, null));
}
public static MemorySegment allocateUnpooledOffHeapMemory(int size, Object owner) {
    ByteBuffer memory = ByteBuffer.allocateDirect(size);
    return wrapPooledOffHeapMemory(memory, owner);
}
public static MemorySegment wrapPooledHeapMemory(byte[] memory, Object owner) {
    return new HybridMemorySegment(memory, owner);
}
```

通过ByteBuffer.allocateDirect()直接分配堆外内存（direct memory），然后将其封装成HybridMemorySegment。Flink中管理的内存都是以MemorySegment形式存在的，MemorySegment有HybridMemorySegment和HeapMemorySegment两种形式，HybridMemory-

Segment 支持将堆内和堆外内存包装成内存段（segment）来使用。

在创建 HybridMemorySegment 后，会记录内存的起始地址、长度等信息，后续的数据存储和提取都通过 Unsafe 工具直接操作内存。在创建完 TaskManager 整体的 NetworkBuffer Pool 之后，会切分出 LocalBufferPool 供每个 Task 使用，下一节我们将具体介绍这部分内容。

3. MemoryManager

在申请完网络栈所需的内存之后，会创建一个 MemoryManager，用来管理 Managed Memory。

在堆内模式下，Managed Memory 是在堆上分配的。先进行一次 System.gc()，通过 java.lang.Runtime 估算空闲的堆的大小，再乘以 Managed Memory 的比例得到 Managed Memory 的大小。而在堆外模式下则与图 6-2 中指定的一样，具体细节可以参见 TaskManagerServices#createMemoryManager。在 MemoryManager 中存在一个 MemoryPool，HybridHeapMemoryPool 和 HybridOffHeapMemoryPool 对应于堆内和堆外两种模式下的内存池实现，堆外模式的内存池在初始化时通过 this.availableMemory.add(ByteBuffer.allocateDirect(segmentSize)) 分配堆外内存，堆内模式的内存池通过 this.availableMemory.add(new byte[segmentSize]) 直接预分配 byte 数组。MemoryManager 所管理的内存主要用于批模式中的 sort、shuffle、join 算法，这里不展开叙述，在流模式下主要还是使用 NetworkBuffer 的内存块。

6.2 网络传输

6.1 节主要介绍了 Flink 的内存管理，其中提到预分配的 NetworkBuffer 主要用作上下游数据传输中的网络缓存块。本节就来介绍 Flink 中的网络传输是如何实现的。

6.2.1 什么是 Flink 网络栈

Flink 网络栈是 Flink 中的核心组件，是 flink-runtime 模块的一部分。它连接了所有 TaskManager 中独立的工作单元（subtask）。这是数据交换的核心部分，任务的吞吐量和延迟都与它息息相关，可以说 Flink 的网络栈决定了 Flink 框架本身性能的好坏。不同于 TaskManager、JobManager 之间通信所使用的 Akka RPC 框架，Flink 网络栈采用了更底层的网络 API，使用的是 Netty 框架。

它抽象了以下三个概念的不同设置。

（1）Subtask output type (ResultPartitionType)：工作单元的输出类型。

- pipelined (bounded or unbounded)：上游一产生数据，就一条条地往下游发送，作

为有界或无界的数据流。

- blocking：直到上游的全部结果就绪才向下游发送数据。

（2）Scheduling type

- all at once (eager)：同时部署所有的工作单元（流式应用采用这种模式）。
- next stage on first output (lazy)：当上游的生产者开始有输出结果的时候，才开始部署下游的工作单元，是一种 lazy 模式。
- next stage on complete output：在上游的数据全部就绪之后才开始部署下游的工作单元。

（3）Transport

- high throughput：不采用一条条地发送数据的模式，Flink 缓存一批数据到网络缓存中，攒批发送。这种方式减少了网络开销的单条边际成本，带来了高吞吐量。
- low latency via buffer timeout：通过调低发送数据的间隔，牺牲一定的吞吐量以获得更低的延迟。

工作单元的输出类型和调度类型是紧密交织在一起的，两者的特定组合才有效。Pipelined result partition 是流式的输出，流式输出需要将数据发送到一个正在工作的工作单元，因此目标任务就需要在上游结果下发之前或者在任务启动之初完成部署。批作业产出有限的结果，而流式作业产出无限的结果。

为了理解真实的数据流转，我们假想一个有 4 个并发的任务，部署在两个分别有 2 个 Slot 的 TaskManager 上。在 Flink 中，不同的任务可能会共享同一个 Slot，通过 Slot 共享组机制，一个 TaskManager 可以提供多个 Slot 来运行一个任务的多个工作单元。

TaskManager 1 运行工作单元 A.1、A.2、B.1 和 B.2，而 TaskManager 2 运行工作单元 A.3、A.4、B.3 和 B.4。假设 A 和 B 之间的 shuffle 方式是 keyBy()，这样在每一个 TaskManager 上都有 2×4 个逻辑连接，有些走本地传输，有些是通过网络传输，如图 6-3 所示。

	B.1	B.2	B.3	B.4
A.1	local		remote	
A.2				
A.3	remote		local	
A.4				

图 6-3 工作单元部署

不同任务之间的每个（远程）网络连接都将在 Flink 网络栈中获得自己的 TCP 通道，如果同一个任务的不同工作单元被调度到同一个 TaskManager 上，那么它们将复用 TCP 连接用于连接远程 TM（多路复用）。在我们的例子中，A.1 → B.3、A.1 → B.4 以及 A.2 → B.3、A.2 → B.4 将会复用一个 TCP 连接，如图 6-4 所示。每个工作单元的输出被称作 ResultPartition，每个 ResultPartition 又根据下游输出结果的不同分区被细分为 ResultSubPartition，与下游的 inputChannel 一一对应。在这个阶段，Flink 已经不再单独处理每条记录了，而是将一组序列化完的数据打包并复制到 NetworkBuffer 中，然后经由 Netty 传输到下游算子。

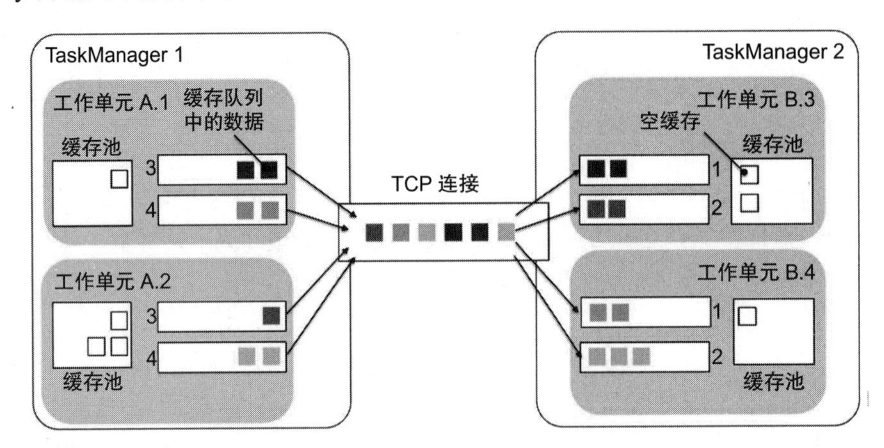

图 6-4　数据交换

6.2.2　非流控模型的网络传输流程

1. 发送端

我们在编写 Flink 程序的时候，通常会在处理完数据之后直接调用 output.collect()，就算把数据发送给下游了，那么真正的传输过程在代码中的流转路径是怎样的呢？

（1）output.collect()

程序首先会调用 output.collect() 将数据向下游发送。

（2）RecordWriter

RecordWriter 是程序最终会调用的用于写数据的类，它主要包含以下方法：

```
sendToTarget(T record, int targetChannel)
broadcastEvent(AbstractEvent event)
flush()
```

sendToTarget 方法将数据发送给下游的指定通道，具体发送给哪个通道取决于数据的 shuffle 方式。RecordWriter 内部还有 emit()、broadcast()、randomEmit() 等方法。

整个发送数据的流程如下：

1）将数据序列化成 byte 数组；

2）将序列化后的数据由堆内存中复制至内存块中；

3）数据由异步线程或缓存写满后添加至subpartition队列中。

整体的调用栈如下：

```
RecordWriter#sendToTarget => SpanningRecordSerializer#addRecord =>
    SpanningRecordSerializer#setNextBuffer => RecordWriter#flush =>
    ResultPartitionWriter#writeBuffer => PipelinedSubpartition#add =>
    ResultSubpartitionView#notifyBuffersAvailable =>
```

（3）sendToTarget

首先，调用RecordWriter#sendToTarget方法。

```
private void sendToTarget(T record, int targetChannel) {
    ...
    synchronized (serializer) {
        /**
        * 通过每个通道的序列化器将record序列化成byte数组，并返回一个SerializationResult代
          表序列化结果，
        * 序列化结果有三种类型
        * PARTIAL_RECORD_MEMORY_SEGMENT_FULL表示只序列化了部分record，内存段已经满了
        * FULL_RECORD_MEMORY_SEGMENT_FULL表示record序列化完成，内存段也满了
        * FULL_RECORD表示record序列化完成，内存段还没有写满
        */
        SerializationResult result = serializer.addRecord(record);

        while (result.isFullBuffer()) {
            Buffer buffer = serializer.getCurrentBuffer();

            if (buffer != null) {
                numBytesOut.inc(buffer.getSize());
                // 当前的buffer写满后，就会将buffer添加至相应的subpartition中
                writeAndClearBuffer(buffer, targetChannel, serializer);

                if (result.isFullRecord()) {
                    break;
                }
            } else {
                // 如果当前没有网络缓存可以用来传输，此处会阻塞住直到从LocalBufferPool
                     中申请到空闲的缓存
                buffer = targetPartition.getBufferProvider().requestBufferBlocking();
                result = serializer.setNextBuffer(buffer);
            }
        }
    }
}
```

（4）addRecord

```
public SerializationResult addRecord(T record) throws IOException {
```

```
    if (CHECKED) {
        if (this.dataBuffer.hasRemaining()) {
            throw new IllegalStateException(
                "Pending serialization of previous record.");
        }
    }

    this.serializationBuffer.clear();
    this.lengthBuffer.clear();

    // 将record序列化写入byte数组中
    record.write(this.serializationBuffer);

    int len = this.serializationBuffer.length();
    // 以一个int类型的变量记录数据的长度，在反序列化时根据这个长度读取后面的数据字节
    this.lengthBuffer.putInt(0, len);

    this.dataBuffer = this.serializationBuffer.wrapAsByteBuffer();

    // 序列化完成后将数据从堆内存中复制到内存段中
    copyToTargetBufferFrom(this.lengthBuffer);
    copyToTargetBufferFrom(this.dataBuffer);

    return getSerializationResult();
}
```

（5）flush

在RecordWriter中还有一个OutputFlusher异步线程，它定时调用flush，将当前的缓存都添加到subpartition的队列中，间隔时间默认为100ms。

```
public void flush() throws IOException {
    for (int targetChannel = 0; targetChannel < numChannels; targetChannel++) {
        RecordSerializer<T> serializer = serializers[targetChannel];

        synchronized (serializer) {
            try {
                Buffer buffer = serializer.getCurrentBuffer();

                if (buffer != null) {
                    numBytesOut.inc(buffer.getSize());
                    targetPartition.writeBuffer(buffer, targetChannel);
                }
            } finally {
                serializer.clear();
            }
        }
    }
}
```

PipelineSubPartition 和 SpillableSubpartition 都是 ResultSubpartition 的子类，表示 Result-Partition 在运行时的一个工作单元上的 subpartition。两者的创建与分区的类型相关：如果分区是 blocking 的，则为 SpillableSubpartition；如果分区是 pipelined 的，则为 Pipeline-Subpartition。两者的区别在于上游的数据在产出时能否被消费，其实就是流和批的消费模式。而对应两者的具体实现上，PipelineSubpartition 是纯内存的模式，Spillable-Subpartition 则会有中间落盘。

（6）PipelineSubpartition#add

RecordWriter 在 flush 数据之前会先将缓存数据添加到 subpartition 中，例如 Pipeline-Subpartition#add。

```
synchronized (buffers) {
    if (isFinished || isReleased) {
        buffer.recycle();
        return false;
    }

    // 维护一个双端队列，保存未发送的网络缓存
    buffers.add(buffer);
    reader = readView;
    updateStatistics(buffer);
}

// 通知监听此 partition 的 reader（此通道有数据可以读取了），
// 这个 reader 是在任务启动后、下游拉数据时，下游向上游发起注册的监听器
if (reader != null) {
    reader.notifyBuffersAvailable(1);
}
```

（7）SequenceNumberingViewReader#notifyBuffersAvailable

其中一种 reader 的实现如下。

```
public void notifyBuffersAvailable(long numBuffers) {
    // 当可消费的缓存数从 0 变为 1，则通知 reader：上游数据非空了，开始消费吧。
    // 这里的通知是通过 Netty 的事件传播的
    if (numBuffers > 0 && numBuffersAvailable.getAndAdd(numBuffers) == 0) {
        requestQueue.notifyReaderNonEmpty(this);
    }
}
```

相关的类的时序图可参考图 6-5。

2. Netty Pipeline

到这一步已经开始通过 Netty 来进行上下游之间的数据交换了，这里讲解下 Flink 中构建的 Netty Pipeline。

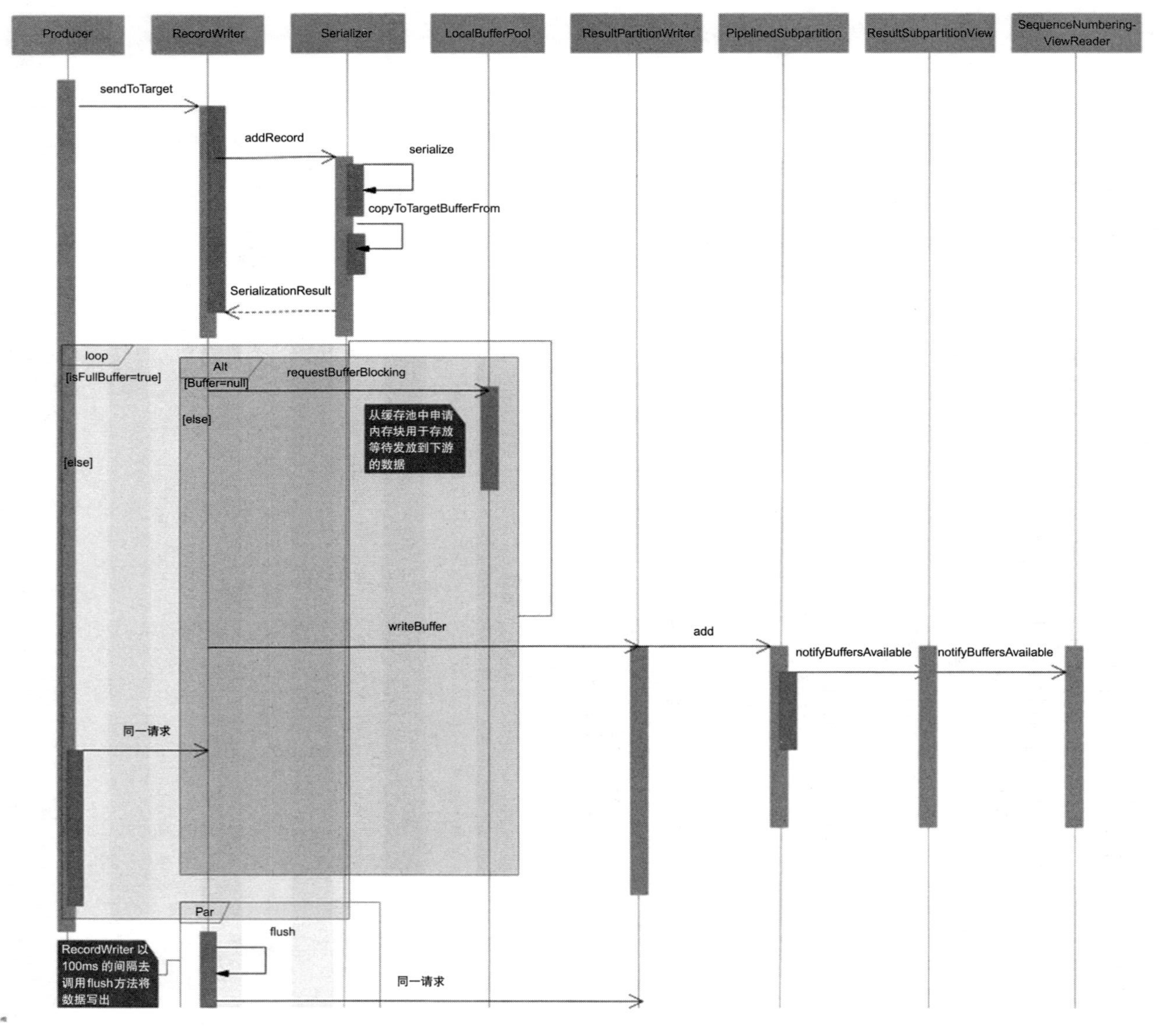

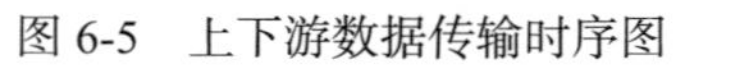
图 6-5 上下游数据传输时序图

在 PartitionRequestProtocol.java 中可以看到相应的 Pipeline 流程图。Netty 中的 Pipeline 由一系列 InboundChannelHandler 和 OutboundChannelHandler 构成，这些 Handler（处理器）根据添加顺序形成一个双向链表。首先我们来看服务端的 Handler。

```
Head(Out) <-> MessageEncoder(Out) <-> FrameLengthDecoder(In) <->
MessageDecoder(In) <-> PartitionRequestServerHandler(In) <->
PartitionRequestQueue(In) <-> Tail(In)
// +-----------------------------------------------------------------------+
// |                        SERVER CHANNEL PIPELINE                        |
// |                                                                       |
// |    +----------+----------+ (3) write  +----------------------+        |
// |    | Queue of queues     +----------->| Message encoder      |        |
// |    +----------+----------+            +-----------+----------+        |
// |              /|\                                 \|/                  |
// |               | (2) enqueue                       |                   |
// |    +----------+----------+                        |                   |
// |    | Request handler     |                        |                   |
// |    +----------+----------+                        |                   |
// |              /|\                                  |                   |
// |               |                                   |                   |
// |    +----------+----------+                        |                   |
// |    | Message decoder     |                        |                   |
// |    +----------+----------+                        |                   |
// |              /|\                                  |                   |
// |               |                                   |                   |
// |    +----------+----------+                        |                   |
// |    | Frame decoder       |                        |                   |
// |    +----------+----------+                        |                   |
// |              /|\                                  |                   |
// +---------------+-----------------------------------+---------------+
// |               | (1) client request               \|/                  |
// +---------------+-----------------------------------+---------------+
// |               |                                   |                   |
// |       [ Socket.read() ]                    [ Socket.write() ]         |
// |                                                                       |
// |  Netty Internal I/O Threads (Transport Implementation)                |
// +-----------------------------------------------------------------------+
```

接上一节 SequenceNumberingViewReader 的 reader 实现中提到的 requestQueue.notify-ReaderNonEmpty(this);，实际上是调用如下方法：

```
ctx.executor().execute(new Runnable() {
    @Override
    public void run() {
        ctx.pipeline().fireUserEventTriggered(reader);
    }
});
```

这个方法实际上是向pipeline上的Head节点触发一个用户事件，那么Netty会在pipeline上从Head节点开始寻找下一个Inbound触发userEventTriggered，最终会传播到PartitionRequestQueue#userEventTriggered事件。

```
// 这里收到前面下发的用户事件
if (msg.getClass() == SequenceNumberingViewReader.class) {

    // 如果这个队列从空变为非空的状态
    boolean triggerWrite = nonEmptyReader.isEmpty();
    nonEmptyReader.add((SequenceNumberingViewReader) msg);
    if (triggerWrite) {
        writeAndFlushNextMessageIfPossible(ctx.channel());
    }
}
private void writeAndFlushNextMessageIfPossible(final Channel channel) throws
    IOException {

    // ...

    BufferAndAvailability next = null;
    try {
        // 判断TCP通道是可写状态
        if (channel.isWritable()) {
            while (true) {
                SequenceNumberingViewReader reader = nonEmptyReader.poll();

                if (reader == null) {
                    return;
                }

                next = reader.getNextBuffer();

                // ...
                // 表示缓存队列中还有缓存没有取完，则将其重新添加到nonEmptyReader队列中
                if (next.moreAvailable()) {
                    nonEmptyReader.add(reader);
                }

                // 封装消息体，这里在序列化时会通过BufferResponse的write方法执行一次复制，
                // 将数据从networkBuffer中重新复制到Netty的ByteBuf中
                BufferResponse msg = new BufferResponse(
                    next.buffer(),
                    reader.getSequenceNumber(),
                    reader.getReceiverId());

                // ...
                // 将消息写出并添加回调，回调用于进行错误处理，或者继续写出数据
```

```
                channel.writeAndFlush(msg).addListener(writeListener);

                return;
            }
        }
    } catch (Throwable t) {
        if (next != null) {
            next.buffer().recycle();
        }

        throw new IOException(t.getMessage(), t);
    }
}
```

channel.writeAndFlush 将 write 事件向前传播，经由 MessageEncoder 将消息序列化后通过 TCP 向下游传递。

序列化过程的代码实现如下：

```
ByteBuf serialized = null;

try {
    serialized = ((NettyMessage) msg).write(ctx.alloc());
}
catch (Throwable t) {
    throw new IOException("Error while serializing message: " + msg, t);
}
finally {
    if (serialized != null) {
        ctx.write(serialized, promise);
    }
}
```

消息主体的 write 实现如下：

```
ByteBuf write(ByteBufAllocator allocator) throws IOException {

    int length = 16 + 4 + 1 + 4 + buffer.getSize();

    ByteBuf result = null;
    try {
        result = allocateBuffer(allocator, ID, length);

        receiverId.writeTo(result);
        // 记录消息的序列号，下游接收之后会进行校验，类似于 TCP 中的序列号
        result.writeInt(sequenceNumber);
        result.writeBoolean(buffer.isBuffer());
        result.writeInt(buffer.getSize());
        result.writeBytes(buffer.getNioBuffer());
```

```
        return result;
    } finally {
        // 消息已经从缓存复制至Netty的ByteBuf中，因此这块内存可以回收了
        buffer.recycle();
    }
}
```

到这里上游的发送流程就结束了，我们可以看到在 Flink 中上游算子会源源不断地产生数据，然后传递给下游算子。

3. 接收端

对于接收部分，首先我们可以看到接收数据的 Netty pipeline。

```
//      +-----------+----------+            +----------------------+
//      | Remote input channel |            | request client       |
//      +-----------+----------+            +-----------+----------+
//                  |                                   | (1) write
// +----------------+-----------------------------------+----------------+
// |                |         CLIENT CHANNEL PIPELINE   |                |
// |                |                                  \|/               |
// |    +----------+----------+            +----------------------+     |
// |    | Request handler     +            | Message encoder      |     |
// |    +----------+----------+            +-----------+----------+     |
// |              /|\                                 \|/               |
// |               |                                   |                |
// |    +----------+----------+                        |                |
// |    | Message decoder     |                        |                |
// |    +----------+----------+                        |                |
// |              /|\                                  |                |
// |               |                                   |                |
// |    +----------+----------+                        |                |
// |    | Frame decoder       |                        |                |
// |    +----------+----------+                        |                |
// |              /|\                                  |                |
// +----------------+-----------------------------------+----------------+
// |                | (3) server response             \|/ (2) client request
// +----------------+-----------------------------------+----------------+
// |                |                                   |                |
// |       [ Socket.read() ]                  [ Socket.write() ]        |
// |                                                                     |
// |  Netty Internal I/O Threads (Transport Implementation)             |
// +---------------------------------------------------------------------+
```

```
Head(Out) <-> MessageEncoder(Out) <-> FrameLengthDecoder(In) <-> MessageDecoder(In)
<-> PartitionRequestClientHandler(In) <-> Tail(In)
```

首先通过 FrameLengthDecoder 拆分各个段，用 MessageDecoder 进行反解码，最后

由 PartitionRequestClientHandler 进行真正的消息处理。

4. 整体数据接收流程

整体数据接收调用栈如下：

```
PartitionRequestClientHandler#channelRead =>
PartitionRequestClientHandler#decodeBufferOrEvent =>
InputChannel#onBuffer =>
```

在 Netty 中首先是 Head 节点监听到 channelRead 事件，经 FrameLengthDecoder、MessageDecoder 解码后由 PartitionRequestClientHandler 进行处理。解码的过程不展开介绍，这里来看看 PartitionRequestClientHandler 的处理逻辑。

（1）channelRead

```
public void channelRead(ChannelHandlerContext ctx, Object msg) throws Exception {
    // 这里表示前面没有堆积的消息待处理，因此可以直接处理
    if (!bufferListener.hasStagedBufferOrEvent() && stagedMessages.isEmpty()) {
        decodeMsg(msg, false);
    }
    else {
        // 反之则需要添加到队列中等待处理
        stagedMessages.add(msg);
    }
}
```

（2）decodeBufferOrEvent

```
private boolean decodeBufferOrEvent(RemoteInputChannel inputChannel,
        NettyMessage.BufferResponse bufferOrEvent, boolean isStagedBuffer)
            throws Throwable {
    boolean releaseNettyBuffer = true;

    try {
        // 表示接收到的是数据体，与之相对的通常有检查点屏障等 event 数据，
        // 两者的区别在于是否需要等待网络缓存进行存储
        if (bufferOrEvent.isBuffer()) {

            // ...

            BufferProvider bufferProvider = inputChannel.getBufferProvider();

            while (true) {
                // 和发送端不一样的申请网络缓存的逻辑，这里不需要阻塞，而是尝试获取缓存
                Buffer buffer = bufferProvider.requestBuffer();

                if (buffer != null) {
                    buffer.setSize(bufferOrEvent.getSize());
```

```
                    bufferOrEvent.getNettyBuffer().readBytes(buffer.getNioBuffer());

                    inputChannel.onBuffer(buffer, bufferOrEvent.sequenceNumber);

                    return true;
                }
                // 如果没有获取到缓存，则添加监听器，添加时会将channel的autoRead置为false,
                // 因为下游已经没有足够多的缓存接收上游的数据，置为false后channel便不
                // 再主动读入数据
                else if (bufferListener.waitForBuffer(bufferProvider, bufferOrEvent)) {
                    releaseNettyBuffer = false;

                    return false;
                }
                else if (bufferProvider.isDestroyed()) {
                    return isStagedBuffer;
                }
            }
        } else {
            // 这里如果是非缓存类型，则只需要通过构建一个byte数组直接接收，因为通常event
            // 数据都很小
            byte[] byteArray = new byte[bufferOrEvent.getSize()];
            bufferOrEvent.getNettyBuffer().readBytes(byteArray);

            MemorySegment memSeg = MemorySegmentFactory.wrap(byteArray);
            Buffer buffer = new Buffer(memSeg, FreeingBufferRecycler.INSTANCE, false);

            inputChannel.onBuffer(buffer, bufferOrEvent.sequenceNumber);

            return true;
        }
    }
    finally {
        if (releaseNettyBuffer) {
            bufferOrEvent.releaseBuffer();
        }
    }
}
```

（3）onBuffer

```
public void onBuffer(Buffer buffer, int sequenceNumber) {
    boolean success = false;

    try {
        synchronized (receivedBuffers) {
            if (!isReleased.get()) {
                // 校验上游发的sequenceNumber
```

```
                    if (expectedSequenceNumber == sequenceNumber) {
                        int available = receivedBuffers.size();

                        // 将数据添加到buffer队列中
                        receivedBuffers.add(buffer);
                        expectedSequenceNumber++;

                        if (available == 0) {
                            // 通知已经有数据了，可以开始消费了
                            notifyChannelNonEmpty();
                        }

                        success = true;
                    } else {
                        onError(new BufferReorderingException(
                            expectedSequenceNumber, sequenceNumber));
                    }
                }
            }
        } finally {
            if (!success) {
                buffer.recycle();
            }
        }
    }
```

到这里实际上数据已经从上游分发到下游了，下游的算子会在 InputProcessor 的处理循环中，不断通过 BarrierBuffer/BarrierTracker#getNextNonBlocked => inputGate#getNextBufferOrEvent => RemoteInputChannel#getNextBuffer 从队列中获取 buffer 数据，交由下游的算子进行业务逻辑处理。这部分的细节就不再深究了，有兴趣的读者可以自行根据提及的类和方法查看相应的实现。

5. 本地的数据交换

我们上面说的都是上下游之间的远程数据交换，但其实有些场景下数据交换是不经过网络的，比如一个上下游部署在同一个 TaskManager 上时。这里简单讲解一下本地模式下数据交换的流程。相比于远程数据交换，本地数据交换要简单得多。上游的数据在传输时，下游都是通过 SubPartitionView 来监听上游数据，不同的是：远程传输模式下，在监听到有数据之后将数据发送给 Netty，下游接收到数据之后进行处理；而本地模式下可以直接处理。两者的区别就在于 requestSubpartition 会根据不同类型的 inputChannel 来构建 BufferAvailableListener。本地模式下监听器的实现为 LocalInputChannel，因此上游有数据之后直接执行 LocalInputChannel#notifyBuffersAvailable => inputGate#notifyChannelNonEmpty，对比上述远程模式下的调用栈，便一目了然。

6. 非流控模式下的反压机制

反压不是 Flink 独有的特性，而是一种在很多系统设计中需要考虑的实现，目的是平衡消费和生产速度，以免消费者被数据洪流所冲垮。作为一个流式处理系统，Flink 自然需要一种反压机制来保障系统的稳定可靠，本节就来学习下 Flink 中非流控模式下的反压模型。

上面介绍了非流控模式下的网络传输，我们可以注意到以下几点。

1）下游在处理上游 Netty 发送过来的数据时，首先需要从 InputGate 中的 LocalBuffer Pool 中申请 Network Buffer 用以接收数据，如果没有申请到，就会将 channel 的 autoRead 标志置为 false。

2）上游在序列化数据后需要将数据从堆内内存复制到 Network Buffer 中，在这个阶段如果申请不到 buffer 就会一直被阻塞。

假设下游的处理能力有限，buffer 持续来不及回收到 bufferPool 中，那么上游经过网络发送的数据就会持续不被下游接收。这样由于 TCP 中的窗口机制，下游的客户端 ack 的 advertise window 逐渐减小到 0，经过一段时间之后上游就不能通过 TCP 往下游发送数据了。上游的 Netty buffer 由于 TCP 堵塞，不能再写往 Socket 中，导致 Netty 中的水印逐渐升高。当其高过预设的 high watermark 值的时候，channel 将变为不可写的状态，channel.isWritable() 就会返回 false，导致缓存在上游 ResultSubPartition 中的 buffer 堆积、无法回收，最后上游要想再发数据，申请 Network Buffer 用于内存复制时就会被阻塞。经过这样的流程，下游消费者的处理速度自然反馈到了上游的生产端。这主要靠的是有限的 Network Buffer 及 TCP 的流控，天然实现了 Flink 的反压机制。

然而，非流控模式下会有一定的弊端。

1）由于 Flink 中的 TCP 多路复用[⊖]，单个任务导致的反压会阻断 TaskManager 之间的 Socket 通信，影响其他算子。

2）反压过程中 checkpoint barrier 同样无法下发，导致 checkpoint barrier 无法对齐，checkpoint 长期无法完成，而一旦发生故障转移就会回拉大量的数据。

3）除了上下游的 LocalBuffer Pool 的缓存，还会占用大量 Netty 的堆外内存和 socket 缓存带来的额外内存开销。

4）反压链路较长，因此生效时间较晚，往往在 UI 上看到反压监控，下游已经反压得很严重了。

因此，Flink 从 1.5 版本开始引入了流控模型的传输模型，下面就来学习下新的传输模型的实现。

⊖ 多路复用指的是一个 TaskManager 上的 Slot 会有多个任务并发执行，不同的任务线程会复用同一个 TCP 通道来进行网络数据传输，这样可减少大规模场景下进程之间的网络连接数量。

6.2.3 流控模型的网络传输流程

基于流控的传输模型可以理解成 Flink 参照 TCP 的窗口机制，自己实现了一套流控机制。在流控模型中添加了 credit 和 backlog 的概念，分别表示下游 inputChannel 可以接收的 buffer 个数，以及上游 resultPartition 中等待发送的 buffer 个数。

1. 发送端

发送时携带 backlog，并且接收下游返回的 credit 信息，只有有了通道的 credit，才能向其发送数据。

（1）BufferBuilder

首先生产端的 Buffer 分解成 BufferBuilder 和 BufferConsumer，从 LocalBufferPool 申请得到一个内存段后，将其封装成一个 BufferBuilder。每个 BufferBuilder 对应一个 bufferConsumer 和 positionMarker，positionMarker 会标记生产端的数据写到的位点。

申请 buffer：toBufferBuilder(requestMemorySegment(true))。

内存复制：

```
bufferbuilder.append(lengthBuffer);
bufferbuilder.append(dataBuffer);
bufferbuilder.commit();  // 提交后，写出的位点对消费端可见
```

这里用到了一个小技巧。数据在生产的时候需要频繁更新，位点如果是 volatile 的，虽然比较轻量，但频繁更新也是比较大的开销，因此加入了 cachedPosition。在写数据的时候只需要更新 builder 中的 cachedPosition，生产端每次完成一批的书写才会提交给 volatile position，以此来减少缓存刷新。

（2）BufferConsumer

在 Flink 1.9 版本之前，只有一个缓存写完了，才能够将其添加到 Subpartition 中等待消费，而由于 BufferBuilder 和 BufferConsumer 的解耦，在申请到一个 BufferBuilder 后就将相对应的 BufferConsumer 添加到 SubPartition 中。在需要发送一个缓存时，比如接收到下游有 credit 时，可以调用 BufferConsumer 的 build 方法，从 ByteBuf 中切割出一部分已经写完的缓存用来下发数据，而不用影响上游继续通过 bufferBuilder 缓存数据。

```
private BufferBuilder requestNewBufferBuilder(int targetChannel) throws
        IOException, InterruptedException {
    checkState(!bufferBuilders[targetChannel].isPresent()
            || bufferBuilders[targetChannel].get().isFinished());

    BufferBuilder bufferBuilder = targetPartition.getBufferBuilder();
    bufferBuilders[targetChannel] = Optional.of(bufferBuilder);
    targetPartition.addBufferConsumer(bufferBuilder.createBufferConsumer(),
        targetChannel);
```

```
        return bufferBuilder;
    }
```

在数据添加到PipelineSubPartition中后，根据判断结果决定是否要通知下游subpartition-ReadView进行数据的消费。前面介绍了两个SubpartitionView中的BufferAvailability-Listener的实现，一个是本地模式的LocalInputChannel，另一个是SequenceNumbering-ViewReader。为了实现流控机制的传输，这里添加了一个新的实现CreditBasedSequence-NumberingViewReader，其主要实现如下：

```
ctx.executor().execute(() -> ctx.pipeline().fireUserEventTriggered(reader));
```

通知Netty pipeline的PartitionRequestQueue。

触发之后会将其添加到PartitionRequestQueue中维护的availableReaders队列中，后面的逻辑和非流控的模式大致相同，也是遍历reader将其中的缓存向下游发送，不同的是下发的缓存需要记录对应分区的backlog，用以告知下游需要申请的credit个数。这里的主要逻辑与之前版本不同的地方在于：在Flink 1.9之前的版本中，reader在拉取完一轮缓存之后会检查是否还有缓存可以拉；在1.9版本中同样会检查，只是检查条件多了一步判断，即校验下游是否有credit可以用来发送。

```
private boolean isAvailable(BufferAndBacklog bufferAndBacklog) {
    return bufferAndBacklog.isMoreAvailable()
            && (numCreditsAvailable > 0
            || bufferAndBacklog.nextBufferIsEvent());
}
```

在下游有credit之后会及时向上游发送AddCredit消息，上游拿到之后会根据receiverId获取相应的reader，为它添加credit，并将其重新添加到availableReaders队列中等待数据下发。

```
if (msgClazz == AddCredit.class) {
    AddCredit request = (AddCredit) msg;
    outboundQueue.addCredit(request.receiverId, request.credit);
}
```

生产端的逻辑涉及很多类，看的时候难免有些晕头转向，这里简单总结几个相关的类的抽象含义。

- Subpartition：直接接受上游算子写入的缓存，负责一些上游的写入逻辑。
- SubpartitionView：对Subpartition的一层抽象，负责衔接reader和Subpartition之间的交互，比如通知数据到达、负责数据拉取等工作。
- NetworkSequenceViewReader：简单地说是负责与Netty组件直接交互的，Netty中维护reader列表，衔接Netty和SubpartitionView的交互，主要提供的是收发数据时的抽象。

2. 消费端

前面提到下游会给上游反馈的 credit，其实就是对应到 InputChannel 中缓存的个数。在流控模式下，缓存不再只依赖于大池管理，而是每个 InputChannel 会默认分配 2 个独占的缓存，作为初始的 credit，在和上游连接时上报给上游节点。每个 InputChannel 在收到上游的 backlog 后会向 InputGate 中的 LocalBuffer Pool 申请共享的缓存，如果申请的个数不够多，会将已经申请到的缓存个数作为 credit 发布给上游，并且注册回调处理，等待有缓存回收到缓存池中，再进行数据处理。

以这种独占资源作为基本的资源保证，既减少了由资源竞争带来的多线程消耗，也保留了浮动的资源，根据 backlog 动态申请让整体的资源分配更合理。

接收到上游缓存后的处理逻辑不变，主要新增了：

- 对上游 backlog 的处理，根据 backlog 申请缓存；
- 在申请到缓存之后向上游发布 credit 的消息。

可以看到，在这种模式下的上下游交互更为复杂，网络包数因为下游要不断发布 credit 而增多，但带来的好处是显而易见的。首先，整体的反压是由下游直接发布 credit 告知上游的，反压不再发生在 socket 层，因此即使下游有一定压力，上游也不会整体被阻塞；其次，在新的模式下，检查点屏障发送的成功率大大提高，减少了因为检查点对齐而带来的数据流阻塞，提高了 Flink 应用整体的吞吐量，且没有带来延时上的损耗；最后，在实现上，在 Flink 内部，NetworkBuffer 类直接实现自 Netty 中的 AbstractReferenceCountedByteBuf，通过这种方式，在数据传输时减少了将数据从 NetworkBuffer 复制到 Netty 内存的过程，带来了吞吐量和延迟上的双重收益。

6.3 流批一体的 shuffle 架构

Flink 1.9 版本推出了新的流批一体的统一架构，在新版本中批任务不再需要通过 DataSet API 来构建，用户 API 主要分为偏描述物理执行计划的 DataStream API 和偏描述关系型计划的 Table API & SQL。DataStream API 为用户提供的更多的是一种所见即所得的体验，由用户自行描述和编排算子之间的关系，引擎不会进行过多的干涉和优化；Table API & SQL 则提供关系表达式 API，引擎会利用一些 SQL 优化规则进行优化，这两个 API 会各自同时提供流计算和批处理的功能。

6.3.1 生命周期管理

1. 执行计划

在 Flink 1.9 版本中，在执行时通过设置运行时环境变量将运行时的模式设置为

Batch 模式，就能够以批模式运行作业。流或批的作业在作业编写完成后，经由 Flink 客户端编译、解析都会生成 StreamGraph。使用 StreamingGraphJobGenerator 生成相应的 JobGraph，在生成 StreamEdge 后，我们会得到 StreamEdge 的 ShuffleMode，默认设置是 UNDEFINED 状态。如果我们使用了 Batch 模式，就会通过 table.exec.shuffle-mode 参数来配置节点之间的 Shuffle 方式是 Batch 还是 Pipeline 的。Batch 模式表示任务以一个个独立的阶段运行，Pipeline 表示任务以上游一边产出一边消费的模式运行。如果配置了 Batch 模式，在生成 JobGraph 时就会将两个上下游非串联在一起的节点的 Shuffle 方式指定为 BLOCKING 连接。

这里说明一下，串联起来的算子数据通过方法调用直接流转，不需要经过网络 Shuffle。

下面这段代码就是边的 ShuffleMode 与 ResultPartitionType 的对应关系：

```
switch (edge.getShuffleMode()) {
    case PIPELINED:
        resultPartitionType = ResultPartitionType.PIPELINED_BOUNDED;
        break;
    case BATCH:
        resultPartitionType = ResultPartitionType.BLOCKING;
        break;
    case UNDEFINED:
        resultPartitionType = streamGraph.isBlockingConnectionsBetweenChains() ?
            ResultPartitionType.BLOCKING : ResultPartitionType.PIPELINED_BOUNDED;
        break;
    default:
        throw new UnsupportedOperationException("Data exchange mode "
            + edge.getShuffleMode() + "is not supported yet.");
}
```

各类 ResultPartitionType 的特点如表 6-1 所示。

表 6-1　不同 Shuffle 类型的特点

类型	isPipelined	hasBackPressure	isBounded	isPersistent
Blocking	false	false	false	False
Blocking_Persistent	false	false	false	True
Pipelined	true	true	false	False
Pipelined_Bounded	true	true	true	False

- Blocking 表示阻塞的数据交换，需要等上游的数据全部生产完成之后，下游才能开始进行消费。Blocking 类型的分区只能用于 BoundedStream，这个类型的分区可以被重复消费多次，并且可以被并发消费。Blocking 类型的分区在消费完成之后不会被自动释放，只有调度层 ShuffleMaster 才知道该分区是否还有用。这个类型的分区在没有使用者的情况下才会被清理。

- Blocking_Persistent 与 Blocking 类似，但是有一个用户自定义的生命周期，并通过相应的 API 通知 JobManager 或 ResourceManager 显式地释放，不再依赖于调度组件来清理。
- Pipelined 对于有界流和无界流都适用，可以一边产出数据一边经由消费者消费数据。
- Pipelined_Bounded 相较于 Pipelined 类型的分区多了一个有界的缓冲池，有界的缓存可以避免缓存过多的数据。

2. 调度期

Master 端在 graph 携带上 shuffle 和分区信息之后，调度时通过以下调用栈：

```
Execution#scheduleForExecution => allocateResourcesForExecution =>
```

registerProducedPartitions 注册 producer 的信息。

```
CompletableFuture<Execution> registerProducedPartitions(
        TaskManagerLocation location) {
    assertRunningInJobMasterMainThread();

    return FutureUtils.thenApplyAsyncIfNotDone(
        registerProducedPartitions(vertex, location, attemptId),
        vertex.getExecutionGraph().getJobMasterMainThreadExecutor(),
        producedPartitionsCache -> {
            producedPartitions = producedPartitionsCache;
            startTrackingPartitions(location.getResourceID(),
                producedPartitionsCache.values());
            return this;
        });
}
for (IntermediateResultPartition partition : partitions) {
    PartitionDescriptor partitionDescriptor = PartitionDescriptor.from(partition);
    int maxParallelism = getPartitionMaxParallelism(partition);
    CompletableFuture<? extends ShuffleDescriptor> shuffleDescriptorFuture =
        vertex.getExecutionGraph()
        .getShuffleMaster()
        .registerPartitionWithProducer(partitionDescriptor, producerDescriptor);

    CompletableFuture<ResultPartitionDeploymentDescriptor> partitionRegistration
        = shuffleDescriptorFuture
        .thenApply(shuffleDescriptor -> new ResultPartitionDeploymentDescriptor(
                partitionDescriptor,
                shuffleDescriptor,
                maxParallelism,
                lazyScheduling));
    partitionRegistrations.add(partitionRegistration);
}
```

```
return FutureUtils.combineAll(partitionRegistrations).thenApply(rpdds -> {
    Map<IntermediateResultPartitionID, ResultPartitionDeploymentDescriptor>
        producedPartitions = new LinkedHashMap<>(partitions.size());
    rpdds.forEach(rpdd -> producedPartitions.put(rpdd.getPartitionId(), rpdd));
    return producedPartitions;
});
```

1）遍历vertex计算节点的所有发送分区，创建PartitionDescriptor（PartitionDescriptor包含所有的逻辑节点信息，如partitionId、partition类型、subpartition个数、connectionIndex等），同时创建ProducerDescriptor包含实际连接的物理节点resourceId、attempt、ip/port，这时在调度阶段已经从TaskExecutor上分配到Slot，所以已经有了物理节点的信息。

2）利用上一步生成的PartitionDescriptor和ProducerDescriptor向JobMaster中的ShuffleMaster注册得到ShuffleDescriptor，目前的ShuffleMaster只有NettyShuffle-Master。NettyShuffleDescriptor将连接是本地还是远程封装成connectionInfo，并根据是否设置数据端口选择使用NetworkPartitionConnectionInfo还是LocalExecutionPartitionConnectionInfo。

3）将生成的ShuffleDescriptor转化成ResultPartitionDeploymentDescriptor，作为真正部署分区的信息。

4）设置分区追踪器。

5）生成TaskDeploymentDescriptorFactory，最终将完整的部署文档发送给TaskManager，让TaskManager按照文档来部署任务，启动

```
CompletableFuture.supplyAsync(() -> taskManagerGateway.submitTask(deployment,
    rpcTimeout), executor));
```

6）在创建TaskDeploymentDescriptor时会根据该节点的输入边的信息把InputGateDeploymentDescriptor也创建好，这块不需要与ShuffleMaster交互，因为其生命周期管理不依赖于Master。

7）TaskExecutor接收到任务提交的信号，创建任务线程，初始化所有的writer和reader，通过NetteyShuffleEnvironment中的ResultPartitionFactory和SingleInputGateFactory来创建相应的ResultPartition及InputGate。

3. 分区释放

在JobManager端调度时会注册并启动PartitionTracker。PartitionTracker负责追踪分区信息，适时向TaskExecutor和shuffle master发送释放（release）的请求。

注册时，仅注册Blocking类型的分区，因为只有Blocking类型的分区才需要显式释放。

```
// 记录当前追踪的 partitionId => partitionInfo(taskManager 信息 + resultPartition 信息)
partitionInfos.put(resultPartitionId,
    new PartitionInfo(producingTaskExecutorId,
       resultPartitionDeploymentDescriptor));

// 内部记录 TaskManager 上的所有分区的 set 列表
partitionTable.startTrackingPartitions(producingTaskExecutorId,
    Collections.singletonList(resultPartitionId));
```

PartitionTable 行为有 3 类：开始追踪、停止追踪、释放分区。

- stopTrackingPartitionsFor (ResourceID producingTaskExecutorId)：停止追踪整个 TaskExecutor 上的 ResultPartition。
- stopTrackingAndReleasePartitions (Collection resultPartitionIds)：停止追踪 ResultPartition，并且按照 TaskExecutor ID 进行释放。
- stopTrackingPartitions (Collection resultPartitionIds)：停止追踪一组分区。
- stopTrackingAndReleasePartitionsFor(ResourceID producingTaskExecutorId)：停止追踪整个 TaskExecutor 上的 ResultPartition，并释放结果分区在本地存放的数据。

释放方法如下：

```
private void internalReleasePartitions(
        ResourceID potentialPartitionLocation,
        Collection<ResultPartitionDeploymentDescriptor> partitionDeploymentDescriptors) {

    internalReleasePartitionsOnTaskExecutor(potentialPartitionLocation,
        partitionDeploymentDescriptors);
    internalReleasePartitionsOnShuffleMaster(partitionDeploymentDescriptors);
}
```

释放包括 TaskExecutor 和 ShuffleMaster 两端资源的释放。目前 ShuffleMaster 的 releasePartitionExternally 只是暴露了相关接口，还没有外置的 ShuffleService，后续如果有相关的 ExternalShuffleService 将 shuffle 的分区数据存储在远端，不依赖于 TaskExecutor 存储，则需要利用这个接口来进行外置资源的释放。

除了在 JobMaster 端会有 PartitionTracker，在 TaskExecutor 构造时也会创建一个 PartitionTable 来记录在该 TaskExecutor 上的分区。

```
private void setupResultPartitionBookkeeping(
        JobID jobId,
        Collection<ResultPartitionDeploymentDescriptor> producedResultPartitions,
        CompletableFuture<ExecutionState> terminationFuture) {

    // 过滤需要追踪的分区
    final List<ResultPartitionID> partitionsRequiringRelease =
            filterPartitionsRequiringRelease(producedResultPartitions);
```

```
    //  TaskExecutor 上的 partitionTable 的 key 是 jobId 维度
    partitionTable.startTrackingPartitions(jobId, partitionsRequiringRelease);

    // 注册任务执行结束的回调，如果结束状态不是 finish，则停止分区追踪
    final CompletableFuture<ExecutionState> taskTerminationWithResourceCleanup
            Future = terminationFuture.thenApplyAsync(
                executionState -> {
                    if (executionState != ExecutionState.FINISHED) {
                        partitionTable.stopTrackingPartitions(jobId,
                            partitionsRequiringRelease);
                    }
                    return executionState;
                },
                getMainThreadExecutor());

    taskResultPartitionCleanupFuturesPerJob.compute(
        jobId,
        (ignored, completableFutures) -> {
            if (completableFutures == null) {
                completableFutures = new ArrayList<>(4);
            }

            completableFutures.add(taskTerminationWithResourceCleanupFuture);
            return completableFutures;
        });
}
```

过滤需要 TaskExecutor 管理的分区，将其注册到 PartitionTable 中。

```
private List<ResultPartitionID> filterPartitionsRequiringRelease(
        Collection<ResultPartitionDeploymentDescriptor>
        producedResultPartitions) {
    return producedResultPartitions.stream()
        // 只有 Blocking 类型的分区才需要显式释放
        .filter(d -> d.getPartitionType().isBlocking())
        .map(ResultPartitionDeploymentDescriptor::getShuffleDescriptor)
        // 只有需要在 TaskExecutor 上存储 shuffle 数据才需要通过 TaskExecutor 上的 partitionTable
        // 来进行追踪
        .filter(d -> d.storesLocalResourcesOn().isPresent())
        .map(ShuffleDescriptor::getResultPartitionID)
        .collect(Collectors.toList());
}
```

在停止 TaskExecutor 时，会进行所有分区资源的清理。

```
private void scheduleResultPartitionCleanup(JobID jobId) {
    final Collection<CompletableFuture<ExecutionState>> taskTerminationFutures =
        taskResultPartitionCleanupFuturesPerJob.remove(jobId);
```

```
    if (taskTerminationFutures != null) {
        FutureUtils.waitForAll(taskTerminationFutures)
            .thenRunAsync(() -> {
                Collection<ResultPartitionID> partitionsForJob =
                    partitionTable.stopTrackingPartitions(jobId);
                // 释放本地的资源
                shuffleEnvironment.releasePartitionsLocally(partitionsForJob);
            }, getMainThreadExecutor());
    }
}
```

批任务的分区清理的时机如下。默认情况下，Blocking 分区产出的数据在下游消费完成之后不会直接清理掉（这些数据可能会被消费多次），这主要是为了避免在任务出现异常回滚时对上游的数据进行重算而设计的。因此分区的释放时机应该交由 JobMaster 来决定。JobMaster 拥有全局视图，知道一个算子是否已经处理完毕，但是要想将分区释放的责任交给 JobMaster 还需要确保 TaskManager 在退出时能够完成数据的清理，因此又增加了两条措施。

在 TaskManager 端：

- 如果 TaskManager 和 JobMaster 的心跳因超时而失联，TaskManager 会自动清理本地的数据；
- TaskManager 增加 shutdown 回调钩子，在 JVM 退出时进行分区数据的清理。

在 JobMaster 端：

- 任务结束时会执行所有分区的清理；
- 当某个 ExecutionVertex 到达结束状态时，通过 RegionPartitionReleaseStrategy 来判断整个算子是否可以释放，来清理分区。

```
public List<IntermediateResultPartitionID> vertexFinished(final ExecutionVertexID
    finishedVertex) {
    final PipelinedRegionExecutionView regionExecutionView =
            getPipelinedRegionExecutionViewForVertex(finishedVertex);
    regionExecutionView.vertexFinished(finishedVertex);

    if (regionExecutionView.isFinished()) {
        final PipelinedRegion pipelinedRegion =
            getPipelinedRegionForVertex(finishedVertex);
        final PipelinedRegionConsumedBlockingPartitions
            consumedPartitionsOfVertexRegion =
                getConsumedBlockingPartitionsForRegion(pipelinedRegion);
        return filterReleasablePartitions(consumedPartitionsOfVertexRegion);
    }
    return Collections.emptyList();
}
```

4. FLIP-1

分区多次消费是为了实现 FLIP-1[⊖]。原来一个批作业失败了，会从源头处重新拉起，全部重算，但有时这是不必要的。在 FLIP-1 中引入了一个故障转移区域（failover region）的概念。一个区域是一个 pipeline 连接的集合，因此任务的 batch shuffle 连接决定了一个任务的故障转移边界，利用 Blocking 分区可以被消费多次的机制缩小故障转移的范围，减小批任务故障转移的代价。

任务发生重启时，根据 jobmanager.execution.failover-strategy 指定的故障转移策略，如果配置的是区域策略，会选择相应的区域进行重启，如图 6-6 所示。

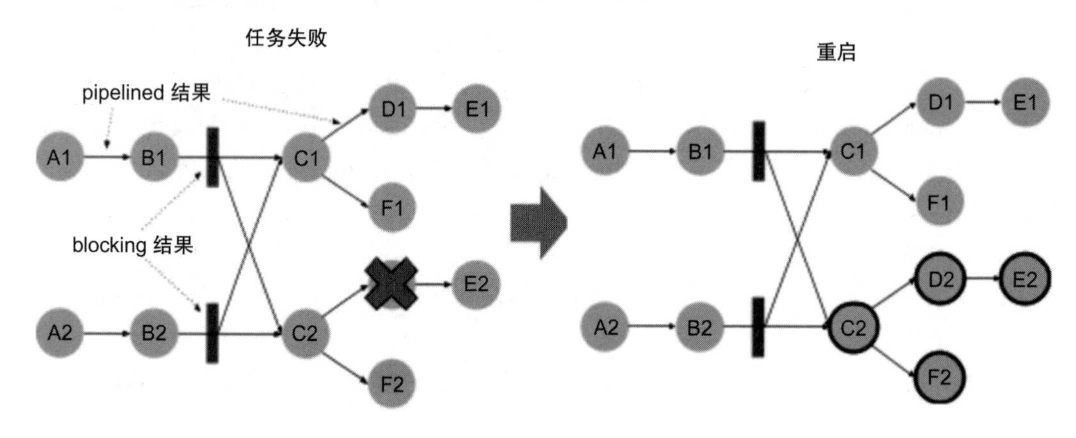

图 6-6 局部故障转移

获取失败时需要重启的区域：

```
private Set<FailoverRegion> getRegionsToRestart(FailoverRegion failedRegion) {
    Set<FailoverRegion> regionsToRestart = Collections.newSetFromMap(new
        IdentityHashMap<>());
    Set<FailoverRegion> visitedRegions = Collections.newSetFromMap(new
        IdentityHashMap<>());

    Queue<FailoverRegion> regionsToVisit = new ArrayDeque<>();
    visitedRegions.add(failedRegion);
    regionsToVisit.add(failedRegion);
    while (!regionsToVisit.isEmpty()) {
        FailoverRegion regionToRestart = regionsToVisit.poll();

        regionsToRestart.add(regionToRestart);

        for (FailoverVertex vertex : regionToRestart.getAllExecutionVertices()) {
```

⊖ https://cwiki.apache.org/confluence/display/FLINK/FLIP-1+%3A+Fine+Grained+Recovery+from+Task+Failures

```
            for (FailoverEdge inEdge : vertex.getInputEdges()) {
                if (!resultPartitionAvailabilityChecker.isAvailable(
                        inEdge.getResultPartitionID())) {
                    FailoverRegion producerRegion = vertexToRegionMap
                            .get(inEdge.getSourceVertex().getExecutionVertexID());
                    if (!visitedRegions.contains(producerRegion)) {
                        visitedRegions.add(producerRegion);
                        regionsToVisit.add(producerRegion);
                    }
                }
            }
        }

        for (FailoverVertex vertex : regionToRestart.getAllExecutionVertices()) {
            for (FailoverEdge outEdge : vertex.getOutputEdges()) {
                FailoverRegion consumerRegion = vertexToRegionMap
                        .get(outEdge.getTargetVertex().getExecutionVertexID());
                if (!visitedRegions.contains(consumerRegion)) {
                    visitedRegions.add(consumerRegion);
                    regionsToVisit.add(consumerRegion);
                }
            }
        }
    }

    return regionsToRestart;
}
```

6.3.2 数据 shuffle

1. 数据写入

上面主要概述了分区的生命周期管理，本节就来简要介绍一下数据发送时的 shuffle 设计。目前 Flink 对于 Blocking 类型的 ResultPartition 的实现为 BoundedBlockingSubpartition，在写入数据时，主要分为以下 3 种形式。

- FILE 类型：将数据存储在文件中，下游消费时直接从文件中消费。
- MMAP 类型：将数据写入 mmap 内存映射的文件中，并在内存页换出时将数据刷入磁盘。
- FILE_MMAP 类型：将数据写入文件中，在下游消费时，映射成 mmap 文件进行消费。

其主要体现形式是在 BoundedBlockingSubpartition 中的 BoundedData 的实现方式。

在将数据添加到 Blocking 类型的 Subpartition 时，主要会调用 boundedData.writeBuffer(buffer) 方法将数据写入内存或文件。BoundedData 主要封装了如下方法，相关的实现类如图 6-7 所示。

```
void writerBuffer(Buffer buffer) // 将数据写入磁盘 / 内存
void finishWrite() // 将当前区域的数据写入标志完成，禁止后续的写入
```

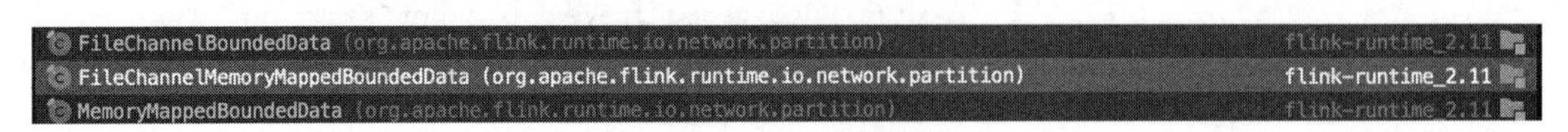

图 6-7　相关实现类

目前主要提供了以上提到的 3 种数据写入和读取方式，但在现在的插件式架构下新增新的 shuffle 方式的实现会变得比较方便。

2. 数据读取

不难发现，数据写入的 BoundedBlockingSubpartition 实际上就是在 6.2 节中 ResultPartition 新增的一种针对 Blocking 分区的实现，数据读取的实现也是类似，新增 BoundedBlockingSubpartitionReader，用于读取上游 Blocking 的分区。针对上面 3 种写入数据的方式，读取数据有两种方式：直接基于 FILE 读取；通过 mmap 映射文件读取数据及相应的 Reader 实现类。相关的数据消费的逻辑这里不展开介绍，读者可以查看相应的实现类进行了解。

6.4　本章小结

目前 Flink 的主要应用场景是流的场景，但随着 shuffle 架构的完善，未来 Flink 将能够处理流批一体的作业，成为真正实现流批一体的计算引擎。以上 shuffle 模块的代码还在持续更新，未来还会有更多新的特性。

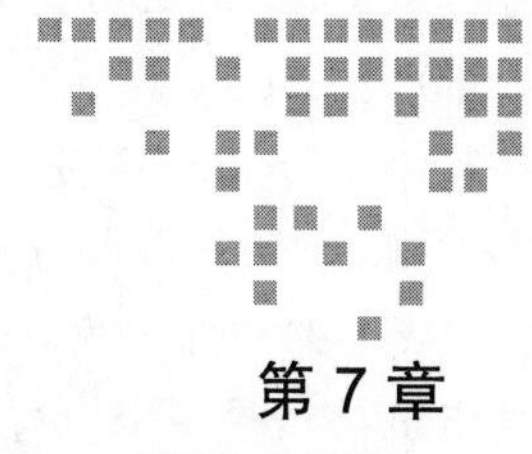

第 7 章 Chapter 7

Flink Connector 的设计与实现

Flink Connector 针对 DataStream 和 Table 的模块有不同的实现，因为不同的外部消息或存储系统与 Flink 对接都会有相应的 Connector 实现。本章主要介绍 Flink Connector 的设计与实现，通过选取几个典型的实现，分别说明 Connector 实现中的常见设计和需要考虑的问题，具体内容如下。

- 特定系统相关的设计，如 Kafka 的分区管理等。
- Connector 通用的一致性语义的实现。
- Table 模块的特定 Connector 功能实现，如维表等。

7.1 Kafka Connector 实现原理

Flink 是一个数据处理引擎，那么数据从何而来呢？一个数据处理引擎免不了要与外置的数据存储引擎进行交互，因此需要一系列用于上下游数据读取和写入的组件，在 Flink 中有一个专门的模块 flink-connectors 来实现相关的功能。目前的插件支持主要有 Kafka、Elasticsearch、HDFS、HBase 等，这是官方提供的插件支持，各个公司一般还会有一些为特定组件定制的 Connector 支持，这些 Connector 并不直接打入 Flink 的部署包中，而是以插件的方式存在，打入用户 JAR 中来使用。

本节介绍 Kafka Connector 的实现细节。

7.1.1 Kafka Source Connector 实现

Source 的消费算子会构建一个 SourceFunction，SourceFunction 主要实现 run 和 cancel

方法。将定制的 SourceFunction 传入一个算子 StreamSource 中并不断去 Kafka 拉取数据向下游发送，这就是 Source 算子的工作。

我们来看 Kafka Connector 是怎样实现 SourceFunction 的。因为 Kafka 的版本比较多，且各个版本之间的数据读取方式存在差异，所以目前在 Flink 的代码中存在 08、09、10、11 版本的 Kafka 的插件。我们以 10 版本来讲解插件的通用实现。

SourceFunction 接口是一个执行函数，函数中只定义了两个方法——run 方法和 cancel 方法，它们的定义方式见以下代码。

```
void run(SourceContext<T> ctx) throws Exception;
void cancel();
```

通常 Source 算子实现方式是在 run 方法中实现一个 while 循环来不断地拉取数据，并通过 Source Function 提供的上下文接口下发数据到下游节点，在停止任务或者异常重启时会对 SourceFunction 调用 cancel 方法来停止 Source 数据消费。常见的实现是通过一个 volatile 的多线程可见变量 isRunning 来标志是否处于运行状态，在 cancel 方法中将该变量置为 false，以达到停止数据消费的目的。

我们再来看 run 方法中所使用的 SourceContext 接口，见下面的代码。从接口实现上可以看到，它主要提供了以下能力。

- collect：下发数据。
- collectWithTimestamp：下发数据时携带时间戳。
- emitWatermark：下发水位线（watermark，一种特殊的流数据），用于衡量整个系统中的当前时间水位，通常用于事件时间的窗口计算。
- markAsTemporarilyIdle：将 Source 标记为暂时空闲状态。
- getCheckpointLock：获取检查点锁，通常在 Source 需要维护状态的时候需要关心检查点锁的使用。
- close：关闭钩子。

```
interface SourceContext<T> {

    void collect(T element);

    void collectWithTimestamp(T element, long timestamp);

    void emitWatermark(Watermark mark);

    void markAsTemporarilyIdle();

    Object getCheckpointLock();
```

```
    void close();
}
```

通过查看 SourceFunction 的接口方法，我们大致知道了 Source 算子的处理流程，那么实际生产中 Source Connector 是怎么实现的呢？下面我们就来分析 Kafka Source Connector 的实现。由于 Kafka 的版本比较多，且几个大版本的客户端之间不兼容，所以在 Flink 源代码包中提供了几个版本的 Kafka 插件。截至本书写作时，各个版本的 Kafka 插件的支持情况如图 7-1 所示。

Maven Dependency	Supported since	Consumer and Producer Class name	Kafka version	Notes
flink-connector-kafka-0.8_2.11	1.0.0	FlinkKafkaConsumer08 FlinkKafkaProducer08	0.8.x	Uses the SimpleConsumer API of Kafka internally. Offsets are committed to ZK by Flink.
flink-connector-kafka-0.9_2.11	1.0.0	FlinkKafkaConsumer09 FlinkKafkaProducer09	0.9.x	Uses the new Consumer API Kafka.
flink-connector-kafka-0.10_2.11	1.2.0	FlinkKafkaConsumer010 FlinkKafkaProducer010	0.10.x	This connector supports Kafka messages with timestamps both for producing and consuming.
flink-connector-kafka-0.11_2.11	1.4.0	FlinkKafkaConsumer011 FlinkKafkaProducer011	0.11.x	Since 0.11.x Kafka does not support scala 2.10. This connector supports Kafka transactional messaging to provide exactly once semantic for the producer.
flink-connector-kafka_2.11	1.7.0	FlinkKafkaConsumer FlinkKafkaProducer	>= 1.0.0	This universal Kafka connector attempts to track the latest version of the Kafka client. The version of the client it uses may change between Flink releases. Starting with Flink 1.9 release, it uses the Kafka 2.2.0 client. Modern Kafka clients are backwards compatible with broker versions 0.10.0 or later. However for Kafka 0.11.x and 0.10.x versions, we recommend using dedicated flink-connector-kafka-0.11_2.11 and flink-connector-kafka-0.10_2.11 respectively.

图 7-1　Kafka Connector 的支持情况

这里主要基于最后一个版本来介绍，因为最后一个版本实现了 Kafka 版本的统一，对于 1.0.0 之后的 Kafka 版本提供很好的支持。下面主要介绍 Kafka Connector 的分区发现和分区订阅功能。

1. 分区发现

分区发现器主要负责根据固定的 topic 列表或者正则描述的 topic 的模式匹配获取最新的分区列表，并选择当前线程应该订阅的分区。分区发现的动作首先会在初始化方法 open 方法中执行，用于发现任务启动时需要订阅的分区列表，在任务启动消费后还会定时轮询分区列表，实现分区的动态发现。这一功能主要是为了实现在上游的 kafka 分区扩容后，下游的 Flink 消费任务自动感知到新的分区，并订阅消费。

分区发现的主要流程如下。

1）通过 KafkaConsumer 的客户端根据 topic 名字获取所有的分区列表，如果用户提供的是一个 topic 的模式匹配，那么首先会获取到集群的所有 topic 列表，并根据 topic 名进行过滤。这样做的好处是不仅能动态添加分区，还能动态添加 topic，而不需要重启作业。但在集群 topic 较多的情况下可能会带来一定的内存压力，这是在灵活和资源消耗之间的平衡。

2）选择当前任务消费的分区，选择策略是通过分区对 Source 的并发度取模来切分分区。

以下为分区的分配逻辑。

```
KafkaTopicPartitionAssigner.assign(partition, numParallelSubtasks) ==
    indexOfThisSubtask;


public static int assign(KafkaTopicPartition partition, int numParallelSubtasks) {

    int startIndex = ((partition.getTopic().hashCode() * 31) & 0x7FFFFFFF)
        % numParallelSubtasks;

    return (startIndex + partition.getPartition()) % numParallelSubtasks;
}
```

除了在启动阶段通过分区发现来获取初始的分区列表，在启动后如果用户配置开启了动态分区发现，那么也会启动一个线程来进行分区发现（运行时感知 Kafka 分区的修改，并实时订阅新的分区）。

2. 分区订阅

在 Flink 任务启动后，每个 Source 线程需要切分 Source 的分区，每个线程内部维护自己的消费分区列表。

在启动的时候需要判断是否有历史状态，如果是从一次检查点中恢复，就需要直接从状态中获取上次的消费点位并继续消费。这部分属于插件的一致性语义的内容，我们留到后面来分析。

如果是第一次启动，会根据启动模式来获取初始的分区消费点位。启动模式有以下 5 种。

- SPECIFIC_OFFSETS：从指定的偏移量（offset）处消费。
- TIMESTAMP：根据用户指定的时间戳，从 Kafka 中获取的相应偏移量开始消费。
- GROUP_OFFSETS：从 ZooKeeper 或 Kafka broker 中消费组维护的偏移量继续消费，这是默认的行为。

- EARLIEST：从分区最早的偏移量开始消费。
- LATEST：从分区最近的偏移量开始消费。

如果任务是从检查点中恢复（具体的恢复逻辑留到后面介绍），这里可以简单地将检查点存储的数据结构假设为 <partition, offset> 的 hashMap。

- 如果恢复的状态中没有这一次切分到的分区，那么这个分区可能是 Kafka 新增的分区，这种分区的消费策略会以 EARLIEST 的行为去消费。
- 如果是在之前状态中有的分区，那么就直接将上次对应分区消费到的点位作为此次的初始消费点位，而不再依据启动模式选择分区位移。

分区订阅主要是在启动阶段根据是否有状态以及用户指定的启动模式，确定每一个工作单元所需要消费的分区以及相应的起始位移。

3. 消费流程

我们之前看过 SourceFunction 的实现，其主要的逻辑其实是 run 方法的处理逻辑，而 kafka 插件的 run 方法主要是在运行以下方法。

```
kafkaFetcher.runFetchLoop();
```

（1）Kafka 消费线程

主要代码逻辑在 org.apache.flink.streaming.connectors.kafka.internal.KafkaConsumerThread#run。其内部的主要逻辑如下。

1）通过 client 接口提交最新需要提交的分区点位。由前面介绍的分区订阅内容可知，在 Flink 中 Kafka 的消费位移（offset）其实是 Flink 内部自己维护的，通过检查点来存储消费点位。而这里依然提交位移的原因主要是，将消费的信息提交到 Kafka 或 ZooKeeper broker，以便监控管理或者在下一次不从检查点恢复时使用这些消费位移信息。

以下为相关代码实现。

```
if (!commitInProgress) {
    final Tuple2<Map<TopicPartition, OffsetAndMetadata>, KafkaCommitCallback>
        commitOffsetsAndCallback = nextOffsetsToCommit.getAndSet(null);

    if (commitOffsetsAndCallback != null) {
        log.debug("Sending async offset commit request to Kafka broker");

        commitInProgress = true;
        consumer.commitAsync(commitOffsetsAndCallback.f0,
            new CommitCallback(commitOffsetsAndCallback.f1));
    }
}
```

2）检查是否存在未分配的分区队列，如果存在，则进行分区的重新分配。这里的分

区队列是一个特殊的阻塞队列，具体实现代码可以查看

org.apache.flink.streaming.connectors.kafka.internals.ClosableBlockingQueue。

对比 JDK 的阻塞队列，它主要提供了两个特殊的功能：

- 在队列元素都被取完之后，队列就会被自动标记为关闭，关闭之后不能再写入数据；
- 队列允许在单次 poll 调用时拉取一批数据。

此队列由 discoveryLoopThread 线程和 Kafka consumer 线程共享。在任务启动时会将初始的分区添加到此队列中；在任务运行过程中，分区发现的线程扫描到新的分区之后就会添加到这个队列中。

```
if (hasAssignedPartitions) {
    newPartitions = unassignedPartitionsQueue.pollBatch();
}
else {
    newPartitions = unassignedPartitionsQueue.getBatchBlocking();
}
if (newPartitions != null) {
    reassignPartitions(newPartitions);
}
```

3）通过 Kafka Consumer 客户端拉取数据，并将数据添加到 Handover 对象，Handover 对象的功能类似于容量为 1 的 blocking 队列。生产者是 Kafka Consumer 线程，消费者是 Flink source 的主线程。对比 JDK 的 blocking 队列，Handover 对象添加了一些额外的异常、关闭等处理逻辑，具体实现这里不展开了，感兴趣的读者可以查阅 org.apache.flink.streaming.connectors.kafka.internal.Handover。

（2）Source 主线程

Source 主线程通过 HandOver 对象从 Kafka Consumer 线程中不断拉取新产生的消费数据并发送给下游。

（3）分区发现线程

如果开启了分区发现功能，那么在开始 fetch 循环之前会启动一个 discovery 循环，即 org.apache.flink.streaming.connectors.kafka.FlinkKafkaConsumerBase#createAndStartDiscoveryLoop。

这个线程会根据用户提供的 topic/topic 通配符定期获取新的分区列表，如果发现新增分区，那么就会将其添加到 unassignedPartition 队列中，由 Kafka Consumer 线程在下一次开始消费时重新分配 Consumer 的消费分区。

4. 一致性语义

为了实现消费端的 exactly-once，Flink Kafka Connector 不依赖 Kafka 消费组来管理

位移，而是通过 Operator state 维护各个分区对应的位移点位，并与检查点机制结合来实现一致性语义。

Operator state 有 3 种形式，详见以下代码：

```
enum Mode {
    SPLIT_DISTRIBUTE,
    UNION,

    BROADCAST
}
```

在 Flink 早期的 1.0、1.2 版本中，partition state 的实现是 SPLIT_DISTRIBUTE 的形式，而现在的实现是 UNION 的形式。UNION 形式意味着恢复的时候每个算子都会获得一份全量的状态，再根据取模或者其他算法来获得当前线程的分区列表。

```
this.unionOffsetStates = stateStore.getUnionListState(new ListStateDescriptor<>(
        OFFSETS_STATE_NAME,
        createStateSerializer(getRuntimeContext().getExecutionConfig())));
```

（1）保存任务的消费点位

在每次做检查点时，将任务订阅的所有分区的位移更新到状态中，由状态后端将数据刷出到分布式文件中：

```
HashMap<KafkaTopicPartition, Long> currentOffsets = fetcher.snapshotCurrentState();


if (offsetCommitMode == OffsetCommitMode.ON_CHECKPOINTS) {
    pendingOffsetsToCommit.put(context.getCheckpointId(), currentOffsets);
}

for (Map.Entry<KafkaTopicPartition, Long> kafkaTopicPartitionLongEntry :
    currentOffsets.entrySet()) {
    unionOffsetStates.add(
        Tuple2.of(kafkaTopicPartitionLongEntry.getKey(),
        kafkaTopicPartitionLongEntry.getValue()));
}
```

1）通过 fetcher.snapshotCurrentState 获取当前线程所订阅的所有分区的消费进度，并保存至 pendingOffsetsToCommit 列表中。

2）将消费进度写入 unionOffsetStates 状态中，由检查点线程序列化写出。

（2）在检查点完成后提交位移

在任务的所有节点都完成检查点后，JobMaster 会发起回调，调用每个任务的 notifyCheckpointComplete 回调方法，通知检查点写入完成。在 Kafka Source Connector 中，就是在这个阶段进行本次检查点位移的提交的。

```
fetcher.commitInternalOffsetsToKafka(offsets, offsetCommitCallback);
```

注意 这个方法的成功与否并不影响最终检查点的结果，而且如上文所说，客户端自己管理位移后，任务在恢复时并不依赖 Kafka 服务端维护的位移，因此位移提交成功与否也不会影响数据的一致性语义，一般只会影响消费进度的监控。

（3）状态初始化与恢复

算子的初始化和状态恢复流程都是从 initializeState 开始的，initializeState 在 open 方法进行初始化之前就会执行。以下为 initializeState 方法的相关实现。

```
if (context.isRestored() && !restoredFromOldState) {
    restoredState = new TreeMap<>(new KafkaTopicPartition.Comparator());


    for (Tuple2<KafkaTopicPartition, Long> kafkaOffset : unionOffsetStates.get()) {
        restoredState.put(kafkaOffset.f0, kafkaOffset.f1);
    }
}

for (Map.Entry<KafkaTopicPartition, Long> restoredStateEntry :
    restoredState.entrySet()) {
    if (KafkaTopicPartitionAssigner.assign(
            restoredStateEntry.getKey(),
            getRuntimeContext().getNumberOfParallelSubtasks())
            == getRuntimeContext().getIndexOfThisSubtask()) {
        subscribedPartitionsToStartOffsets.put(
            restoredStateEntry.getKey(),
            restoredStateEntry.getValue());
    }
}
```

可以看到在初始化阶段，根据从状态中读取到检查点中全部的状态，同样根据 assign 方法计算出当前任务所订阅的分区和分区的偏移量，完成状态恢复的流程。这样，假设任务是第一次启动，那么恢复的状态是空，就是从初始化的分区消费；如果任务是从检查点中恢复，那么就是从历史消费到的分区点位恢复，实现 Source Connector 的一致性语义。

对于 Source Connector，在实现中主要需要考虑 Source 的分区管理、分区发现、各个分区的消费点位的记录与恢复。

7.1.2 Kafka Sink Connector 实现

本节我们来学习 Kafka Connector 的 Producer 客户端的实现。同 Source 算子类似，Sink 算子也会构建一个 SinkFunction 来实现相关的输出逻辑。这里也以 10 版本为例讲解相应的 Sink Connector 实现。

1.FlinkKafkaProducer010

相较于 Source 实现，Sink Connector 中的一些分区管理和状态维护逻辑要简单很多，主要逻辑就在以下 invoke 方法中：

```
public void invoke(T value, Context context) throws Exception {
    byte[] serializedKey = schema.serializeKey(value);
    byte[] serializedValue = schema.serializeValue(value);
    String targetTopic = schema.getTargetTopic(value);
    if (targetTopic == null) {
        targetTopic = defaultTopicId;
    }

    Long timestamp = null;
    if (this.writeTimestampToKafka) {
        timestamp = context.timestamp();
    }

    ProducerRecord<byte[], byte[]> record;
    int[] partitions = topicPartitionsMap.get(targetTopic);
    if (null == partitions) {
        partitions = getPartitionsByTopic(targetTopic, producer);
        topicPartitionsMap.put(targetTopic, partitions);
    }
    if (flinkKafkaPartitioner == null) {
        record = new ProducerRecord<>(targetTopic, null, timestamp, serializedKey,
            serializedValue);
    } else {
        record = new ProducerRecord<>(
                targetTopic,
                flinkKafkaPartitioner.partition(
                    value, serializedKey, serializedValue, targetTopic, partitions),
                timestamp, serializedKey, serializedValue);
    }
    if (flushOnCheckpoint) {
        synchronized (pendingRecordsLock) {
            pendingRecords++;
        }
    }
    producer.send(record, callback);
}
```

1）序列化数据的键和值。

2）根据 topic 获取 Kafka 的分区，根据预先设置的 partitioner 分配当前值需要发送到的分区。

3）通过 Kafka Producer 客户端发送数据。

2. 一致性语义

注意到上面发送数据时，会设置回调函数，在数据发送成功时会回调通知相应的数据发送完成，将等待 ack 的数据条数减一。具体实现代码如下。

```
callback = new Callback() {
@Override
    public void onCompletion(RecordMetadata metadata, Exception exception) {
        if (exception != null && asyncException == null) {
            asyncException = exception;
        }
        acknowledgeMessage();
    }
};
private void acknowledgeMessage() {
    if (flushOnCheckpoint) {
        synchronized (pendingRecordsLock) {
            pendingRecords--;
            if (pendingRecords == 0) {
                pendingRecordsLock.notifyAll();
            }
        }
    }
}
```

在做检查点时，会调用 producer 的 flush 方法，保障本批数据写入 Kafka 服务端。在写入完成后，本次检查点中的 pendingRecords 应该都被写入成功，因此会校验 pendingRecords == 0。代码如下。

```
if (flushOnCheckpoint) {
    flush();
    synchronized (pendingRecordsLock) {
        if (pendingRecords != 0) {
            throw new IllegalStateException(
                "Pending record count must be zero at this point: "
                 + pendingRecords);
        }

        checkErroneous();
    }
}
```

通过以上方法，保障 Sink Connector 的一致性语义。

但是我们发现，如果在数据部分写出之后，任务发生异常回滚，此时回滚到最近一次成功的检查点重新处理，但是下游已经下发的数据无法回滚，所以实际上只能保障 at-least-once 的语义。要想保障 exactly-once 的语义，需要外部的存储系统能够提供事务回滚的能力。在 Flink 中提供了两阶段提交的 Sink 实现，来配合实现 Sink Connector 的 exactly-once 语义。

3. 两阶段提交 Sink

两阶段提交是分布式事务的一种实现方式，这里主要用来实现端到端的一致性语义。我们就先来对这个两阶段提交 Sink 函数进行分析。

Flink Kafka Sink 11 版本是基于 TwoPhaseCommitSinkFunction 实现的。这里简单说一下 Flink 的检查点机制。Flink 的检查点快照包含两部分内容：

- 作业当前的状态；
- Source 处的消费偏移量。

在基于 TwoPhaseCommitSinkFunction 版本实现之前，Flink 的 exactly-once 语义只能针对 Flink 作业本身实现，而对于外部系统（如 Kafka），在数据写出但本次检查点失败发生回滚后，数据又会从上一次检查点的数据开始恢复，已经写出的数据是无法回滚的，因此也就无法实现真正意义上的 exactly-once。Kafka 0.11 提供了事务写的能力，Flink 基于此提供了两阶段提交 Sink 函数来方便地实现 exactly-once 的 Sink 插件（前提是存储系统有事务写的能力）。

在一个分布式系统中会有多个并发的 sink task，而一个简单的提交或者回滚还不足以满足，因此需要所有的工作单元协同，在所有的工作单元同意提交或者回滚之后，才能进行事务提交或回滚，才能实现结果的一致性。Flink 通过两阶段提交解决了这个问题。

1）在开始做检查点时会在流中插入一个屏障作为检查点批次的分割。每一个算子收集齐检查点的屏障后会触发该算子的开始进行检查点流程，将算子的状态同步到外置存储中（一般是 HDFS、S3 这些分布式文件存储系统）。算子的内部状态实际上在状态后端的实现中已经封装了，用户无须感知。

2）Sink 算子收齐屏障后，开始进行快照，在快照时根据 Sink 语义是 exactly-once 还是 at-least-once 来决定是否需要开启 Kafka Producer 的事务。如果是 exactly-once，创建一个新的事务 ID，并进行每个工作单元的预提交。

```
public void snapshotState(FunctionSnapshotContext context) throws Exception {
    ...
    preCommit(currentTransactionHolder.handle);
    pendingCommitTransactions.put(checkpointId, currentTransactionHolder);
    LOG.debug("{} - stored pending transactions {}", name(), pendingCommitTransactions);

    currentTransactionHolder = beginTransactionInternal();
    LOG.debug("{} - started new transaction '{}'", name(), currentTransactionHolder);

    state.clear();
```

```
        state.add(new State<>(
            this.currentTransactionHolder,
            new ArrayList<>(pendingCommitTransactions.values()),
            userContext));
    }
```

3）所有的算子都完成快照后，JobManager 端会执行通知所有任务完成检查点的回调（没有外部系统交互的算子在这个阶段中无须进行特殊处理），针对 Kafka Sink 节点执行第二阶段的事务提交，通过这种方式实现 Sink Connector 的 exactly-once 语义。

```
public final void notifyCheckpointComplete(long checkpointId) throws Exception {
    ...
    while (pendingTransactionIterator.hasNext()) {
        Map.Entry<Long, TransactionHolder<TXN>> entry =
            pendingTransactionIterator.next();
        Long pendingTransactionCheckpointId = entry.getKey();
        TransactionHolder<TXN> pendingTransaction = entry.getValue();
        if (pendingTransactionCheckpointId > checkpointId) {
            continue;
        }

        LOG.info("{} - checkpoint {} complete, committing transaction {} from"
            + "checkpoint {}",
            name(), checkpointId, pendingTransaction,
            pendingTransactionCheckpointId);

        logWarningIfTimeoutAlmostReached(pendingTransaction);
        try {
            commit(pendingTransaction.handle);
        } catch (Throwable t) {
            if (firstError == null) {
                firstError = t;
            }
        }

        LOG.debug("{} - committed checkpoint transaction {}", name(),
            pendingTransaction);

        pendingTransactionIterator.remove();
    }
}
```

7.2 HBase Table Connector 实现原理

本节主要介绍 Flink 当前提供的 Table/SQL Connector 的实现，以 HBase 为例来介绍如何在 SQL 中使用 HBase Connector 以及 Flink 中 Table Connector 的实现机制。

7.2.1 HBase Source Connector 和 Sink Connector 的工厂实现

目前 SQL 模块的 Connector 架构如图 7-2 所示。

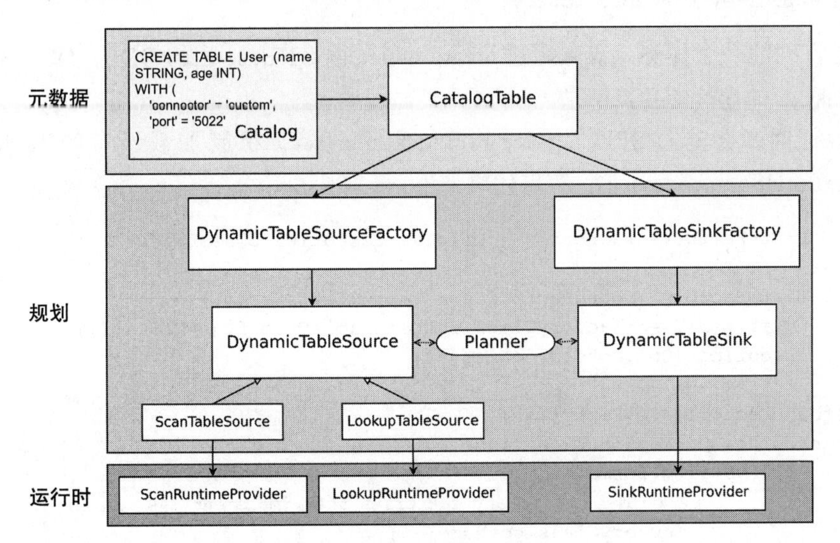

图 7-2 Table/SQL 模块的 Connector 实现

我们使用如下的一段 SQL 来使用 HBase 表。

```
-- register the HBase table 'mytable' in Flink SQL
CREATE TABLE hTable (
    rowkey INT,
    family1 ROW<q1 INT>,
    family2 ROW<q2 STRING, q3 BIGINT>,
    family3 ROW<q4 DOUBLE, q5 BOOLEAN, q6 STRING>,
    PRIMARY KEY (rowkey) NOT ENFORCED
) WITH (
    'connector' = 'hbase-1.4',
    'table-name' = 'mytable',
    'zookeeper.quorumv = 'localhost:2181'
);

-- use ROW(...) construction function construct column families and write data into
    the HBase table.
-- assuming the schema of "T" is [rowkey, f1q1, f2q2, f2q3, f3q4, f3q5, f3q6]
INSERT INTO hTable
SELECT rowkey, ROW(f1q1), ROW(f2q2, f2q3), ROW(f3q4, f3q5, f3q6) FROM T;

-- scan data from the HBase table
```

```
SELECT rowkey, family1, family3.q4, family3.q6 FROM hTable;

-- temporal join the HBase table as a dimension table
SELECT * FROM myTopic
LEFT JOIN hTable FOR SYSTEM_TIME AS OF myTopic.proctime
ON myTopic.key = hTable.rowkey;
```

这是官网的一个样例，首先通过 create table 定义 HBase 表的 DDL，DDL 中主要包含了 HBase 表的连接的必要信息。

在运行时，会通过 SPI（Service Provider Interface）机制加载所有的 TableFactory（DynamicTableSourceFactory），实现代码如下：

```
final List<Factory> factories = discoverFactories(classLoader);

final List<Factory> foundFactories = factories.stream()
        .filter(f -> factoryClass.isAssignableFrom(f.getClass()))
        .collect(Collectors.toList());

if (foundFactories.isEmpty()) {
    throw new ValidationException(
            String.format(
                "Could not find any factories that implement '%s' in the classpath.",
                factoryClass.getName()));
}
final List<Factory> matchingFactories = foundFactories.stream()
        .filter(f -> f.factoryIdentifier().equals(factoryIdentifier))
        .collect(Collectors.toList());
```

以上代码的逻辑是，首先根据 Factory 类型去 META-INF/services 中找到定义 factory 的实例，然后根据 factory 中定义的每个插件的标志符进行匹配过滤，找到相应的插件实现工厂。

而以上例子中的 SQL 文本会查找在所有 factory 中 factoryIdentifier=hbase-1.4 相应的 HBase Table 工厂类。相应的实现类为 org.apache.flink.connector.hbase1.HBase1Dynamic-TableFactory，其主要实现方法如下：

```
DynamicTableSource createDynamicTableSource(Context context);
DynamicTableSink createDynamicTableSink(Context context);
```

在 TableSource 和 TableSink 中实现相应的 sinkFunction 和 InputFormat 对应 Sink 和 Source 的 Connector。

7.2.2 HBase 维表实现

在 SQL Connector 中，Source Connector 还承担了维表的功能，ScanTableSource 对应

于源表实现，LookupTableSource 对应于维表实现。在运行时阶段会被翻译成 TableFunction 来执行，例如 HBase 既支持 ScanTableSource，又支持 LookupTableSource。

只有一个 Connector 插件实现了相应的接口，才可以在 SQL 中通过维表或源表的语法进行维表关联或者直接进行数据读取。

维表实现可参照以下代码片段，这段代码摘自 org.apache.flink.connector.hbase.source.AbstractHBaseDynamicTableSource。

```
@Override
public LookupRuntimeProvider getLookupRuntimeProvider(LookupContext context) {
    checkArgument(context.getKeys().length == 1 && context.getKeys()[0].length == 1,
        "Currently, HBase table can only be lookup by single rowkey.");
    checkArgument(
        hbaseSchema.getRowKeyName().isPresent(),
        "HBase schema must have a row key when used in lookup mode.");
    checkArgument(
        hbaseSchema
            .convertsToTableSchema()
            .getTableColumn(context.getKeys()[0][0])
            .filter(f -> f.getName().equals(hbaseSchema.getRowKeyName().get()))
            .isPresent(),
        "Currently, HBase table only supports lookup by rowkey field.");

    return TableFunctionProvider.of(new HBaseRowDataLookupFunction(
        conf, tableName, hbaseSchema, nullStringLiteral));
}
```

可以看到这段代码，最终转化成 HBaseRowDataLookupFunction（TableFunction)。维表运行时的逻辑可以参考 org.apache.flink.table.runtime.operators.join.lookup.LookupJoinRunner#processElement。

维表算子中处理每条输出数据的方法如下。

```
public void processElement(RowData in, Context ctx, Collector<RowData> out)
        throws Exception {
    collector.setCollector(out);
    collector.setInput(in);
    collector.reset();

    fetcher.flatMap(in, getFetcherCollector());

    if (isLeftOuterJoin && !collector.isCollected()) {
        outRow.replace(in, nullRow);
        outRow.setRowKind(in.getRowKind());
        out.collect(outRow);
    }
}
```

函数主体是执行 fetcher.flatMap(in, getFetcherCollector());。

对于每条流入的数据，会最终执行到 HBaseRowDataLookupFunction 相应的 eval 方法，从 HBase 表中按 rowkey 查询维表中的数据，补充字段下发。更详细的 SQL 运行时逻辑可以参考第 9 章。

SQL 模块的 Connector 实际上是在 DataStream 模块的 Connector 基础之上做了更高层的抽象，添加了 schema 信息（这些是 DataStream 不具备的），接口层的封装也更加完整。

7.3 本章小结

本章主要介绍了 Flink 中 Connector 的相关实现与使用。首先以 Kafka Connector 为切入点介绍了 Connector 模块设计时所需要考虑的消费、分区管理、一致性语义保障等关键问题，然后基于 SQL/Table 模块介绍了 SQL 和 Table 模块 Connector 的管理和使用方式，并与通用的 Connector 模块进行对比。读完本章，读者应该能够对 Flink 中 Connector 的使用和实现有个系统的认知。

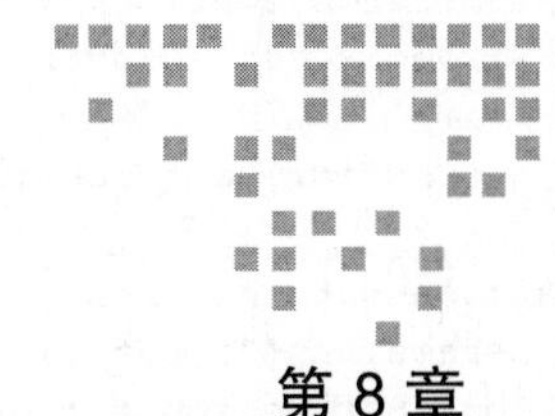

第 8 章 Chapter 8

部署模式

为了更好地指导实际生产，我们需要深入理解 Flink 支持的各种部署模式的原理和实现。Flink 支持以下 3 种部署模式。

- Local 部署（本地部署）：主要用于 Flink 应用开发过程中的调试以及 Flink 引擎内部的测试。
- Standalone 部署：具备分布式部署与容错能力，可以用于实际生产环境。大部分公司很少用这种模式，因为它可能存在利用率低和缺乏资源隔离机制的问题。
- 第三方部署：Flink 支持的第三方部署有 Mesos、YARN、Kubernetes 等。在很多公司的实际生产中，Flink 采用 on YARN 和 on Kubernetes 模式（本章后面会深入剖析这两种模式）。

本章就来剖析以上 3 种部署模式的原理与实现。

8.1 Local 部署

在本地直接运行 Flink 应用中主类的主方法（main 方法），这种即为 Local 部署模式。Local 模式主要用于代码开发中的调试和跟踪，保证应用开发的质量。接下来以 WordCount 的源代码（见代码清单 8-1）为例，来看作业在 Local 模式下是怎样运作的。

代码清单 8-1　WordCount 代码示例

```
public static void main(String[] args) throws Exception {

    final MultipleParameterTool params = MultipleParameterTool.fromArgs(args);
```

```
        final StreamExecutionEnvironment env =
            StreamExecutionEnvironment.getExecutionEnvironment();

        env.getConfig().setGlobalJobParameters(params);

        DataStream<String> text = null;
        if (params.has("input")) {
            for (String input : params.getMultiParameterRequired("input")) {
                if (text == null) {
                    text = env.readTextFile(input);
                } else {
                    text = text.union(env.readTextFile(input));
                }
            }
            Preconditions.checkNotNull(text, "Input DataStream should not be null.");
        } else {
            System.out.println("Executing WordCount example with default input"
                + "data set.");
            System.out.println("Use --input to specify file input.");
            text = env.fromElements(WordCountData.WORDS);
        }

        DataStream<Tuple2<String, Integer>> counts =
            text.flatMap(new Tokenizer())
        keyBy(0).sum(1);

        if (params.has("output")) {
            counts.writeAsText(params.get("output"));
        } else {
            System.out.println("Printing result to stdout. Use --output to specify output"
                + "path.");
            counts.print();
        }

        env.execute("Streaming WordCount");
    }
```

作业在Local模式下的运行分成两部分：获取执行环境（getExecutionEnvironment）和执行作业（execute）。

对于获取执行环境部分，在本地执行作业默认会创建LocalStreamEnvironment来作为执行环境（如代码清单8-2中默认执行createLocalEnvironment方法）。LocalStreamEnvironment继承StreamExecutionEnvironment类，作业的本地执行通过LocalStreamEnvironment完成。如代码清单8-3所示，其中构建作业执行环境，初始化LocalStreamEnvironment，同时设置执行环境的并行度。

代码清单 8-2　获取作业执行环境

```
public static ExecutionEnvironment getExecutionEnvironment() {
    return  Utils.resolveFactory(threadLocalContextEnvironmentFactory,
        contextEnvironmentFactory)
        .map(ExecutionEnvironmentFactory::createExecutionEnvironment)
        .orElseGet(ExecutionEnvironment::createLocalEnvironment);
    }
```

代码清单 8-3　构建作业执行环境

```
public static LocalStreamEnvironment createLocalEnvironment(int parallelism,
    Configuration configuration)
{
    final LocalStreamEnvironment currentEnvironment;

    currentEnvironment = new LocalStreamEnvironment(configuration);
    currentEnvironment.setParallelism(parallelism);

    return currentEnvironment;
}
```

而对于执行作业部分，如代码清单 8-4 所示，作业在 LocalStreamEnvironment 中的执行主体流程分以下三步：

- 生成 JobGraph；
- 创建和启动 MiniCluster；
- 提交作业的 JobGraph，运行作业。

代码清单 8-4　LocalStreamEnvironment 下作业执行逻辑

```
public JobExecutionResult execute(StreamGraph streamGraph) throws Exception {
    JobGraph jobGraph = streamGraph.getJobGraph();
    jobGraph.setAllowQueuedScheduling(true);

    Configuration configuration = new Configuration();
    configuration.addAll(jobGraph.getJobConfiguration());
    configuration.setString(TaskManagerOptions.MANAGED_MEMORY_SIZE, "0");

    configuration.addAll(this.configuration);

    if (!configuration.contains(RestOptions.BIND_PORT)) {
        configuration.setString(RestOptions.BIND_PORT, "0");
    }

    int numSlotsPerTaskManager = configuration.getInteger(
        TaskManagerOptions.NUM_TASK_SLOTS, jobGraph.getMaximumParallelism());

    MiniClusterConfiguration cfg = new MiniClusterConfiguration.Builder()
```

```
                .setConfiguration(configuration)
                .setNumSlotsPerTaskManager(numSlotsPerTaskManager)
                .build();

        if (LOG.isInfoEnabled()) {
            LOG.info("Running job on local embedded Flink mini cluster");
        }

        // 构建并启动MiniCluster
        MiniCluster miniCluster = new MiniCluster(cfg);

        try {
            miniCluster.start();
            configuration.setInteger(RestOptions.PORT,
                miniCluster.getRestAddress().get().getPort());

            return miniCluster.executeJobBlocking(jobGraph);
        }
        finally {
            transformations.clear();
            miniCluster.close();
        }
    }
```

生成 JobGraph 是通过 StreamGraphGenerator 实现的，这部分内容可参见第 5 章。

创建和启动 MiniCluster，构建提交作业的执行环境。启动 MiniCluster 会创建 StandaloneDispatcher（Dispatcher 组件）、StandaloneResourceManager（ResourceManager 组件）、DispatcherRestEndpoint（REST 组件）和 TaskExecutor 等运行时组件来提供作业执行的环境。运行时组件的创建情况跟 Standalone 的 Session 模式类似。

提交 JobGraph 运行作业，通过 MiniCluster 往创建的 DispatcherRestEndpoint 发出提交作业的请求，生成 JobMaster 来运行作业。

8.2 Standalone 部署

在实际生产中，Standalone 部署是采用 Session 模式来构建集群的，即一个集群可以运行多个作业，集群的生命周期与作业无关。

下面重点剖析 Standalone 部署中 Session 模式的构建方式与实现原理。Standalone 的 Session 集群的构建流程如下（见图 8-1）。

1）客户端通过执行 bin/start-cluster.sh，读取 conf/masters 中 Master 节点的主机列表，遍历 Master 节点的主机列表，通过 SSH 方式执行 bin/jobmanager.sh 以启动 JobManager。在多个启动的 JobManager 中，选举出一个首领（Leader）对外提供服务，其他都为后备（Standby）。

2）客户端执行 bin/start-cluster.sh 脚本，在启动 JobManager 后，会读取 conf/slaves 中 Worker 节点的主机列表，遍历 Worker 节点的主机列表，通过 SSH 方式执行 bin/taskmanager.sh 以启动 TaskManager。至此，Standalone 的 Session 集群已经构建完成。

3）在构建好的 Standalone 的 Session 集群上，后续可以在新增节点上执行 bin/jobmanager.sh 和 taskmanager.sh 来分别新增 JobManager 和 TaskManager 实例，也可以通过 bin/flink 来提交和运行 Flink 作业。

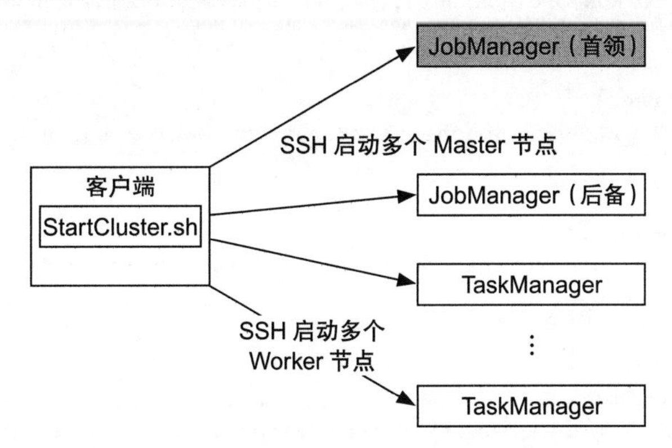

图 8-1　Standalone 的 Session 集群启动过程

Standalone 的 Session 集群的启动实现原理

从 Standalone 的 Session 集群的构建中可以看出，整个构建主体分成两部分：执行 bin/jobmanager.sh 启动 JobManager 和执行 bin/taskmanager.sh 启动 TaskManager。

jobmanager.sh 和 taskmanager.sh 都会默认调用 flink-daemon.sh（通过 bin/start-cluster.sh 方式，即默认为后台执行启动），但传入的第二个参数不同，而第二个参数决定启动的入口类。如代码清单 8-5 所示，jobmanager.sh 调用 flink-daemon.sh 时传入的第二个参数为 standalonesession，则 JobManager 启动的入口类为 StandaloneSessionClusterEntrypoint；而 taskmanager.sh 调用 flink-daemon.sh 时传入的第二个参数为 taskexecutor，则 TaskManager 启动的入口类为 TaskManagerRunner。

代码清单 8-5　flink-daemon.sh 根据服务名字决定入口类

```
# Start/stop a Flink daemon.
USAGE="Usage: flink-daemon.sh (start|stop|stop-all) (taskexecutor|zookeeper"
    + "|historyserver|standalonesession|standalonejob) [args]"

TARTSTOP=$1
DAEMON=$2
ARGS=("${@:3}")

bin=`dirname "$0"`
bin=`cd "$bin"; pwd`
```

```
. "$bin"/config.sh

case $DAEMON in
    (taskexecutor)
        CLASS_TO_RUN=org.apache.flink.runtime.taskexecutor.TaskManagerRunner
    ;;

    (zookeeper)
        CLASS_TO_RUN=org.apache.flink.runtime.zookeeper.FlinkZooKeeperQuorumPeer
    ;;

    (historyserver)
        CLASS_TO_RUN=org.apache.flink.runtime.webmonitor.history.HistoryServer
    ;;

    (standalonesession)
        CLASS_TO_RUN=org.apache.flink.runtime.entrypoint.StandaloneSessionClus
            terEntrypoint
    ;;

    (standalonejob)
        CLASS_TO_RUN=org.apache.flink.container.entrypoint.StandaloneJobClusterEntryPoint
    ;;
...
```

1. Standalone 的 Session 集群中的 JobManager 启动过程

Standalone 的 Session 集群中的 JobManager 的启动部分如图 8-2 所示，具体的启动过程如下。

1）jobmanager.sh 是 JobManager 的启动起始点，通过 Java 命令执行入口类 Standalone-SessionClusterEntrypoint 的主方法（main 方法）来启动 JobManager。

2）StandaloneSessionClusterEntrypoint 初始化基础服务，如心跳服务、高可用服务、Blob 服务等。

3）StandaloneSessionClusterEntrypoint 根据 DispatcherResourceManagerComponentFactory 工厂类情况，创建和启动 Dispatcher 组件的实现 StandaloneDispatcher、REST 组件的实现 DispatcherRestEndpoint 和 ResourceManager 组件的实现 StandaloneResourceManager。

StandaloneSessionClusterEntrypoint 作为 Standalone 的 Session 集群中 JobManager 启动的入口类，继承 SessionClusterEntrypoint 抽象类，需要实现 createDispatcherResourceManager-ComponentFactory 接口来指定 Dispatcher 和 ResourceManager 生成的工厂类。如代码清单 8-6 所示，StandaloneSessionClusterEntrypoint 指定的生成 Dispatcher 和 ResourceManager 的工厂类对象分别为 StandaloneDispatcherFactory.INSTANCE 和 StandaloneResourceManager-Factory.INSTANCE，它们分别创建 StandaloneDispatcher 和 StandaloneResourceManager 实例。

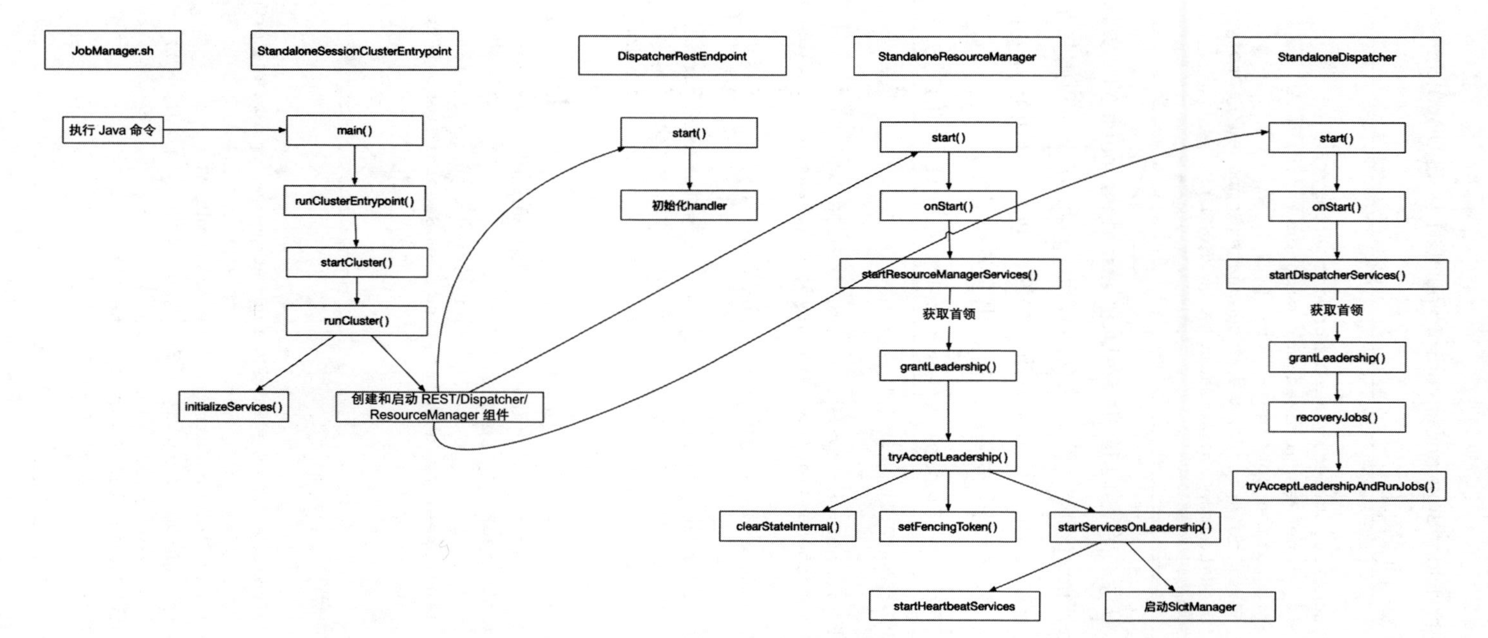

图 8-2 Standalone 的 Session 集群中的 JobManager 启动过程

代码清单 8-6 StandaloneSessionClusterEntrypoint 的 创 建 Dispatcher 和 ResourceManager 的工厂方法

```
@Override
protected DispatcherResourceManagerComponentFactory<?>
        createDispatcherResourceManagerComponentFactory(
            Configuration configuration) {
    return new SessionDispatcherResourceManagerComponentFactory(
        StandaloneResourceManagerFactory.INSTANCE);
 }
```

如代码清单 8-7 所示，在 StandaloneSessionClusterEntrypoint 的主方法中，最重要的一步就是调用 ClusterEntrypoint 类的 runClusterEntrypoint 方法来初始化基本服务和启动对应的 REST、ResourceManager 和 Dispatcher 组件。runClusterEntrypoint 方法在 Mesos、YARN 和 Kubernetes 部署中也会被调用以初始化服务和组件。

代码清单 8-7 StandaloneSessionClusterEntrypoint 的主方法

```
public static void main(String[] args) {
    // 检查与打印日志
    EnvironmentInformation.logEnvironmentInfo(LOG,
            StandaloneSessionClusterEntrypoint.class.getSimpleName(), args);
    SignalHandler.register(LOG);
    JvmShutdownSafeguard.installAsShutdownHook(LOG);

    EntrypointClusterConfiguration entrypointClusterConfiguration = null;
    final CommandLineParser<EntrypointClusterConfiguration> commandLineParser =
            new CommandLineParser<>(new EntrypointClusterConfigurationParserFactory());

    try {
        // 解析命令行，主要有 config 的目录、WebUI 的端口
        entrypointClusterConfiguration = commandLineParser.parse(args);
    } catch (FlinkParseException e) {
        LOG.error("Could not parse command line arguments {}.", args, e);
        commandLineParser.printHelp(StandaloneSessionClusterEntrypoint.class.
            getSimpleName());
        System.exit(1);
    }

    // 加载配置
    Configuration configuration = loadConfiguration(entrypointClusterConfiguration);

    StandaloneSessionClusterEntrypoint entrypoint =
        new StandaloneSessionClusterEntrypoint(configuration);

    // 调用 ClusterEntrypoint 类的 runClusterEntrypoint 方法
    ClusterEntrypoint.runClusterEntrypoint(entrypoint);
}
```

其中基本服务的初始化，StandaloneSessionClusterEntrypoint 是通过调用 ClusterEntrypoint 的 initializeServices 方法来实现的。如代码清单 8-8 所示，初始化的基本服务主要有以下几类。

1）RPC 服务：负责组件之间的 Akka 通信与方法调用。

2）高可用服务：负责 REST、Dispatcher、ResourceManager 及 JobMaster 组件的首领选举和检索。

3）BlobServer：提供文件服务，供客户端上传文件和 TaskManager 下载文件。其中供 TaskManager 下载的主要有用户的 JAR 包以及过大任务的部署信息（TaskDeployment-Descriptor）。

4）心跳服务：主要负责组件间的心跳监控，以监听组件的存活。

5）MetricRegistry 服务：负责指标的注册和追踪。

6）ArchivedExecutionGraphStore 服务：负责归档运行过的作业的 ExecutionGraph。

代码清单 8-8 ClusterEntrypoint 的 initializeServices 方法

```
protected void initializeServices(Configuration configuration) throws Exception {

    LOG.info("Initializing cluster services.");

    synchronized (lock) {
        final String bindAddress = configuration.getString(JobManagerOptions.ADDRESS);
        final String portRange = getRPCPortRange(configuration);

        commonRpcService = createRpcService(configuration, bindAddress, portRange);

        configuration.setString(JobManagerOptions.ADDRESS,
            commonRpcService.getAddress());
        configuration.setInteger(JobManagerOptions.PORT, commonRpcService.getPort());

        ioExecutor = Executors.newFixedThreadPool(
            Hardware.getNumberCPUCores(),
            new ExecutorThreadFactory("cluster-io"));
        haServices = createHaServices(configuration, ioExecutor);
        blobServer = new BlobServer(configuration, haServices.createBlobStore());
        blobServer.start();
        heartbeatServices = createHeartbeatServices(configuration);
        metricRegistry = createMetricRegistry(configuration);

        final RpcService metricQueryServiceRpcService =
                MetricUtils.startMetricsRpcService(configuration, bindAddress);
        metricRegistry.startQueryService(metricQueryServiceRpcService, null);

        archivedExecutionGraphStore = createSerializableExecutionGraphStore(
            configuration,
```

```
                commonRpcService.getScheduledExecutor());
    }
}
```

其中JobManager上组件的启动如代码清单8-9所示，通过调用AbstractDispatcher-ResourceManagerComponentFactory类中的create方法来创建和启动JobManager上的REST、ResourceManager和Dispatcher组件实例。

代码清单 8-9　JobManager 上的组件的启动方法

```
try {
    // 获取 Dispatcher 首领检索服务
    dispatcherLeaderRetrievalService =
        highAvailabilityServices.getDispatcherLeaderRetriever();
    // 获取 ResourceManager 的首领检索服务
    resourceManagerRetrievalService =
        highAvailabilityServices.getResourceManagerLeaderRetriever();
    // 初始化 dispatcherGatewayRetriever，通过 dispatcherLeaderRetrievalService 监
    // 听 Dispatcher 的首领信息，
    // 会通知 dispatcherGatewayRetriever 来获取 DispatcherGateway 的实现
    final LeaderGatewayRetriever<DispatcherGateway> dispatcherGatewayRetriever =
            new RpcGatewayRetriever<>(
                rpcService,
                DispatcherGateway.class,
                DispatcherId::fromUuid,
                10,
                Time.milliseconds(50L));

    // resourceManagerGatewayRetriever 通过 resourceManagerRetrievalService 监听
    // ResourceManager 的首领信息，
    // 会通知 resourceManagerGatewayRetriever 来获取 ResourceManagerGateway 的实现
    final LeaderGatewayRetriever<ResourceManagerGateway>
        resourceManagerGatewayRetriever =
            new RpcGatewayRetriever<>(
                rpcService,
                ResourceManagerGateway.class,
                ResourceManagerId::fromUuid,
                10,
                Time.milliseconds(50L));

    final ScheduledExecutorService executor = WebMonitorEndpoint.createExecutorService(
            configuration.getInteger(RestOptions.SERVER_NUM_THREADS),
            configuration.getInteger(RestOptions.SERVER_THREAD_PRIORITY),
            "DispatcherRestEndpoint");

    final long updateInterval =
        configuration.getLong(MetricOptions.METRIC_FETCHER_UPDATE_INTERVAL);
    final MetricFetcher metricFetcher = updateInterval == 0
```

```
            ? VoidMetricFetcher.INSTANCE
            : MetricFetcherImpl.fromConfiguration(
                configuration,
                metricQueryServiceRetriever,
                dispatcherGatewayRetriever,
                executor);

// 使用 SessionRestEndpointFactory 来生成 DispatcherRestEndpoint 对象 (Standalone
// Session 模式)
webMonitorEndpoint = restEndpointFactory.createRestEndpoint(
        configuration,
        dispatcherGatewayRetriever,
        resourceManagerGatewayRetriever,
        blobServer,
        executor,
        metricFetcher,
        highAvailabilityServices.getWebMonitorLeaderElectionService(),
        fatalErrorHandler);

log.debug("Starting Dispatcher REST endpoint.");
webMonitorEndpoint.start();

final String hostname = getHostname(rpcService);

// 实例化 JobManager 指标分组 (metric group)
jobManagerMetricGroup = MetricUtils.instantiateJobManagerMetricGroup(
        metricRegistry,
        hostname,
        ConfigurationUtils
            .getSystemResourceMetricsProbingInterval(configuration));

// 使用 StandaloneResourceManagerFactory 生成 StandaloneResourceManager 对象 (Standalone
// Session 模式)
resourceManager = resourceManagerFactory.createResourceManager(
        configuration,
        ResourceID.generate(),
        rpcService,
        highAvailabilityServices,
        heartbeatServices,
        metricRegistry,
        fatalErrorHandler,
        new ClusterInformation(hostname, blobServer.getPort()),
        webMonitorEndpoint.getRestBaseUrl(),
        jobManagerMetricGroup);

final HistoryServerArchivist historyServerArchivist =
        HistoryServerArchivist.createHistoryServerArchivist(
            configuration, webMonitorEndpoint, ioExecutor);
```

```
        // 使用 StandaloneDispatcherFactory 生成 StandaloneDispatcher 对象 (Standalone Session
        // 模式)
        dispatcher = dispatcherFactory.createDispatcher(
                configuration,
                rpcService,
                highAvailabilityServices,
                resourceManagerGatewayRetriever,
                blobServer,
                heartbeatServices,
                jobManagerMetricGroup,
                metricRegistry.getMetricQueryServiceGatewayRpcAddress(),
                archivedExecutionGraphStore,
                fatalErrorHandler,
                historyServerArchivist);

        log.debug("Starting ResourceManager.");

        // 启动 resourceManager
        resourceManager.start();
        //启动 resourceManagerRetrievalService 服务，并将
        // resourceManagerGatewayRetriever 添加为监听器
        resourceManagerRetrievalService.start(resourceManagerGatewayRetriever);

        log.debug("Starting Dispatcher.");
        // 启动 dispatcher
        dispatcher.start();
        //启动 dispatcherLeaderRetrievalService 服务，并将
        //dispatcherGatewayRetriever 添加为监听器
        dispatcherLeaderRetrievalService.start(dispatcherGatewayRetriever);

        return createDispatcherResourceManagerComponent(
            dispatcher,
            resourceManager,
            dispatcherLeaderRetrievalService,
            resourceManagerRetrievalService,
            webMonitorEndpoint,
            jobManagerMetricGroup);

    } catch (Exception exception) {
        // 停止所有已启动的组件
    ...
```

2. Standalone 的 Session 集群中的 TaskManager 启动过程

前面深入剖析了 Standalone 的 Session 集群中的 JobManager 启动过程，接下来看 Standalone 的 Session 集群中的 TaskManager 启动过程。如图 8-3 所示，TaskManager 的启动过程如下。

1）taskmanager.sh 作为 TaskManager 的入口，通过 Java 命令调用 TaskManagerRunner 的主方法（main 方法）来启动 TaskManager。

2）TaskManagerRunner 作为 TaskManager 启动的入口类，会初始化基本服务和 TaskManager 组件，并启动 TaskManager 组件。

3）在 TaskManager 组件的启动过程中，会启动 ResourceManager 首领检索服务、Job 首领服务和 SlotTable 服务。

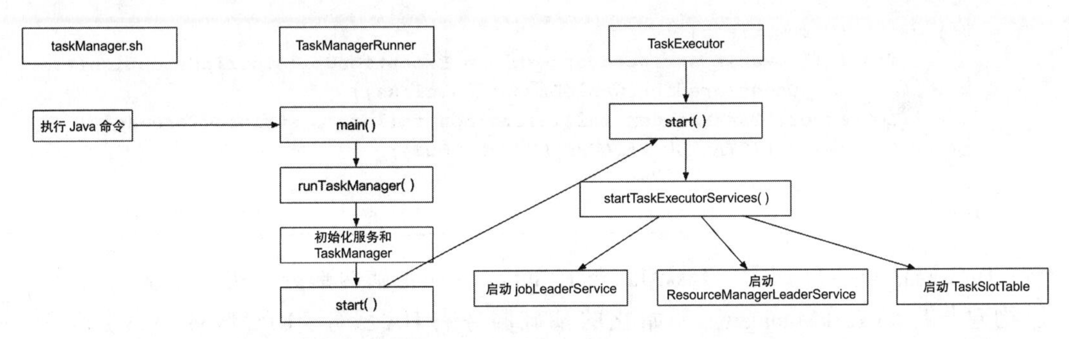

图 8-3 Standalone 部署下的 Session 集群中的 TaskManager 启动过程

如代码清单 8-10 所示，TaskManagerRunner 的主方法主要加载 TaskManager 配置，并调用启动 TaskManager 的方法。

代码清单 8-10 TaskManagerRunner 的主方法

```
public static void main(String[] args) throws Exception {
    // 启动检测与注册 Unix 信号量日志
    EnvironmentInformation.logEnvironmentInfo(LOG, "TaskManager", args);
    SignalHandler.register(LOG);
    JvmShutdownSafeguard.installAsShutdownHook(LOG);

    long maxOpenFileHandles = EnvironmentInformation.getOpenFileHandlesLimit();

    if (maxOpenFileHandles != -1L) {
        LOG.info("Maximum number of open file descriptors is {}.", maxOpenFileHandles);
    } else {
        LOG.info("Cannot determine the maximum number of open file descriptors");
    }

    // 初始化 TaskManager 的配置
    final Configuration configuration = loadConfiguration(args);

    FileSystem.initialize(configuration,
        PluginUtils.createPluginManagerFromRootFolder(configuration));

    SecurityUtils.install(new SecurityConfiguration(configuration));
```

```
    try {
        SecurityUtils.getInstalledContext().runSecured(new Callable<Void>() {
        @Override
            public Void call() throws Exception {
                // 运行 TaskManager
                runTaskManager(configuration, ResourceID.generate());
                return null;
            }
        });
    } catch (Throwable t) {
        final Throwable strippedThrowable = ExceptionUtils.stripException(t,
                UndeclaredThrowableException.class);
        LOG.error("TaskManager initialization failed.", strippedThrowable);
        System.exit(STARTUP_FAILURE_RETURN_CODE);
    }
}
```

如代码清单8-11所示，TaskManagerRunner启动包括两部分：初始化基础服务以及构建与启动TaskManager。初始化的基础服务有HA服务、RPC服务、心跳服务、MetricRegister服务、BlobCache服务和MemoryLogger服务。其中BlobCache服务主要负责从BlobServer或HA服务下的Blob存储中下载用户JAR包或过大的TDD（Task-DeploymentDescriptor）信息，并将其缓存到本地；MemoryLogger服务提供定时打印TaskManager内存使用情况的服务。

代码清单8-11　TaskManager初始化服务

```
public TaskManagerRunner(Configuration configuration, ResourceID resourceId)
        throws Exception {
    this.configuration = checkNotNull(configuration);
    this.resourceId = checkNotNull(resourceId);

    timeout = AkkaUtils.getTimeoutAsTime(configuration);

    this.executor = java.util.concurrent.Executors.newScheduledThreadPool(
        Hardware.getNumberCPUCores(),
        new ExecutorThreadFactory("taskmanager-future"));

    highAvailabilityServices = HighAvailabilityServicesUtils
        .createHighAvailabilityServices(
            configuration,
            executor,
            HighAvailabilityServicesUtils.AddressResolution.TRY_ADDRESS_RESOLUTION);

    rpcService = createRpcService(configuration, highAvailabilityServices);

    HeartbeatServices heartbeatServices =
```

```
        HeartbeatServices.fromConfiguration(configuration);

    metricRegistry = new MetricRegistryImpl(
            MetricRegistryConfiguration.fromConfiguration(configuration),
            ReporterSetup.fromConfiguration(configuration));

    final RpcService metricQueryServiceRpcService =
            MetricUtils.startMetricsRpcService(configuration, rpcService.getAddress());
    metricRegistry.startQueryService(metricQueryServiceRpcService, resourceId);

    blobCacheService = new BlobCacheService(
            configuration, highAvailabilityServices.createBlobStore(), null);

    taskManager = startTaskManager(
            this.configuration,
            this.resourceId,
            rpcService,
            highAvailabilityServices,
            heartbeatServices,
            metricRegistry,
            blobCacheService,
            false,
            this);

    this.terminationFuture = new CompletableFuture<>();
    this.shutdown = false;

    MemoryLogger.startIfConfigured(LOG, configuration, terminationFuture);
}
```

如代码清单8-12所示，在构建和启动TaskManager时，会启动ResourceManager-LeaderRetriever、TaskSlotTable 和 JobLeaderService。其中ResourceManagerLeaderRetriever和JobLeaderService可以为TaskManager提供检索ResourceManager和JobMaster的首领信息，从而与ResourceManager、JobMaster建立通信。TaskSlotTable提供对Slot的管理，其中Slot是供作业的Task部署的最基本的逻辑单元。

代码清单 8-12 TaskManager 启动基本服务

```
private void startTaskExecutorServices() throws Exception {
    try {
        // 启动 ResourceManager 首领信息检索服务
        resourceManagerLeaderRetriever.start(new ResourceManagerLeaderListener());

        // 启动 TaskSlotTable
        taskSlotTable.start(new SlotActionsImpl());

        // 启动 JobLeaderService
        jobLeaderService.start(getAddress(), getRpcService(), haServices,
```

```
            new JobLeaderListenerImpl());

        fileCache = new FileCache(taskManagerConfiguration.getTmpDirectories(),
            blobCacheService.getPermanentBlobService());
    } catch (Exception e) {
        handleStartTaskExecutorServicesException(e);
    }
}
```

8.3 Flink on YARN 模式

Standalone 部署存在资源利用率低、资源隔离不足以及不支持多租户等问题，因此很多公司在实际生产中并不采用它，而采用 Flinkon YARN 和 Flinkon Kubernetes 部署方式来解决 Standalone 存在的问题。接下来看 Flink on YARN 模式的原理与实现。在开启 Flink on YARN 模式之前，先来看看 YARN 的基本架构。

8.3.1 YARN 基本架构

YARN（Yet Another Resource Negotiator，另一种资源协调者）是由 Hadoop 2.0 对 MapReduce 框架进行彻底的设计重构，从 JobTracker 中拆分而独立出的资源管理框架。YARN 的基本思想是将资源管理与作业的调度及监控拆分。这个基本思想使得 YARN 有一个全局的 ResourceManager 和与每个应用对应的 ApplicationMaster。其中，应用可以是单个作业或者由 DAG 做成的作业。YARN 的架构如图 8-4 所示。

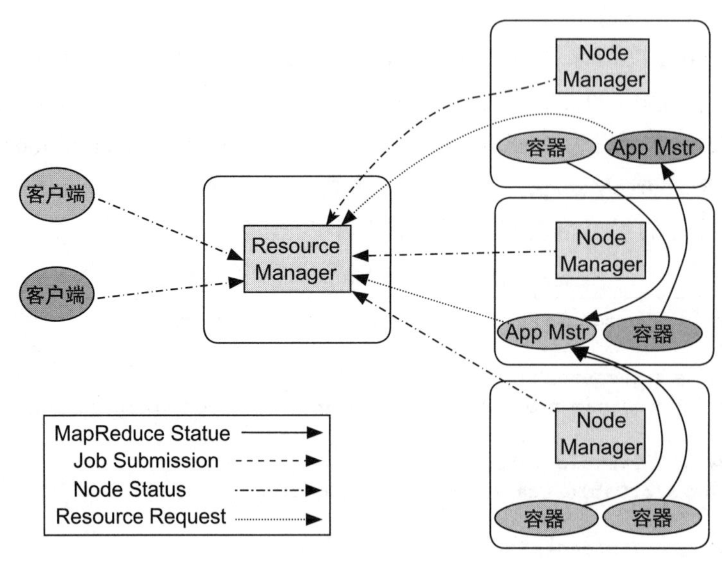

图 8-4　YARN 的架构图

从架构来看，YARN 主要有以下组件。

（1）Client 组件

Client 组件负责与 ResourceManager 通信，提交和停止应用。

（2）ResourceManager 组件

ResourceManager 是 YARN 的核心资源管理器，整个集群只有一个活跃的 ResourceManager。ResourceManager 主要有两个组件：调度器（Scheduler）与应用管理器（ApplicationManager）。

其中调度器根据资源、队列的限制匹配，为已提交的运行分配资源。调度器是基于应用要求的资源来调度分配的，即基于对抽象资源的容器（包括内存、CPU、磁盘、网络等）来进行资源调度分配的。

调度器是支持插拔的，目前常用的调度器有 CapacityScheduler 和 FairScheduler。调度器只单纯负责资源分配，不负责应用状态的监控和跟踪，也不保障因作业失败或硬件故障而失败的任务的重启。

应用管理器负责接收提交的作业，与应用启动的第一个容器 ApplicationMaster 通信，以及提供服务来保障 ApplicationMaster 失败能重启。

（3）NodeManager 组件

NodeManager 是机器上的代理，负责管理容器，监控容器的资源使用情况，并将监控情况汇报给 ResourceManager。

（4）容器组件

容器是对资源的一种抽象，由 NodeManager 启动和管理，并被 NodeManager 监控。容器会被 ResourceManager 中的调度器根据 NodeManager 汇报的监控情况进行调度。ApplicationMaster 是特殊的容器，在每个应用中只有一个，而且是应用启动的第一个容器，主要负责与 ResourceManager 进行通信并分配普通的容器，与 NodeManager 交互启动任务并监控任务的状态。

8.3.2 Flink on YARN 模式介绍

在 Flink 1.9 版本中，Flink on YARN 有两种模式，分别是长期运行的 Flink 集群模式（Session 模式）和 Flink 作业模式（Per-Job 模式，集群的生命周期与作业的生命周期一致，一个集群一个作业）。Flink on YARN 的集群模式与作业模式可从启动的方式来简单区分。

1. 集群模式的启动方式

集群模式的启动方式是通过 yarn-session.sh 来启动 on YARN 模式的 Flink 集群。例如，执行以下命令可启动一个 1GB 内存的 JobManager、4GB 内存的 TaskManager（一个 TaskManager 包含 5 个 Slot，CPU 为 5 核）的集群。

```
./bin/yarn-session.sh -jm 1024m -tm 4096m -s 5
```

往启动的 on YARN 的集群提交作业，通过 flink.sh 命令，往 applicationId 依附（attach）的 Flink 集群提交作业。下面的启动命令通过 -yid 指定 Flink 集群对应的 applicationId。

```
./bin/flink run -yid application_1463870264508_0029 ./examples/batch/
    WordCount.jar
```

2. 作业模式的启动方式

作业模式的启动方式是通过 ./bin/flink.sh 命令将 -m 设置为 yarn-cluster 来指定 on-yarn，并提供需要运行作业的 JAR 路径，仅运行一个作业。启动命令如下：

```
./bin/flink run -m yarn-cluster ./examples/batch/WordCount.jar -d
```

3. Flink On YARN 模式中与 YARN 的交互

on YARN 下的集群模式和作业模式都会与 YARN 进行交互。如图 8-5 所示，Flink 与 YARN 交互的大致过程如下。

1）客户端将相关 JAR（Flink 引擎的 JAR，对于作业模式还包括应用的 JAR）和配置上传到 HDFS。

2）客户端向 YARN 的 ResourceManager 申请一个容器来启动 ApplicationMaster，同时客户端会为该容器注册上传的 JAR 和配置资源。

3）YARN ResourceManager 根据客户端的申请情况分配容器，该容器由对应的 NodeManager 启动。其中 JobManager 和 ApplicationMaster 运行在同一个容器上，ApplicationMaster 按照 JobManager 提供的申请资源情况向 ResourceManager 申请容器。

4）YARN ResourceManager 根据申请的情况分配容器，容器会下载 ApplicationMaster 事先注册的 JAR 和配置资源，来启动 TaskManager 的容器。

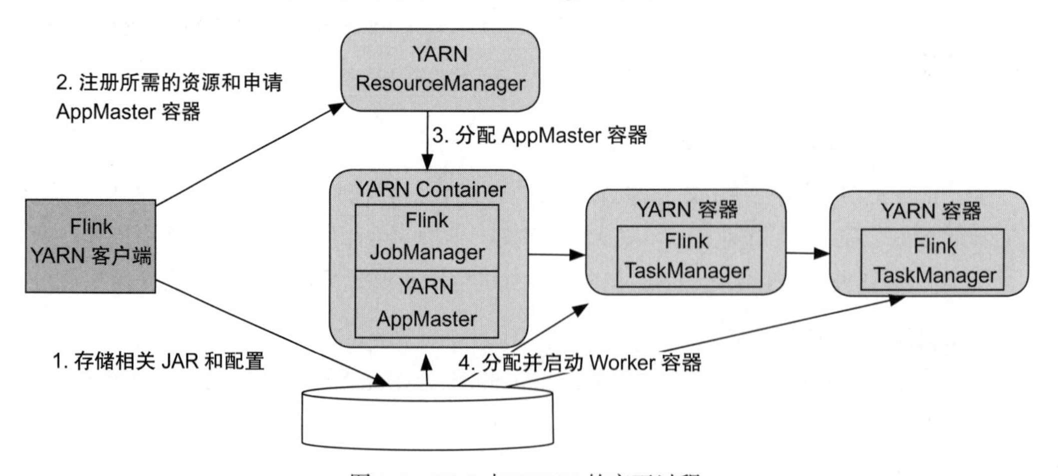

图 8-5　Flink 与 YARN 的交互过程

8.3.3 Flink on YARN 启动过程

Flink on YARN 的启动过程分成三部分，即 Client 启动过程、JobManager 启动过程和 TaskManager 启动过程，整体的启动过程如图 8-6 所示。

第一部分：Client 启动过程

作业模式的启动脚本是 flink.sh。flink.sh 会通过 Java 命令调用入口类 CliFrontend 的主方法，CliFrontend 会加载 FlinkYarnSessionCli 支持的命令行，再往 YarnClusterDescriptor 调用 deployJobCluster 方法，向 YARN 的 ResourceManager 申请作业模式对应的 JobManager-AppMaster。

集群模式的启动脚本是 yarn-session.sh。yarn-session.sh 会通过 Java 命令调用入口类 FlinkYarnSessionCli，并根据启动命令的参数调用 YarnClusterDescriptor 的 deploySessionCluster 方法，向 ResourceManager 申请集群模式（Session 模式）的 JobManager AppMaster。

第二部分：JobManager 启动过程

YARN ResourceManager 根据前面 Client 申请的 JobManager AppMaster 情况，分配 AppMaster。AppMaster 的启动类是在申请的时候设置的，其中作业模式的启动类为 YarnJobClusterEntrypoint，而集群模式（Session 模式）的启动类为 YarnSession-ClusterEntrypoint。这两个启动类会启动不同类型的 Dispatcher 和相同类型的 YarnResource-Manager，其中 YarnResourceManager 会根据作业的情况向 YARN ResourceManager 申请 TaskManager 容器资源。

第三部分：TaskManager 启动过程

TaskManager 的入口类为 YarnTaskExecutorRunner，负责启动 TaskExecutor。这个入口类是 Flink YarnResourceManager 往 YARN 的 ResourceManager 组件申请容器时设置的。

前面对 Flink on YARN 模式的三部分简单介绍完了，接下看看客户端启动的三个类 CliFrontend、FlinkYarnSessionCli 和 YarnClusterDescriptor。

1. CliFrontend、FlinkYarnSessionCli 与 YarnClusterDescriptor

（1）CliFrontend

CliFrontend 是作业模式启动集群的入口类。CliFrontend 要想支持 on YARN 的作业模式，需要支持 on YARN 的命令行。加载支持 on YARN 的命令行的实现如代码清单 8-13 所示。其中，CliFrontend 通过反射机制加载支持 on YARN 的命令行的 FlinkYarn SessionCli 类，使用反射机制加载是为了解决相互依赖的问题（flink-yarn 模块依赖于 flink-client 模块）。

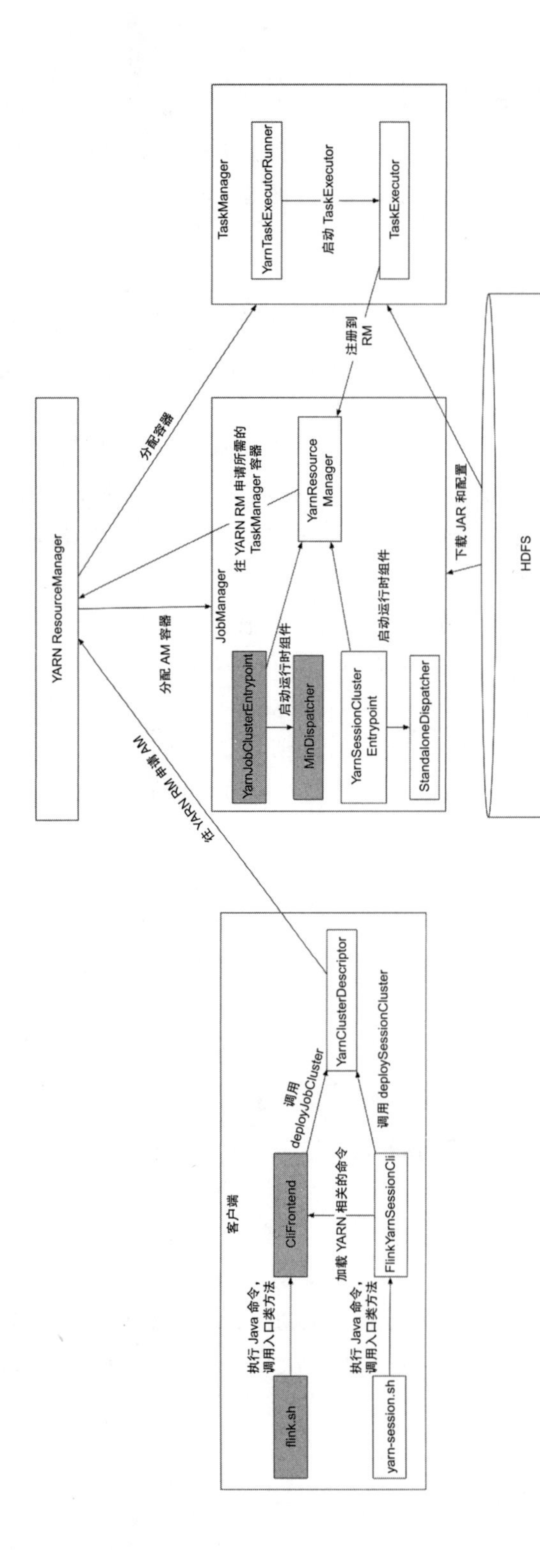

图 8-6 Flink on YARN 的启动过程

代码清单 8-13 CliFrontend 加载 CustomCommandLine 的实现

```
public static List<CustomCommandLine<?>> loadCustomCommandLines(
        Configuration configuration, String configurationDirectory) {
    List<CustomCommandLine<?>> customCommandLines = new ArrayList<>(2);

    // 通过反射机制加载 FlinkYarnSessionCli 的命令行
    // 其中 DefaultCLI 需要放到最后添加，它与 getActiveCustomCommandLine 的方法有关
    final String flinkYarnSessionCLI = "org.apache.flink.yarn.cli.FlinkYarnSessionCli";
    try {
        customCommandLines.add(
            loadCustomCommandLine(flinkYarnSessionCLI,
                configuration,
                configurationDirectory,
                "y",
                "yarn"));
    } catch (NoClassDefFoundError | Exception e) {
        LOG.warn("Could not load CLI class {}.", flinkYarnSessionCLI, e);
    }

    customCommandLines.add(new DefaultCLI(configuration));

    return customCommandLines;
}
```

在 CliFrontend 中，需要判断哪个 CustomCommandLine 是活跃的，再用活跃的 CustomCommandLine 去创建对应部署方式的 ClusterDescriptor 实现（其中 FlinkYarnSessionCli 是 CustomCommandLine 接口的实现）。如代码清单 8-14 所示，在 CliFrontend 类中，遍历所有加载的 CustomCommandLine 并逐一判断是否活跃，如找到活跃的 CustomCommand-Line 则返回它。

代码清单 8-14 获取活跃的 CustomCommandLine 的实现

```
public CustomCommandLine<?> getActiveCustomCommandLine(CommandLine commandLine) {
    for (CustomCommandLine<?> cli : customCommandLines) {
        // 判断命令行是否活跃，这块代码决定 DefaultCLI 在加载的时候放到最后
        if (cli.isActive(commandLine)) {
            return cli;
        }
    }
    throw new IllegalStateException("No command-line ran.");
}
```

提交作业时，是直接以作业模式构建作业集群执行还是向 Session 模式的集群提交作业执行，这在 CliFrontend 类里已进行了划分。如代码清单 8-15 所示，提交作业以作业模式构建集群并执行的条件是，命令行里对应的 clusterId 为空（在 on YARN 模式即为

ApplicationId，对应命令为 -yid），且以 detached 模式运行命令（对应命令为 -d）。

代码清单 8-15 CliFrontend 运行作业

```
private <T> void runProgram(
        CustomCommandLine<T> customCommandLine,
        CommandLine commandLine,
        RunOptions runOptions,
        PackagedProgram program) throws ProgramInvocationException, FlinkException {
    final ClusterDescriptor<T> clusterDescriptor =
        customCommandLine.createClusterDescriptor(commandLine);

    try {
        final T clusterId = customCommandLine.getClusterId(commandLine);

        final ClusterClient<T> client;

        // 作业模式集群部署与启动
        if (clusterId == null && runOptions.getDetachedMode()) {
            int parallelism = runOptions.getParallelism() == -1
                    ? defaultParallelism
                    : runOptions.getParallelism();

            final JobGraph jobGraph = PackagedProgramUtils.createJobGraph(
                    program, configuration, parallelism);
            // 通过调用 YarnClusterDescriptor 的 deployJobCluster 方法部署作业模式集群
            final ClusterSpecification clusterSpecification =
                    customCommandLine.getClusterSpecification(commandLine);
            client = clusterDescriptor.deployJobCluster(
                    clusterSpecification,
                    jobGraph,
                    runOptions.getDetachedMode());

            logAndSysout("Job has been submitted with JobID " + jobGraph.getJobID());

            try {
                client.shutdown();
            } catch (Exception e) {
                LOG.info("Could not properly shut down the client.", e);
            }
        } else {
            final Thread shutdownHook;
            // Session 集群已经部署时，只需检索
            if (clusterId != null) {
                client = clusterDescriptor.retrieve(clusterId);
                shutdownHook = null;
            } else {
                // Session 集群未部署时，调用 YarnClusterDescriptor 的
                // deploySessionCluster 方法
```

```
        // 来部署 Session 集群
        final ClusterSpecification clusterSpecification =
                customCommandLine.getClusterSpecification(commandLine);
        client = clusterDescriptor.deploySessionCluster(clusterSpecification);

        if (!runOptions.getDetachedMode() && runOptions.
                isShutdownOnAttachedExit()) {
            shutdownHook = ShutdownHookUtil.addShutdownHook(
                    client::shutDownCluster,
                    client.getClass().getSimpleName(), LOG);
        } else {
            shutdownHook = null;
        }
    }

    try {
        client.setPrintStatusDuringExecution(runOptions.getStdoutLogging());
        client.setDetached(runOptions.getDetachedMode());

        LOG.debug("{}", runOptions.getSavepointRestoreSettings());

        int userParallelism = runOptions.getParallelism();
        LOG.debug("User parallelism is set to {}", userParallelism);
        if (ExecutionConfig.PARALLELISM_DEFAULT == userParallelism) {
            userParallelism = defaultParallelism;
        }

        // 往 Session 集群提交作业
        executeProgram(program, client, userParallelism);
    } finally {
        if (clusterId == null && !client.isDetached()) {
            try {
                client.shutDownCluster();
            } catch (final Exception e) {
                LOG.info("Could not properly terminate the"
                        + "Flink cluster.", e);
            }
            if (shutdownHook != null) {
                ShutdownHookUtil.removeShutdownHook(shutdownHook,
                        client.getClass().getSimpleName(), LOG);
            }
        }
        try {
            client.shutdown();
        } catch (Exception e) {
            LOG.info("Could not properly shut down the client.", e);
        }
    }
```

```
            }
        } finally {
            try {
                clusterDescriptor.close();
            } catch (Exception e) {
                LOG.info("Could not properly close the cluster descriptor.", e);
            }
        }
    }
```

（2）FlinkYarnSessionCli

FlinkYarnSessionCli 提供支持 on-YARN 相关的命令，它也是 yarn-session.sh 调用的入口类。FlinkYarnSessionCli 主要负责命令行的支持、YarnClusterDescriptor 的创建以及判断 on YARN 模式是否生效。其中 on YARN 模式是否生效是由 FlinkYarnSessionCli 的 isActive 方法来决定的。如代码清单 8-16 所示，FlinkYarnSessionCli 中 isActive 判断 on YARN 生效的依据是下面三个条件中有任意一个成立。

- 命令行中有 -m yarn-cluster。
- 命令行中有 -yid 带上 YARN 的 AppMaster 的 applicationId。
- 采用 yarn-properties 文件模式，同时 yarn-properties 文件中有 applicationId 这个键，且 applicationId 对应的值不为空。

代码清单 8-16　判断 FlinkYarnSessionCli 是否活跃或生效

```
@Override
public boolean isActive(CommandLine commandLine) {
    String jobManagerOption = commandLine.getOptionValue(addressOption.getOpt(),
            null);
    boolean yarnJobManager = ID.equals(jobManagerOption);
    boolean yarnAppId = commandLine.hasOption(applicationId.getOpt());
    return yarnJobManager || yarnAppId || (isYarnPropertiesFileMode(commandLine)
            && yarnApplicationIdFromYarnProperties != null);
}
```

（3）YarnClusterDescriptor

YarnClusterDescriptor 继承自 AbstractYarnClusterDescriptor，主要提供以下几个来自接口 ClusterDescriptor 的方法。

- getClusterDescription 方法：获取集群的情况，包括 YARN NodeManager 和 YARN 队列的情况，供往 YARN 集群提交作业之前查看资源是否足够。
- retrieve 方法：通过 YARN ApplicationId 来检索已经部署好的 Flink on YARN 集群（包括供作业模式和集群模式使用），供往已经部署好的集群提交作业、取消作业和停止作业等。

- deploySessionCluster 方法：用来支持集群模式的部署，会向 YARN Resource-Manager 申请 ApplicationMaster，其 ApplicationMaster 启动的入口类为 YarnSession-ClusterEntrypoint。
- deployJobCluster 方法：用来支持作业模式的部署。它与 deploySessionCluster 方法的实现不同的是，deploySessionCluster 的 JobGraph 为 null（不提供作业信息，只构建集群），而 deployJobCluster 提供 JobGraph 的信息（作业模式下，集群的生命周期与作业的生命周期相关），并且 JobGraph 设置调度为懒分配（在作业调度时才申请资源，为任务分配 Slot）。此外，两者的不同之处还有，deployJobCluster 往 YARN ResourceManager 申请的 ApplicationMaster 的入口类为 YarnJobClusterEntrypoint，而 deploySessionCluster 往 YARN ResourceManager 申请的 Application Master 的入口类为 YarnSessionClusterEntrypoint。
- 两者相同的地方是，都是通过调用 AbstractYarnClusterDescriptor 中的 deployInternal 方法来实现向 YARN ResourceManager 申请 ApplicationMaster，只是传入参数不同而已。
- killCluster 方法：通过 YARN ApplicationId 来终止对应的已部署集群。

如代码清单 8-17 所示，deploySessionCluster 方法和 deployJobCluster 方法的共同调用方法 deployInternal 方法，会先检查配置是否有效、YARN 队列是否存在和资源是否足够，再调用 startAppMaster 方法向 YARN ResourceManager 提交申请，最后返回带有已部署成功的 Flink 集群信息的 RestClusterClient。startAppMaster 方法主要用于：设置启动 ApplicationMaster 所需的配置和 JAR 包，并将其上传至 HDFS；设置 ApplicationMaster 的环境变量、启动的命令和所需的资源大小（包括 CPU 和内存）；向 YARN ResourceManager 提交申请的 ApplicaitonMaster 的描述。

代码清单 8-17 AbstractYarnClusterDescriptor 类中的 deployInternal 方法

```
protected ClusterClient<ApplicationId> deployInternal(
        ClusterSpecification clusterSpecification,
        String applicationName,
        String yarnClusterEntrypoint,
        @Nullable JobGraph jobGraph,
        boolean detached) throws Exception {

    // ------------------ 检查配置是否有效 ---------------------
    validateClusterSpecification(clusterSpecification);

    if (UserGroupInformation.isSecurityEnabled()) {
        boolean useTicketCache = flinkConfiguration.getBoolean(
                SecurityOptions.KERBEROS_LOGIN_USETICKETCACHE);

        UserGroupInformation loginUser = UserGroupInformation.getCurrentUser();
```

```
    if (loginUser.getAuthenticationMethod() ==
            UserGroupInformation.AuthenticationMethod.KERBEROS
        && useTicketCache && !loginUser.hasKerberosCredentials()) {
            LOG.error("Hadoop security with Kerberos is enabled but the"
                    + "login user does not have Kerberos credentials");
            throw new RuntimeException(
                    "Hadoop security with Kerberos is enabled but the
                    login user "
                    + "does not have Kerberos credentials");
    }
}

isReadyForDeployment(clusterSpecification);

// ------------------ 检查制定的 YRAN 队列是否存在 --------------------

checkYarnQueues(yarnClient);

// ------------------ 将动态的 properties 放到 flinkConfiguration 配置中 ------
Map<String, String> dynProperties = getDynamicProperties(
    dynamicPropertiesEncoded);
for (Map.Entry<String, String> dynProperty : dynProperties.entrySet()) {
    flinkConfiguration.setString(dynProperty.getKey(), dynProperty.getValue());
}


// 通过 YarnClient 创建应用
final YarnClientApplication yarnApplication = yarnClient.createApplication();
final GetNewApplicationResponse appResponse =
    yarnApplication.getNewApplicationResponse();

Resource maxRes = appResponse.getMaximumResourceCapability();

final ClusterResourceDescription freeClusterMem;
try {
    // 通过遍历每个 NodeManager 的情况来获取整个 YARN 集群的空闲情况
    freeClusterMem = getCurrentFreeClusterResources(yarnClient);
} catch (YarnException | IOException e) {
    failSessionDuringDeployment(yarnClient, yarnApplication);
    throw new YarnDeploymentException(
        "Could not retrieve information about free cluster resources.", e);
}

final int yarnMinAllocationMB = yarnConfiguration.getInt(
        YarnConfiguration.RM_SCHEDULER_MINIMUM_ALLOCATION_MB, 0);

final ClusterSpecification validClusterSpecification;
try {
```

```
        // 检查 YARN 集群空闲情况，判断是否满足构建 Flink 集群的资源要求
        validClusterSpecification = validateClusterResources(
                clusterSpecification,
                yarnMinAllocationMB,
                maxRes,
                freeClusterMem);
    } catch (YarnDeploymentException yde) {
        failSessionDuringDeployment(yarnClient, yarnApplication);
        throw yde;
    }

    LOG.info("Cluster specification: {}", validClusterSpecification);

    final ClusterEntrypoint.ExecutionMode executionMode = detached
            ? ClusterEntrypoint.ExecutionMode.DETACHED
            : ClusterEntrypoint.ExecutionMode.NORMAL;

    flinkConfiguration.setString(ClusterEntrypoint.EXECUTION_MODE,
        executionMode.toString());

    // 向 YARN ResourceManager 提交 applicationMaster 的申请
    ApplicationReport report = startAppMaster(
            flinkConfiguration,
            applicationName,
            yarnClusterEntrypoint,
            jobGraph,
            yarnClient,
            yarnApplication,
            validClusterSpecification);

    String host = report.getHost();
    int port = report.getRpcPort();

    // 初始化 JobMaster 的地址和端口、REST 的地址和端口，供构建 RestClusterClient 使用
    flinkConfiguration.setString(JobManagerOptions.ADDRESS, host);
    flinkConfiguration.setInteger(JobManagerOptions.PORT, port);

    flinkConfiguration.setString(RestOptions.ADDRESS, host);
    flinkConfiguration.setInteger(RestOptions.PORT, port);

    // 返回 RestClusterClient，里面包含了已部署的 Flink 集群的信息
    return createYarnClusterClient(
            this,
            validClusterSpecification.getNumberTaskManagers(),
            validClusterSpecification.getSlotsPerTaskManager(),
            report,
            flinkConfiguration,
            true);
}
```

2. YarnJobClusterEntrypoint、YarnSessionClusterEntrypoint 与 YarnResourceManager

（1）YarnJobClusterEntrypoint

YarnJobClusterEntrypoint 作为作业模式的入口类，主要有以下实现方法。

- createDispatcherResourceManagerComponentFactory：实现来自 ClusterEntrypoint 的抽象方法，来提供创建对应 Dispatcher 和 ResourceManager 的工具类，在作业模式下创建具体的 Dispatcher 即 MiniDispatcher。MiniDispatcher 保证了一个集群一个作业。
- 主方法（main 方法）：作为作业模式的入口方法，主方法主要加载 ApplicationMaster 启动准备好的配置环境及作业对应的 JobGraph 等，构建运行时对应的 MiniDispatcher、YarnResourceManager 等组件。

在作业模式下，使用 MiniDispatcher 来保证一个集群只运行一个作业。MiniDispatcher 是通过 SingleJobSubmittedJobGraphStore 来保证一个集群只运行一个作业的，如代码清单 8-18 所示。SingleJobSubmittedJobGraphStore 在 putJobGraph 中限制只能有一个 JobGraph，这是通过判断在调用 recoveryJobGraph 方法时恢复的作业的 ID 是否与绑定的 jobId 一致来实现的。

代码清单 8-18 SingleJobSubmittedJobGraphStore 类的实现

```
public class SingleJobSubmittedJobGraphStore implements SubmittedJobGraphStore {

    private final JobGraph jobGraph;

    public SingleJobSubmittedJobGraphStore(JobGraph jobGraph) {
        this.jobGraph = Preconditions.checkNotNull(jobGraph);
    }

    @Override
    public void start(SubmittedJobGraphListener jobGraphListener)
            throws Exception {
        // 不做任何事情
    }

    @Override
    public void stop() throws Exception {
        // 不做任何事情
    }

    // 在 Dispatcher 获取首领角色的情况下，会执行 recoveryJobGraph 来启动 JobMaster,
    // 执行作业
    @Override
    public SubmittedJobGraph recoverJobGraph(JobID jobId) throws Exception {
        if (jobGraph.getJobID().equals(jobId)) {
```

```
            return new SubmittedJobGraph(jobGraph);
        } else {
            throw new FlinkException(
                    "Could not recover job graph " + jobId + '.');
        }
    }

    // 保证只能运行一个作业
    @Override
    public void putJobGraph(SubmittedJobGraph jobGraph) throws Exception {
        if (!this.jobGraph.getJobID().equals(jobGraph.getJobId())) {
            throw new FlinkException("Cannot put additional jobs into this"
                    + "submitted job graph store.");
        }
    }

    @Override
    public void removeJobGraph(JobID jobId) {
        // 不做任何事情
    }

    @Override
    public void releaseJobGraph(JobID jobId) {
        // 不做任何事情
    }

    @Override
    public Collection<JobID> getJobIds() {
        return Collections.singleton(jobGraph.getJobID());
    }
    }
```

在作业模式（Per-Job 模式）下，通过 YARN 来保障 JobManager（Master 节点）的容错（YARN 保障 ApplicationMaster 容错的机制），通过 MiniDispatcher 中的 SingleJobSubmittedJobGraphStore 来保证只运行一个作业。

（2）YarnSessionClusterEntrypoint

YarnSessionClusterEntrypoint 是集群模式的入口类，其实现方法与 YarnJobClusterEntrypoint 的差不多，只是 createDispatcherResourceManagerComponentFactory 方法的实现和主方法加载的内容有点出入。

YarnSessionClusterEntrypoint 中的 createDispatcherResourceManagerComponentFactory 方法，返回创建 StandaloneDispatcher 和 YarnResourceManager 的工厂类，主方法不会加载作业的 JobGraph。

在集群模式下，JobManager（Master 节点）的容错是通过 YARN 和集群的 High-

AvailabilityServices 服务来共同保障的，集群模式利用 HighAvailabilityServices 服务对应的 SubmittedJobGraphStore 来支持多作业的容错。

其中 YarnResourceManager 负责 TaskExecutor 的资源申请与启动以及整个资源的状态维护，会与 YARN ResourceManager 和 YARN NodeManager 进行通信。

（3）YarnResourceManager

YarnResourceManager 类的实现分为三部分：

- 初始化；
- 申请、启动和停止 TaskExecutor；
- TaskExecutor Container 的状态监控。

如代码清单 8-19 所示，在初始化部分，YarnResourceManager 会创建和启动 resourceManagerClient 、nodeManagerClient，分别用于与 YARN ResourceManager 和 NodeManager 通信，并且通过 resourceManagerClient 与 YARN ResourceManager 获取该作业对应申请的容器（在 JobManager 故障转移时获取作业原来申请的容器，在其他情况下该过程没意义）。

代码清单 8-19 YarnResourceManager 类的初始化

```
@Override
protected void initialize() throws ResourceManagerException {
    try {
        resourceManagerClient = createAndStartResourceManagerClient(
                yarnConfig,
                yarnHeartbeatIntervalMillis,
                webInterfaceUrl);
    } catch (Exception e) {
        throw new ResourceManagerException(
            "Could not start resource manager client.", e);
    }

    nodeManagerClient = createAndStartNodeManagerClient(yarnConfig);
}

protected AMRMClientAsync<AMRMClient.ContainerRequest>
    createAndStartResourceManagerClient(
        YarnConfiguration yarnConfiguration,
        int yarnHeartbeatIntervalMillis,
        @Nullable String webInterfaceUrl) throws Exception {
    AMRMClientAsync<AMRMClient.ContainerRequest> resourceManagerClient =
            AMRMClientAsync.createAMRMClientAsync(
                    yarnHeartbeatIntervalMillis,
                    this);

    resourceManagerClient.init(yarnConfiguration);
```

```
    resourceManagerClient.start();

    Tuple2<String, Integer> hostPort = parseHostPort(getAddress());

    final int restPort;

    if (webInterfaceUrl != null) {
        final int lastColon = webInterfaceUrl.lastIndexOf(':');

        if (lastColon == -1) {
            restPort = -1;
        } else {
            restPort = Integer.valueOf(webInterfaceUrl.substring(lastColon + 1));
        }
    } else {
        restPort = -1;
    }

    final RegisterApplicationMasterResponse registerApplicationMasterResponse =
            resourceManagerClient.registerApplicationMaster(hostPort.f0, restPort,
                webInterfaceUrl);
    getContainersFromPreviousAttempts(registerApplicationMasterResponse);

    return resourceManagerClient;
}
```

其中，YarnResourceManager启动新TaskExecutor的过程分成两部分：通过resourceManagerClient往YARN ResourceManager提交容器申请，如代码清单8-20所示；通过resourceManagerClient监听到容器已分配，并通过nodeManagerClient启动TaskExecutor，如代码清单8-21所示。

代码清单 8-20　YarnResourceManager 启动新的 TaskExecutor 方法

```
public Collection<ResourceProfile> startNewWorker(ResourceProfile resourceProfile) {
    if (!slotsPerWorker.iterator().next().isMatching(resourceProfile)) {
        return Collections.emptyList();
    }
    requestYarnContainer();
    return slotsPerWorker;
}

private void requestYarnContainer() {
    resourceManagerClient.addContainerRequest(getContainerRequest());

    // 通过设置心跳时间来加速向ResourceManager申请的投送，
    // 因为ResourceManagerClient与YARN ResourceManager的通信是通过心跳来实现的
    resourceManagerClient.setHeartbeatInterval(
```

```
        containerRequestHeartbeatIntervalMillis);
    numPendingContainerRequests++;

    log.info("Requesting new TaskExecutor container with resources {}."
        + "Number pending requests {}.",
        resource,
        numPendingContainerRequests);
}
```

代码清单 8-21 YarnResourceManager 监听到容器已分配时的处理逻辑

```
@Override
public void onContainersAllocated(List<Container> containers) {
    runAsync(() -> {
        log.info("Received {} containers with {} pending container requests.",
                containers.size(), numPendingContainerRequests);
        final Collection<AMRMClient.ContainerRequest> pendingRequests =
            getPendingRequests();
        final Iterator<AMRMClient.ContainerRequest> pendingRequestsIterator =
            pendingRequests.iterator();

        // 检测资源的情况
        final int numAcceptedContainers = Math.min(containers.size(),
            numPendingContainerRequests);
        final List<Container> requiredContainers = containers.subList(0,
            numAcceptedContainers);
        final List<Container> excessContainers =
                containers.subList(numAcceptedContainers, containers.size());

        for (int i = 0; i < requiredContainers.size(); i++) {
            removeContainerRequest(pendingRequestsIterator.next());
        }

        // 对于申请的资源过多的情况，释放过多的容器
        excessContainers.forEach(this::returnExcessContainer);
        // 对于必要的Contaienr，通过startTaskExecutorInContainer方法启动TaskExecutor
        requiredContainers.forEach(this::startTaskExecutorInContainer);

        // 不需要申请资源时，将心跳时间设置大一些，减少对YARN ResourceManager的压力
        if (numPendingContainerRequests <= 0) {
            resourceManagerClient.setHeartbeatInterval(yarnHeartbeatIntervalMillis);
        }
    });
}

private void startTaskExecutorInContainer(Container container) {
    final String containerIdStr = container.getId().toString();
    final ResourceID resourceId = new ResourceID(containerIdStr);
```

```
        workerNodeMap.put(resourceId, new YarnWorkerNode(container));

        try {
            // 设置 TaskExecutor 启动的上下文信息
            ContainerLaunchContext taskExecutorLaunchContext =
                createTaskExecutorLaunchContext(
                    container.getResource(),
                    containerIdStr,
                    container.getNodeId().getHost());

            nodeManagerClient.startContainerAsync(container, taskExecutorLaunchContext);
        } catch (Throwable t) {
            releaseFailedContainerAndRequestNewContainerIfRequired(container.getId(), t);
        }
    }

    private void returnExcessContainer(Container excessContainer) {
        log.info("Returning excess container {}.", excessContainer.getId());
        resourceManagerClient.releaseAssignedContainer(excessContainer.getId());
    }
```

YarnResourceManager 停止部分分为停止整个集群和停止单个 TaskExecutor。停止整个集群的方式如代码清单 8-22 所示，直接通过 ResourceManagerClient 调用 unregister-ApplicationMaster 方法来实现；而停止单个 TaskExecutor 的方式如代码清单 8- 23 所示，通过 nodeManagerClient 停止 Container，通过 ResourceManagerClient 释放容器的资源，并移除在 YarnResourceManager 的 workNodeMap 中维护的 ResourceId 状态。

代码清单 8-22　YarnResourceManager 停止整个应用

```
    @Override
    protected void internalDeregisterApplication(
            ApplicationStatus finalStatus,
            @Nullable String diagnostics) {

        FinalApplicationStatus yarnStatus = getYarnStatus(finalStatus);
        log.info("Unregister application from the YARN Resource Manager with"
            + "final status {}.", yarnStatus);

        final Optional<URL> historyServerURL =
            HistoryServerUtils.getHistoryServerURL(flinkConfig);

        final String appTrackingUrl = historyServerURL.map(URL::toString).orElse("");

        try {
            resourceManagerClient.unregisterApplicationMaster(yarnStatus, diagnostics,
                appTrackingUrl);
        } catch (Throwable t) {
```

```
        log.error("Could not unregister the application master.", t);
    }

    Utils.deleteApplicationFiles(env);
}
```

代码清单 8-23　YarnResourceManager 停止单个 TaskExecutor

```
@Override
public boolean stopWorker(final YarnWorkerNode workerNode) {
    final Container container = workerNode.getContainer();
    log.info("Stopping container {}.", container.getId());
    nodeManagerClient.stopContainerAsync(container.getId(), container.getNodeId());
    resourceManagerClient.releaseAssignedContainer(container.getId());
    workerNodeMap.remove(workerNode.getResourceID());
    return true;
}
```

其中 TaskExeuctor Container（TaskManager）状态监控分成两部分，分别是来自 YARN ResourceManager 监听的状态和来自 NodeManager 相关的状态。

来自 Yarn ResourceManager 监听的状态如下。

- Container Allocated 状态：表示容器已分配，会调用 onContainersAllocated 方法来后续启动 TaskExecutor。
- Container Completed 状态：会回调 onContainersCompleted 的方法重新申请必要的容器，如代码清单 8-24 所示。

代码清单 8-24　YarnResourceManager 监听到 Container Completed 时的处理逻辑

```
@Override
public void onContainersCompleted(final List<ContainerStatus> statuses) {
    runAsync(() -> {
        log.debug("YARN ResourceManager reported the following containers"
            + "completed: {}.", statuses);
        for (final ContainerStatus containerStatus : statuses) {

            final ResourceID resourceId =
                new ResourceID(containerStatus.getContainerId().toString());
            final YarnWorkerNode yarnWorkerNode = workerNodeMap.remove(resourceId);

            if (yarnWorkerNode != null) {
                // 容器异常结束，需要检查资源是否足够，如不够则再申请
                requestYarnContainerIfRequired();
            }
            // 断掉与 TaskExecutor 的连接
            closeTaskManagerConnection(resourceId,
                new Exception(containerStatus.getDiagnostics()));
```

```
        }
    );
}

private void requestYarnContainerIfRequired() {
    int requiredTaskManagerSlots = getNumberRequiredTaskManagerSlots();
    int pendingTaskManagerSlots = numPendingContainerRequests * numberOfTaskSlots;

    if (requiredTaskManagerSlots > pendingTaskManagerSlots) {
        requestYarnContainer();
    }
}
```

如代码清单 8-25 所示，来自 NodeManager 部分的处理有 onContainerStarted、onContainer-StatusReceived、onContainerStopped、onStartContainerError、onGetContainerStatusError 和 onStopContainerError。YarnResourceManager 只会关注启动容器异常的，会释放异常的容器，并通过 requestYarnContainerIfRequired 申请必要的容器。

代码清单 8-25　处理来自 NodeManager 的容器状态变更的处理逻辑

```
@Override
public void onContainerStarted(ContainerId containerId,
        Map<String, ByteBuffer> map) {
    log.debug("Succeeded to call YARN Node Manager to start container {}.",
        containerId);
}

@Override
public void onContainerStatusReceived(ContainerId containerId,
    ContainerStatus containerStatus) {
    // 不做任何事情，主要原因是对这个状态不需要处理
}

@Override
public void onContainerStopped(ContainerId containerId) {
    log.debug("Succeeded to call YARN Node Manager to stop container {}.",
        containerId);
}

@Override
public void onStartContainerError(ContainerId containerId, Throwable t) {
    runAsync(() -> releaseFailedContainerAndRequestNewContainerIfRequired(
        containerId, t));
}

@Override
public void onGetContainerStatusError(ContainerId containerId, Throwable throwable) {
```

```
        // 不做任何事情，主要原因是对这个状态不需要处理
    }

    @Override
    public void onStopContainerError(ContainerId containerId, Throwable throwable) {
        log.warn("Error while calling YARN Node Manager to stop container {}.", containerId,
            throwable);
    }

    private void releaseFailedContainerAndRequestNewContainerIfRequired(
            ContainerId containerId, Throwable throwable) {
        validateRunsInMainThread();

        log.error("Could not start TaskManager in container {}.", containerId, throwable);

        final ResourceID resourceId = new ResourceID(containerId.toString());
        // 释放异常的 Container
        workerNodeMap.remove(resourceId);
        resourceManagerClient.releaseAssignedContainer(containerId);
        // 申请新的 Container
        requestYarnContainerIfRequired();
    }
```

3. YarnTaskExecutorRunner 类

YarnTaskExecutorRunner 作为 TaskExecutor 的入口类，通过加载容器初始化的配置和环境，调用 TaskExecutorRunner 来启动 TaskExecutor。相关内容已在第 3 章介绍过，这里不再展开。

8.4 Flinkon Kubernetes 模式

Kubernetes 是 Google 开源的容器编排引擎，支持应用容器化管理、大规模伸缩和自动化部署。更多详情可以查看 Kubernetes 官网 https://kubernetes.io/。在 Flink 1.9 及以前版本，Flink on Kubernetes 都是通过 YAML 配置文件和 kubectl 命令来部署的。

在 Flink 1.9 中，要将 Flink Session 集群部署到 Kubernetes，可使用 Session Cluster 的资源定义（YAML 文件），并通过 kubectl 命令启动集群，如代码清单 8-26 所示。

代码清单 8-26 将 Flink Session 集群部署到 Kubernetes 的命令

```
kubectl create -f flink-configuration-configmap.yaml
kubectl create -f jobmanager-service.yaml
kubectl create -f jobmanager-deployment.yaml
kubectl create -f taskmanager-deployment.yaml
```

flink-configuration-configmap.yaml 是 configMap 的定义，负责 Flink 的配置描述，如代码清单 8-27 所示。

代码清单 8-27 flink-configuration-configmap.yaml

```
apiVersion: v1
kind: ConfigMap
metadata:
    name: flink-config
    labels:
    app: flink
data:
    flink-conf.yaml: |+
    jobmanager.rpc.address: flink-jobmanager
    taskmanager.numberOfTaskSlots: 1
    blob.server.port: 6124
    jobmanager.rpc.port: 6123
    taskmanager.rpc.port: 6122
    jobmanager.heap.size: 1024m
    taskmanager.heap.size: 1024m
    log4j.properties: |+
    log4j.rootLogger=INFO, file
    log4j.logger.akka=INFO
    log4j.logger.org.apache.kafka=INFO
    log4j.logger.org.apache.hadoop=INFO
    log4j.logger.org.apache.zookeeper=INFO
    log4j.appender.file=org.apache.log4j.FileAppender
    log4j.appender.file.file=${log.file}
    log4j.appender.file.layout=org.apache.log4j.PatternLayout
    log4j.appender.file.layout.ConversionPattern=%d{yyyy-MM-dd HH:mm:ss,SSS}
        %-5p %-60c %x - %m%n
    log4j.logger.org.apache.flink.shaded.akka.org.jboss.netty.channel
        .DefaultChannelPipeline=ERROR, file
```

jobmanager-deployment.yaml 负责配置 JobManager 启动所需的资源（如配置 configMap）、副本数（为 1）及启动命令，如代码清单 8-28 所示。

代码清单 8-28 jobmanager-deployment.yaml 配置

```
apiVersion: extensions/v1beta1
kind: Deployment
metadata:
    name: flink-jobmanager
spec:
    replicas: 1
    template:
        metadata:
            labels:
```

```
            app: flink
            component: jobmanager
    spec:
        containers:
    - name: jobmanager
        image: flink:latest
        workingDir: /opt/flink
        command: ["/bin/bash", "-c", "$FLINK_HOME/bin/jobmanager.sh start;\
            while :;
            do
                if [[ -f $(find log -name '*jobmanager*.log' -print -quit) ]];
                    then tail -f -n +1 log/*jobmanager*.log;
                fi;
            done"]
        ports:
        - containerPort: 6123
            name: rpc
        - containerPort: 6124
            name: blob
        - containerPort: 8081
            name: ui
        livenessProbe:
            tcpSocket:
                port: 6123
            initialDelaySeconds: 30
            periodSeconds: 60
        volumeMounts:
        - name: flink-config-volume
            mountPath: /opt/flink/conf
    volumes:
    - name: flink-config-volume
        configMap:
            name: flink-config
            items:
            - key: flink-conf.yaml
                path: flink-conf.yaml
            - key: log4j.properties
                path: log4j.properties
```

taskmanager-deployment.yaml 主要定义 TaskExecutor 的资源、副本数及启动命令，如代码清单 8-29 所示。

代码清单 8-29　taskmanager-deployment.yaml 配置

```
apiVersion: extensions/v1beta1
kind: Deployment
metadata:
    name: flink-taskmanager
```

```
spec:
replicas: 2
template:
    metadata:
        labels:
            app: flink
            component: taskmanager
    spec:
        containers:
        - name: taskmanager
            image: flink:latest
            workingDir: /opt/flink
            command: ["/bin/bash", "-c", "$FLINK_HOME/bin/taskmanager.sh start; \
                while :;
                do
                    if [[ -f $(find log -name '*taskmanager*.log' -print -quit) ]];
                    then tail -f -n +1 log/*taskmanager*.log;
                fi;
                done"]
            ports:
            - containerPort: 6122
                name: rpc
            livenessProbe:
                tcpSocket:
                    port: 6122
                initialDelaySeconds: 30
                periodSeconds: 60
            volumeMounts:
            - name: flink-config-volume
                mountPath: /opt/flink/conf/
        volumes:
        - name: flink-config-volume
            configMap:
                name: flink-config
                items:
                - key: flink-conf.yaml
                  path: flink-conf.yaml
                - key: log4j.properties
                  path: log4j.properties
```

jobmanager-service.yaml 是 Service 类型的配置，负责提供 JobManager 对外服务，相当于 JobManager 的路由，如代码清单 8-30 所示。

代码清单 8-30 jobmanager-service.yaml 配置

```
apiVersion: v1
kind: Service
metadata:
```

```
    name: flink-jobmanager
spec:
    type: ClusterIP
    ports:
    - name: rpc
      port: 6123
    - name: blob
      port: 6124
    - name: ui
      port: 8081
    selector:
        app: flink
        component: jobmanager
```

Flink 1.9 的 on Kubernetes 的 Session 模式的实现与 Standalone 部署的 Session 模式的实现一致，不同的是 on Kubernetes 需要构建镜像。

从 1.10 版本开始，Flink 引入了对原生 Kubernetes 的支持。具体的实现细节这里不展开，读者可以结合 on YARN 的流程以及 on Kubernetes 的 Session 集群的构建流程（见图 8-7），实现或者理解 Flink on Kubernetes 的 Session 模式。

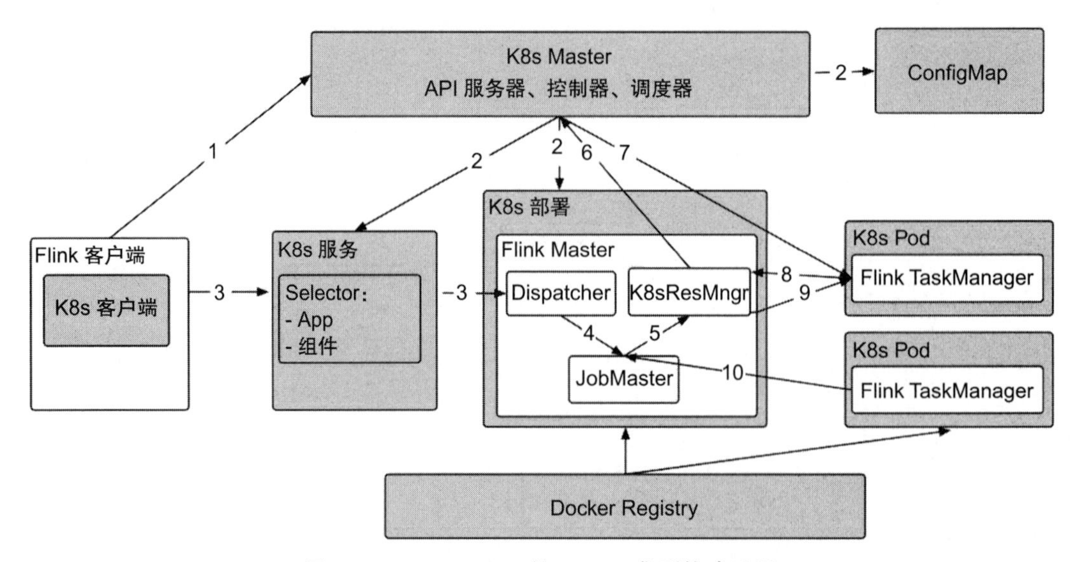

图 8-7 on Kubernetes 的 Session 集群构建过程

要实现一个 Flink on Kubernetes 的 Session 模式，需要完成以下几点。

1）实现 KubernetesSessionCli 来支持 Kubernetes 的命令行。

2）在 CliFrontend 中实现加载 KubernetesSessionCli 的命令行。

3）实现继承 ClusterDescriptor 的 KubernetesClusterDescriptor，进而实现创建 JobManager

Service 和 JobManager Deployment 的逻辑。

4）实现 JobManager 的入口命令和继承自 SessionClusterEntrypoint 的 KubernetesClusterEntrypoint。KubernetesClusterEntrypoint 实现创建 Dispatcher 和 ResourceManager 组件的工厂类方法 createDispatcherResourceManagerComponentFactory，该方法负责启动 JobManager 的运行时组件和基本服务。

5）实现 KubernetesResourceManager 类，该类负责根据资源情况往 Kubernetes API Server 发送申请 TaskManager Pod 的请求和维护资源的状态。

6）实现 TaskManager 的入口命令以及入口类 KubernetesTaskExecutorRunner，KubernetesTaskExecutorRunner 通过加载相应的配置构建和启动 TaskExecutorRunner。

8.5　本章小结

本章介绍了 Flink 的三种部署模式—— Local 模式、Standalone 模式和第三方部署模式，并且对比了各种部署模式下的作业模式（Per-Job 模式）和集群模式（Session 模式）。Local 模式适用于作业的调试，Standalone 模式在实际生产中存在资源利用率低、资源隔离与不支持多租户的问题，而第三方部署模式中的 on YARN 和 on Kubernetes 已在很多公司的大规模生产中落地。本章最后在 on Kubernetes 模式中提供了一种支持第三方部署模式的实现模板。

Chapter 9 第9章

Flink Table 与 SQL

与其他计算引擎类似，Flink 也提供了 Table API 和 SQL，目的是统一批处理和流处理。熟悉 Flink 的人都知道，无论是官网提供的 Java API 还是 Scala API，与批和流的处理所对应的 API 是不同的。这导致用户要想进行批和流的数据处理，必须学习两套不同的处理代码，这无疑增加了 Flink 的学习成本。Table API 和 SQL 是一种统一批和流的手段，而且能替代烦琐的大段代码，方便用户使用。

本章深度介绍 Flink Table 和 SQL 有关流处理的部分，重点放在原理和代码的深层说明，对于一些基本知识不会展开讲解。

9.1 StreamTableEnvironment 类介绍

StreamTableEnvironment 是针对流处理的接口，继承自 TableEnvironment。这个接口是使用 Table API 和 SQL 的主要入口，主要负责以下 5 项任务：

- 完成 DataStream 和 Table 之间的相互转换；
- 连接外部系统（存储系统或 MQ 等）；
- 向 catalog 注册和查询 Table；
- 执行 SQL；
- 设置和加载一些参数。

Flink 代码中使用 StreamTableEnvironment.create 方法创建 StreamTableEnvironment，参数为 StreamExecutionEnvironment 实例，如代码清单 9-1 所示。

代码清单 9-1　StreamTableEnvironment 类的 create 方法

```
static StreamTableEnvironment create(StreamExecutionEnvironment executionEnvironment) {
    return create(
            executionEnvironment,
            EnvironmentSettings.newInstance().build());
}

static StreamTableEnvironment create(
        StreamExecutionEnvironment executionEnvironment,
        EnvironmentSettings settings) {
    return StreamTableEnvironmentImpl.create(
            executionEnvironment,
            settings,
            new TableConfig()
    );
}
```

从上面的代码中可以看出，如果 create 方法中不传入 EnvironmentSettings 实例，则会调用 EnvironmentSettings.newInstance().build() 创建一个新实例。然后调用 StreamTableEnvironmentImpl.create 方法创建 StreamTableEnvironment，参数分别为 StreamExecutionEnvironment 实例、EnvironmentSettings 实例和 TableConfig 实例。

接下来我们分别讲解这三个类，探究其功能分别是什么。

9.1.1　StreamExecutionEnvironment 类

StreamExecutionEnvironment 是 Flink Streaming Job 执行的上下文，这个类提供控制 Streaming 任务运行的各种方法（如并行度控制、检查点控制、重启机制等），同时控制着与外部系统的交互。这个类的初始化会用 StreamExecutionEnvironment.getExecutionEnvironment() 方法来完成。这里不深究 StreamExecutionEnvironment 的创建过程，第 2 章已对这个过程进行过详细描述。

9.1.2　EnvironmentSettings 类

EnvironmentSettings 包含初始化一个 table env 的所有参数的定义。这些参数一旦定义，就不能再通过 EnvironmentSettings 更改。一般情况下，EnvironmentSettings 的定义可以通过代码清单 9-2 实现。

代码清单 9-2　EnvironmentSettings 初始化（oldPlanner）

```
EnvironmentSettings
    .newInstance()
    .useOldPlanner()
    .inStreamingMode()
```

```
    .withBuiltInCatalogName("default_catalog")
    .withBuiltInDatabaseName("default_database")
    .build()
```

由社区和 Flink 官网文章可预知，后面的 Flink 版本会逐渐抛弃目前 Flink 的 planner，转而用 Blink 的 planner。因此在创建 EnvironmentSettings 时，最好使用代码清单 9-3 所示的方式。

代码清单 9-3　EnvironmentSettings 初始化（BlinkPlanner）

```
EnvironmentSettings
        .newInstance()
        .useBlinkPlanner()
        .inStreamingMode()
        .withBuiltInCatalogName("default_catalog")
        .withBuiltInDatabaseName("default_database")
        .build()
public Builder useBlinkPlanner() {
    this.plannerClass = BLINK_PLANNER_FACTORY;
    this.executorClass = BLINK_EXECUTOR_FACTORY;
    return this;
}
```

在使用 Blink 的 planner 以后，会指定使用的 plannerClass 和 executorClass 为 Blink 提供的类，如代码清单 9-4 所示。

代码清单 9-4　Blink 指定 planner 和 executor

```
private static final String BLINK_PLANNER_FACTORY =
    "org.apache.flink.table.planner.delegation.BlinkPlannerFactory";
private static final String BLINK_EXECUTOR_FACTORY =
    "org.apache.flink.table.planner.delegation.BlinkExecutorFactory";
```

planner 的具体作用我们会在后面详细说明。在 planner 设置完成后，还需要指定使用的是 streaming 模式，最后再设定 planner 的 catalog 和 database 名称分别为 default_catalog 和 default_database。

9.1.3　TableConfig 类

TableConfig 本质上是一个配置类，可以用来对 TableEnv 进行参数设置，比如设置状态过期时间等。一般直接通过 new 关键字对其进行实例化，如代码清单 9-5 所示。

代码清单 9-5　配置 TableConfig 的例子

```
tEnv.getConfig().addConfiguration(
    new Configuration()
        .set(CoreOptions.DEFAULT_PARALLELISM, 128)
```

```
        .set(PipelineOptions.AUTO_WATERMARK_INTERVAL, Duration.ofMillis(800))
        .set(ExecutionCheckpointingOptions.CHECKPOINTING_INTERVAL,
            Duration.ofSeconds(30))
);
```

9.1.4　StreamTableEnvironment 的创建过程

StreamTableEnvironmentImpl 类通过 create 方法传入上面提到的三个参数，创建 StreamTableEnvironment。主要过程如代码清单 9-6 所示。

代码清单 9-6　StreamTableEnvironment 创建过程

```
CatalogManager catalogManager = new CatalogManager(
    settings.getBuiltInCatalogName(),
    new GenericInMemoryCatalog(settings.getBuiltInCatalogName(),
        settings.getBuiltInDatabaseName()));

FunctionCatalog functionCatalog = new FunctionCatalog(catalogManager);

Map<String, String> executorProperties = settings.toExecutorProperties();
Executor executor = lookupExecutor(executorProperties, executionEnvironment);

Map<String, String> plannerProperties = settings.toPlannerProperties();
Planner planner = ComponentFactoryService.find(PlannerFactory.class, plannerProperties)
        .create(plannerProperties, executor, tableConfig, functionCatalog,
            catalogManager);

return new StreamTableEnvironmentImpl(
        catalogManager,
        functionCatalog,
        tableConfig,
        executionEnvironment,
        planner,
        executor,
        settings.isStreamingMode()
);
```

接着来解释下在 StreamTableEnvironment 创建过程中涉及的类的含义。

（1）CatalogManager

CatalogManager 用来管理所有的 catalog，而 catalog 用来管理各种元数据信息，比如 database、table、views、UDF 的元数据。所有这些元素的元数据都会注册到 catalog 中被统一管理。

（2）FunctionCatalog

FunctionCatalog 主要用来管理 Flink 中的各种函数，包括内置函数和用户定义函数

（UDF）。

（3）Executor

Executor 负责执行 planner 生成的执行图，Executor 是一个接口，具体的实现类是从 EnvironmentSettings 中得到的。前面在使用 Blink planner 的时候，就指定了具体的实现类 org.apache.flink.table.planner.delegation.BlinkExecutorFactory。

（4）创建 planner

planner 在 Table API 与 SQL 中的地位举足轻重，它主要有两个作用。

- SQL 解析：将一个 String 形式的 SQL 转换成一个 Operation 树形结构。
- SQL 优化：对生成的 Operation 树形结构进行优化，然后转换成 API 对应的 Transformation 对象。

（5）创建 StreamTableEnvironmentImpl

将以上所有的实例当作构造函数参数，创建 StreamTableEnvironment。

9.2 SQL 解析过程

创建 StreamTableEnvironment 后，我们就可以用 StreamTableEnvironment 实例中的方法进行一系列操作了。本节重点讲解 SQL 的解析过程。

9.2.1 SQL 解析

SQL 的类型有很多种，如 INSERT、SELECT、CREATE TABLE 等。Flink 对于 SQL 的解析也进行了归类处理。

- sqlQuery(String sql)：该方法可以通过 StreamTableEnvironment 调用，适用的 SQL 类型有 SELECT、UNION、INTERSECT、EXCEPT、VALUES、ORDER_BY。
- sqlUpdate(String sql)：该方法同样可以通过 StreamTableEnvironment 调用，适用的 SQL 类型有 INSERT、CREATE TABLE、DROP TABLE。

Flink 只提供了这两个解析 SQL 的方法，下面就来详细介绍它们。

1. sqlQuery

通常来说，sqlQuery 使用的频率很高。我们先来看一下 sqlQuery 方法的具体内容（见代码清单 9-7）。

代码清单 9-7　sqlQuery 方法

```
@Override
public Table sqlQuery(String query) {
    List<Operation> operations = planner.parse(query);
```

```
    if (operations.size() != 1) {
        throw new ValidationException(
            "Unsupported SQL query! sqlQuery() only accepts a single"
                + "SQL query.");
    }

    Operation operation = operations.get(0);

    if (operation instanceof QueryOperation && !(operation
            instanceof ModifyOperation)) {
        return createTable((QueryOperation) operation);
    } else {
        throw new ValidationException();
    }
}
```

首先，这个方法使用planner进行SQL的解析，这里的planner就是之前创建StreamTableEnvironment时传入的参数。我们使用的是Blink的planner，通过追踪代码，可以确定Blink使用的planner是org.apache.flink.table.planner.delegation.StreamPlanner。StreamPlanner会直接调用父类PlannerBase的parse方法进行SQL解析（见代码清单9-8）。

代码清单 9-8 Planner Base 的 parse 方法

```
override def parse(stmt: String): util.List[Operation] = {
    val planner = createFlinkPlanner
    // 解析 SQL 语句
    val parsed = planner.parse(stmt)
    parsed match {
        case insert: RichSqlInsert =>
            List(SqlToOperationConverter.convert(planner, insert))
        case query if query.getKind.belongsTo(SqlKind.QUERY) =>
            List(SqlToOperationConverter.convert(planner, query))
        case ddl if ddl.getKind.belongsTo(SqlKind.DDL) =>
            List(SqlToOperationConverter.convert(planner, ddl))
        case _ =>
            throw new TableException(s"Unsupported query: $stmt")
    }
}
```

通过createFlinkPlanner创建FlinkPlannerImpl对象。这个FlinkPlannerImpl是Flink模仿Calcite中的PlannerImpl类实现的，里面的具体方法基本都是通过调用Calcite中的API实现的。到这里，读者应该都明白了，Flink对SQL的大部分转换其实是依靠Calcite完成的，Flink只是在数据类型、语句校验和优化方面进行了介入。

接着，planner会直接使用parse方法对String类型的SQL进行解析（见代码清单9-9）。

代码清单 9-9　Stream Planner 的 parse 方法

```
def parse(sql: String): SqlNode = {
    try {
        ready()
        val parser: SqlParser = SqlParser.create(sql, parserConfig)
        val sqlNode: SqlNode = parser.parseStmt
        sqlNode
    } catch {
        case e: CSqlParseException =>
            throw new SqlParserException(s"SQL parse failed. ${e.getMessage}", e)
    }
}
```

在 parse 方法内，使用 SqlParser 对 SQL 进行解析，最终得到从 String 到 SqlNode 的转换。其中 SqlParser、SqlNode 都是 Calcite 的原生 API，SqlNode 是 SQL 的解析树。读者如果想了解从 String 到 SqlNode 的转换详情，可以自行探究一下 Calcite 源代码，这里不做详细说明。

然后，用解析过的 SqlNode 进行 SqlNode 类型匹配。由代码可以看出，类型匹配有三种：Insert、Query 和 DDL。由于本节讨论的是 sqlQuery 的解析，因此这里只讲解 Query 类型。

sqlQuery 会调用 SqlToOperationConverter.convert() 方法进行处理，该方法返回一个 Operation 对象，如代码清单 9-10 所示。

代码清单 9-10　SqlToOperationConverter.convert 方法

```
public static Operation convert(FlinkPlannerImpl flinkPlanner, SqlNode sqlNode) {
    // 校验 SQL 语句
    final SqlNode validated = flinkPlanner.validate(sqlNode);
    SqlToOperationConverter converter = new SqlToOperationConverter(flinkPlanner);
    if (validated instanceof SqlCreateTable) {
        return converter.convertCreateTable((SqlCreateTable) validated);
    } if (validated instanceof SqlDropTable) {
        return converter.convertDropTable((SqlDropTable) validated);
    } else if (validated instanceof RichSqlInsert) {
        return converter.convertSqlInsert((RichSqlInsert) validated);
    } else if (validated.getKind().belongsTo(SqlKind.QUERY)) {
        return converter.convertSqlQuery(validated);
    } else {
        throw new TableException("Unsupported node type "
            + validated.getClass().getSimpleName());
    }
}
```

Operation 本质上是一个接口，Flink 中具体继承这个接口的子接口有 4 个：Query-

Operation、ModifyOperation、CreateOperation 和 DropOperation。这里，由于用的是 query 语句，所以返回的是 QueryOperation。进入 convert 方法后，首先会对 SqlNode 进行合法校验（validate）操作，然后判断 SqlNode 的类型，最后调用 converter.convertSqlQuery() 方法（见代码清单 9-11）。

代码清单 9-11 convertSqlQuery 方法

```
private Operation convertSqlQuery(SqlNode node) {
    return toQueryOperation(flinkPlanner, node);
}

private PlannerQueryOperation toQueryOperation(FlinkPlannerImpl planner,
    SqlNode validated) {
    // 转换成关系树
    RelRoot relational = planner.rel(validated);
    return new PlannerQueryOperation(relational.project());
}
```

可以看出，最终通过 toQueryOperation 的方法构造出一个 PlannerQueryOperation 实例。至此，planner.parse(query) 方法解析完毕。

让我们再看看代码清单 9-7。从中可以看出，在我们得到 PlannerQueryOperation 后，经过一系列的逻辑判断，最后会调用 createTable 方法，此方法会返回一个 Table 实例。那么 createTable 做了哪些工作呢？我们看代码清单 9-12。

代码清单 9-12 createTable 方法

```
protected TableImpl createTable(QueryOperation tableOperation) {
    return TableImpl.createTable(
        this,
        tableOperation,
        operationTreeBuilder,
        functionCatalog);
}
```

createTable 根据传入的 PlannerQueryOperation，使用 TableImpl.createTable 方法进行 Table 的创建。TableImpl 是 Table 接口的实现类，提供了所有的 Table API，比如 select、join、as 等方法来对表进行转换。总之，sqlQuery 经过一系列的校验和转换，最终会成为一个 Flink table 对象，用户可以使用 Table API 或 SQL 对这个表进行进一步的操作和转换。

2. sqlUpdate

分析完 sqlQuery，大家应该能够理解一个 SQL string 转换成 Flink table 的过程。在实际的应用中，sqlQuery 的使用十分频繁，而 sqlUpdate 只可以在用户使用 INSERT、

CREATE TABLE、DROP TABLE 语义时使用（见代码清单 9-13）。

代码清单 9-13 sqlUpdate 方法

```
@Override
public void sqlUpdate(String stmt) {
    List<Operation> operations = planner.parse(stmt);

    if (operations.size() != 1) {
        throw new TableException(
                "Unsupported SQL query! sqlUpdate() only accepts a single"
                    + "SQL statement of type INSERT, CREATE TABLE, DROP TABLE");
    }

    Operation operation = operations.get(0);

    if (operation instanceof ModifyOperation) {
        List<ModifyOperation> modifyOperations =
            Collections.singletonList ((ModifyOperation) operation);
        if (isEagerOperationTranslation()) {
            translate(modifyOperations);
        } else {
            buffer(modifyOperations);
        }
    } else if (operation instanceof CreateTableOperation) {
        CreateTableOperation createTableOperation =
            (CreateTableOperation) operation;
        registerCatalogTableInternal(
                createTableOperation.getTablePath(),
                createTableOperation.getCatalogTable(),
                createTableOperation.isIgnoreIfExists());
    } else if (operation instanceof DropTableOperation) {
        String[] name = ((DropTableOperation) operation).getTableName();
        boolean isIfExists = ((DropTableOperation) operation).isIfExists();
        String[] paths = catalogManager.getFullTablePath(Arrays.asList(name));
        Optional<Catalog> catalog = getCatalog(paths[0]);
        if (!catalog.isPresent()) {
            if (!isIfExists) {
                throw new TableException("Catalog " + paths[0] +
                    " does not exist.");
            }
        } else {
            try {
                catalog.get().dropTable(new ObjectPath(paths[1], paths[2]),
                    isIfExists);
            } catch (TableNotExistException e) {
                throw new TableException(e.getMessage());
            }
        }
```

```
        } else {
            throw new TableException(
                    "Unsupported SQL query! sqlUpdate() only accepts a single"
                        + "SQL statements of type INSERT, CREATE TABLE, DROP TABLE");
        }
    }
```

与 sqlQuery 一样，sqlUpdate 方法的第一步也是调用 planner.parse(stmt) 进行 SQL 字符串的解析，经过类似的中间步骤，最后调用 SqlToOperationConverter.convert() 方法（见代码清单 9-14）。

代码清单 9-14　convert 方法

```
public static Operation convert(FlinkPlannerImpl flinkPlanner, SqlNode sqlNode) {
    // 校验 SQL 语句
    final SqlNode validated = flinkPlanner.validate(sqlNode);
    SqlToOperationConverter converter = new SqlToOperationConverter(flinkPlanner);
    if (validated instanceof SqlCreateTable) {
        return converter.convertCreateTable((SqlCreateTable) validated);
    } if (validated instanceof SqlDropTable) {
        return converter.convertDropTable((SqlDropTable) validated);
    } else if (validated instanceof RichSqlInsert) {
        return converter.convertSqlInsert((RichSqlInsert) validated);
    } else if (validated.getKind().belongsTo(SqlKind.QUERY)) {
        return converter.convertSqlQuery(validated);
    } else {
        throw new TableException("Unsupported node type"
            + validated.getClass().getSimpleName());
    }
}
```

可以清晰地看到，convert 方法对 createTable、dropTable、insert 语义分别进行了不同的处理。

- SqlCreateTable 语义：当判断到 SQL 是 createTable 语义的时候，会调用 converter.convertCreateTable 方法，返回 CreateTableOperation 对象。
- SqlDropTable 语义：当判断到 SQL 是 dropTable 语义的时候，会调用 converter.convertDropTable 方法，返回 DropTableOperation 对象。
- RichSqlInsert 语义：当判断到 SQL 是 insert 语义的时候，会调用 converter.convertSqlInsert 方法，返回 CatalogSinkModifyOperation 对象。

得到相应的算子后，会根据算子的类型进行不同的处理。由以上代码很容易看出：当遇到的是 CreateTableOperation 类型时，会调用 registerCatalogTableInternal 方法创建新的表并将其注册到 catalog 中，以便后续 SQL 使用；当遇到的是 DropTable-

Operation 类型时，会调用 catalog.dropTable 方法，将 catalog 中存在的表删除；当遇到的是 ModifyOperation 类型的时候，也就是说遇到了 insert 语句，那么会调用 translate (modifyOperations) 进行下一步的操作。translate 方法是对 SqlNode 进行深层解析的开始，下面进行详细介绍。

我们先来看代码清单 9-15。

代码清单 9-15　translate 方法

```
override def translate(
      modifyOperations: util.List[ModifyOperation]): util.List[Transformation[_]] = {
    if (modifyOperations.isEmpty) {
      return List.empty[Transformation[_]]
    }
    // 初始化执行环境
    mergeParameters()
    overrideEnvParallelism()

    val relNodes = modifyOperations.map(translateToRel)
    val optimizedRelNodes = optimize(relNodes)
    val execNodes = translateToExecNodePlan(optimizedRelNodes)
    translateToPlan(execNodes)
}
```

在 translate 方法中，会调用 translateToRel 对 modifyOperation 进行类型转换（见代码清单 9-16）。translateToRel 的目的是完成 ModifyOperation 到 RelNode 的转换。RelNode 是 Calcite 中的概念，表示有关系的表达式，比如 Join、Project、Filter 等类型（细节可以参考 Calcite 文档）。

代码清单 9-16　translateToRel 转换

```
case catalogSink: CatalogSinkModifyOperation =>
    val input = getRelBuilder.queryOperation(modifyOperation.getChild).build()
    getTableSink(catalogSink.getTablePath).map(sink => {
        TableSinkUtils.validateSink(catalogSink,
            catalogSink.getTablePath, sink)
        sink match {
            case partitionableSink: PartitionableTableSink
            if partitionableSink.getPartitionFieldNames != null
                && partitionableSink.getPartitionFieldNames.nonEmpty =>
                partitionableSink.setStaticPartition(
                    catalogSink.getStaticPartitions)
            case _ =>
        }
        LogicalSink.create(input, sink, catalogSink.getTablePath.mkString("."))
        }) match {
        case Some(sinkRel) => sinkRel
```

```
        case None => throw new TableException(
            s"Sink ${catalogSink.getTablePath} does not exists")
    }
```

上面的代码片段是 translateToRel 方法中的。根据之前的分析，当我们遇到 insert 语义的时候，convertSqlInsert 方法会返回 CatalogSinkModifyOperation 对象，也对应着这段代码的实现。这里会将 CatalogSinkModifyOperation 最终转换成一个 LogicalSink 对象，它是由 Flink 封装后的类，本质是一个 RelNode。得到 LogicalSink，下面就是对 SQL 进行优化了。

9.2.2 SQL 优化

只要是涉及 SQL 的引擎都会有 SQL 优化的功能，目的是对最原始的 SQL 执行计划进行优化，最大程度上减少资源开销和计算时间。SQL 的优化目前主要分为两种：基于规则的优化和基于执行代价的优化。对于一个优秀的支持 SQL 的引擎，合理利用这两种优化策略使计算成本达到最低已经成为终极目标。

前面介绍了 SQL 的解析过程，当得到 LogicalSink 后就会进入 SQL 的优化过程。这个优化过程是一个从 RelNode 到 RelNode 的转化，streaming 任务是通过一个叫 StreamCommonSubGraphBasedOptimizer 的优化类优化的。优化的主要方法为 optimizeTree，如代码清单 9-17 所示。

代码清单 9-17 optimizeTree 方法

```
private def optimizeTree(
        relNode: RelNode,
        updatesAsRetraction: Boolean,
        miniBatchInterval: MiniBatchInterval,
        isSinkBlock: Boolean): RelNode = {

    val config = planner.getTableConfig
    val calciteConfig = TableConfigUtils.getCalciteConfig(config)
    val programs = calciteConfig.getStreamProgram
            .getOrElse(FlinkStreamProgram.buildProgram(config.getConfiguration))
    Preconditions.checkNotNull(programs)

    programs.optimize(relNode, new StreamOptimizeContext() {

        override def getTableConfig: TableConfig = config

        override def getFunctionCatalog: FunctionCatalog = planner.functionCatalog

        override def getRexBuilder: RexBuilder = planner.getRelBuilder.getRexBuilder

        override def updateAsRetraction: Boolean = updatesAsRetraction
```

```
        def getMiniBatchInterval: MiniBatchInterval = miniBatchInterval

        override def needFinalTimeIndicatorConversion: Boolean = true
    })
}
```

这里需要特别注意代码中的programs变量，这个变量一开始会尝试从calciteConfig中获取值，如果没有主动设置，一般情况下返回的都是null，原因是Flink需要用自己定义的方法生成programs。那么这个变量里到底有什么呢？让我们进入FlinkStream-Program.buildProgram()方法中一探究竟。

在这个方法中会新建一个FlinkChainedProgram（可以认为这是一个类似List结构的存储），然后不断地往FlinkChainedProgram中加入新的program对象。这里先引入部分代码片段（见代码清单9-18）。

代码清单9-18 FlinkChainedProgram加入program对象

```
val chainedProgram = new FlinkChainedProgram[StreamOptimizeContext]()

chainedProgram.addLast(
    SUBQUERY_REWRITE,
    FlinkGroupProgramBuilder.newBuilder[StreamOptimizeContext]
    // 重写子查询之前，进行QueryOperationCatalogViewTable的重写
    .addProgram(FlinkHepRuleSetProgramBuilder.newBuilder
        .setHepRulesExecutionType(HEP_RULES_EXECUTION_TYPE.RULE_SEQUENCE)
        .setHepMatchOrder(HepMatchOrder.BOTTOM_UP)
        .add(FlinkStreamRuleSets.TABLE_REF_RULES)
        .build(),
            "convert table references before rewriting sub-queries to semi-join")
    .addProgram(FlinkHepRuleSetProgramBuilder.newBuilder
        .setHepRulesExecutionType(HEP_RULES_EXECUTION_TYPE.RULE_SEQUENCE)
        .setHepMatchOrder(HepMatchOrder.BOTTOM_UP)
        .add(FlinkStreamRuleSets.SEMI_JOIN_RULES)
        .build(), "rewrite sub-queries to semi-join")
    .addProgram(FlinkHepRuleSetProgramBuilder.newBuilder
        .setHepRulesExecutionType(HEP_RULES_EXECUTION_TYPE.RULE_COLLECTION)
        .setHepMatchOrder(HepMatchOrder.BOTTOM_UP)
        .add(FlinkStreamRuleSets.TABLE_SUBQUERY_RULES)
        .build(), "sub-queries remove")
    // 将RelOptTableImpl转换成Flink的FlinkRelOptTable
    .addProgram(FlinkHepRuleSetProgramBuilder.newBuilder
        .setHepRulesExecutionType(HEP_RULES_EXECUTION_TYPE.RULE_SEQUENCE)
        .setHepMatchOrder(HepMatchOrder.BOTTOM_UP)
        .add(FlinkStreamRuleSets.TABLE_REF_RULES)
        .build(), "convert table references after sub-queries removed")
    .build())
```

在 program 的上层，还存在一个 FlinkGroupProgramBuilder 的概念，它是为了将相似的 program 归集在一起。真正创建 program 的类是 FlinkHepRuleSetProgramBuilder。创建过程中会看到参数中有 FlinkStreamRuleSets 类，而这个类枚举了 Flink 对 SQL 优化所定义的所有规则。现在我们可用一句话定义 programs：经过分类后对 SQL 进行优化的规则集合。得到所有的 programs 后，就会顺序对最初的 RelNode 进行逐步优化。这里以 LogicalSink 为例，看下 RelNode 经过所有的规则后最终会变成怎样。

1）LogicSink#14 通过 subquery_rewrite 这个 programGroup 转换后，变成：

```
rel#91:LogicalSink.NONE.any.None: 0.false.UNKNOWN(
    input=LogicalProject#89,
    name=`xxx`.`xxx`.`xxx`,fields=xx, xx)
```

2）上述 RelNode 经过 logical_rewrite 这个 programGroup 转换后变成：

```
rel#357:FlinkLogicalSink.LOGICAL.any.None: 0.false.UNKNOWN(
    input=FlinkLogicalCalc#355,name=`xxx`.`xxx`.`xxx`,fields=xxx, xxx)
```

3）上述 RelNode 经过 physical_rewrite 这个 programGroup 转换后又会变成：

```
rel#493:StreamExecSink.STREAM_PHYSICAL.any.None: 0.true.Acc
    (input=StreamExecCalc#491,name=`xxx`.`xxx`.`xxx`,fields=xxx, xxx)
```

从这个例子可以看出，期初的 LogicalSink 类不断经过规则进行转换后，会变成 StreamExecSink 类，追溯这两者的父类其实都是 RelNode。笔者曾经做过性能比较，如果将 Flink 提供的这些规则全部剔除，在有较大数据源的情况下任务的性能相差最高可达上百倍。

9.2.3 RelNode 转换

在完成对 SQL 的优化后，得到的其实还是一个 RelNode 对象。接下来聊聊 RelNode 是经过怎样的转换变成 Flink API 中的 Transformation 对象的。

在 Flink 中，最终转换成的 RelNode 的子类都会带有 translateToPlanInternal 方法，这个方法的返回值就是 Transformation 对象。以 9.2.2 节中经过优化后的最终类 StreamExecSink 为例进行分析，StreamExecSink 中 translateToPlanInternal 方法的细节如代码清单 9-19 所示。

代码清单 9-19 translateToPlanInternal 方法

```
override protected def translateToPlanInternal(
        planner: StreamPlanner): Transformation[Any] = {
    val resultTransformation = sink match {
        case streamTableSink: StreamTableSink[T] =>
            val transformation = streamTableSink match {
```

```
case _: RetractStreamTableSink[T] =>
translateToTransformation(withChangeFlag = true, planner)

case upsertSink: UpsertStreamTableSink[T] =>

val isAppendOnlyTable = UpdatingPlanChecker.isAppendOnly(this)
upsertSink.setIsAppendOnly(isAppendOnlyTable)


val tableKeys = {
    val sinkFieldNames = upsertSink.getTableSchema.getFieldNames
    UpdatingPlanChecker.getUniqueKeyFields(getInput, planner,
        sinkFieldNames) match {
        case Some(keys) => keys.sortBy(_.length).headOption
        case None => None
    }
}

tableKeys match {
    case Some(keys) => upsertSink.setKeyFields(keys)
    case None if isAppendOnlyTable => upsertSink
        .setKeyFields(null)
    case None if !isAppendOnlyTable => throw new TableException(
        "UpsertStreamTableSink requires that Table has"
        + "a full primary keys if it is updated.")
}

translateToTransformation(withChangeFlag = true, planner)

case _: AppendStreamTableSink[T] =>

if (!UpdatingPlanChecker.isAppendOnly(this)) {
    throw new TableException(
        "AppendStreamTableSink requires that Table has only"
            + "insert changes.")
}

val accMode = this.getTraitSet.getTrait(AccModeTraitDef.INSTANCE)
    .getAccMode
if (accMode == AccMode.AccRetract) {
    throw new TableException(
        "AppendStreamTableSink can not be used to output"
            + "retraction messages.")
}
translateToTransformation(withChangeFlag = false, planner)

case _ =>
    throw new TableException(
```

```
                    "Stream Tables can only be emitted by"
                        + "AppendStreamTableSink, "
                    "RetractStreamTableSink, or UpsertStreamTableSink.")
            }

        val dataStream = new DataStream(planner.getExecEnv, transformation)
        val dsSink = streamTableSink.consumeDataStream(dataStream)
        if (dsSink == null) {
            throw new TableException(
                "The StreamTableSink#consumeDataStream(DataStream) must be "
                + "implemented and return the sink transformation DataStreamSink."
                + s"However, ${sink.getClass.getCanonicalName} doesn't"
                + "implement this method.")
        }
        dsSink.getTransformation

        case dsTableSink: DataStreamTableSink[_] =>
            translateToTransformation(dsTableSink.withChangeFlag, planner)

        case _ =>
            throw new TableException(s"Only Support StreamTableSink! "
            + s"However ${sink.getClass.getCanonicalName} is not"
                + "a StreamTableSink.")
    }
    resultTransformation.asInstanceOf[Transformation[Any]]
}
```

从以上代码可以看出，无论Sink是什么类型，最终都会调用translateToTransformation方法。这个方法中会根据已知的参数产出如下信息：

- Sink的Input RelNode transformation；
- 通过generateRowConverterOperator得到Sink对应的OneInputStreamOperator和数据输出类型OutputTypeInfo。

然后根据得出的参数新建OneInputTransformation对象。这样就完成了RelNode到Transformation的转换，后面就是我们熟知的构建各种执行图、提交执行了。

至此，我们就完成了SQL的完整解析。其实不只是Flink引擎，所有支持SQL的引擎基本上都是采用的这个过程：从一个简单的String转换成RelNode，然后经过各种优化规则，最后完成引擎对应API的转换。

9.3 Table Connector

当使用Table API或者SQL时，需要将源数据和最终的数据转换成Table形式进行处理，这两者分别对应Flink中TableSource和TableSink的概念。Flink提供了现有的Table

Connector（Kafka、HBase 等），同时也暴露出相应的接口，以供用户自定义 Connector。自 Flink 1.9 版本开始，Flink 社区开始使用 SPI 机制进行 TableSource 和 TableSink 的加载，这也让代码结构更清晰，同时让自定义 Connector 的加载更方便。这节我们就深入讲解一下 Table Connector。

9.3.1 TableSource

TableSource 作为接口，其子接口有两个：StreamTableSource 和 BatchTableSource。由于我们专注于 streaming 的讲解，所以这里的 TableSource 特指 StreamTableSource。实现 StreamTableSource 接口的各种 Table connector 基本大同小异，不同点主要在于连接外部系统的实现代码。下面就以 JDBCTableSource 类为代表进行详细讲解。

JDBCTableSource 实现了三个接口：StreamTableSource、ProjectableTableSource 和 LookupableTableSource。

1）StreamTableSource：作用是定义外部流表，提供从外部流表读数据的功能。其具体实现见代码清单 9-20。

代码清单 9-20　StreamTableSource 类

```
public interface StreamTableSource<T> extends TableSource<T> {

    /**
     * 批数据返回 true，流数据则返回 false。默认是 false
     */
    default boolean isBounded() {
        return false;
    }

    /**
     * 将表的数据以 DataStream 的形式返回
     * 此方法只限于内部使用，不要在 Table API 中引用
     */
    DataStream<T> getDataStream(StreamExecutionEnvironment execEnv);
}
```

2）ProjectableTableSource：这个接口是 Flink 1.9 版本中新加入的，目的是让用户定义输出哪些列（见代码清单 9-21）。举个例子：如果我们的 JDBC 表（MySQL 或 Oracle 等）有 20 列，但需要在 Flink 中处理的只有 5 列，那么可以用这个接口的 projectFields 方法定义需要哪 5 列。这样做的好处是可以减少数据的传输和计算成本。

代码清单 9-21　ProjectableTableSource 接口

```
public interface ProjectableTableSource<T> {
    TableSource<T> projectFields(int[] fields);
}
```

3）LookupableTableSource：这个接口也是 Flink 1.9 版本中新加入的，目的是提供通过 key column 查询数据的功能（见代码清单 9-22）。其实这个功能很大程度上是为了维表聚合而提供的。这个接口提供同步和异步获取数据的方法，目的是让用户根据不同的存储性质自由选择实现。例如，如果你的 TableSource 对应的是 MySQL，通常情况下从 MySQL 查询数据速度是很快的，可以用同步实现；但如果 TableSource 是 HBase，那么用异步查询会更适合。

代码清单 9-22　LookupableTableSource 接口

```
public interface LookupableTableSource<T> extends TableSource<T> {

    TableFunction<T> getLookupFunction(String[] lookupKeys);

    AsyncTableFunction<T> getAsyncLookupFunction(String[] lookupKeys);

    boolean isAsyncEnabled();
}
```

接下来 JDBCTableSource 就会对以上三个接口中所有的方法进行具体的实现。

（1）getDataStream *方法实现*

getDataStream 方法的具体实现见代码清单 9-23。

代码清单 9-23　getDataStream 方法

```
@Override
public DataStream<Row> getDataStream(StreamExecutionEnvironment execEnv) {
    return execEnv.createInput(getInputFormat(),
        getReturnType()).name
        (explainSource());
}
```

这个方法提供了获得 DataStream 的功能。用户得到 DataStream 后就可以应用 DataStream API 对数据流进行转换。这里最重要的部分在于 getInputFormat() 方法（见代码清单 9-24），从外部数据库读数据的实现是在此方法中完成的。

代码清单 9-24　getInputFormat 方法

```
private JDBCInputFormat getInputFormat() {
    JDBCInputFormat.JDBCInputFormatBuilder builder = JDBCInputFormat
            .buildJDBCInputFormat()
            .setDrivername(options.getDriverName())
            .setDBUrl(options.getDbURL())
            .setUsername(options.getUsername())
            .setPassword(options.getPassword())
            .setRowTypeInfo(new RowTypeInfo(returnType.getFieldTypes(),
                    returnType.getFieldNames()));
```

```
        if (readOptions.getFetchSize() != 0) {
            builder.setFetchSize(readOptions.getFetchSize());
        }

        final JDBCDialect dialect = options.getDialect();
        String query = dialect.getSelectFromStatement(
                options.getTableName(), returnType.getFieldNames(), new String[0]);
        if (readOptions.getPartitionColumnName().isPresent()) {
            long lowerBound = readOptions.getPartitionLowerBound().get();
            long upperBound = readOptions.getPartitionUpperBound().get();
            int numPartitions = readOptions.getNumPartitions().get();
            builder.setParametersProvider(
                    new NumericBetweenParametersProvider(lowerBound,
                            upperBound).ofBatchNum(numPartitions));
            query += " WHERE "
                + dialect.quoteIdentifier(readOptions.getPartitionColumnName().get())
                + " BETWEEN ? AND ?";
        }
        builder.setQuery(query);

        return builder.finish();
    }
```

上面代码中构建的 JDBCInputFormat 包含连接数据库的一切信息，如 driverName、dbUrl、userName、password 等，可根据传入表的列名、类型等信息构造具体的查询语句。JDBCInputFormat 构造好以后，就可以实现从数据库查询数据的功能。

（2）projectFields 方法实现

projectFields 方法的实现代码如代码清单 9-25 所示。

代码清单 9-25　projectFields 方法

```
    @Override
    public TableSource<Row> projectFields(int[] fields) {
        return new JDBCTableSource(options, readOptions, lookupOptions, schema, fields);
    }
```

这个方法会根据列的索引去 JDBCTableSource 构造函数中创建新的 tableSchema（见代码清单 9-26）。

代码清单 9-26　JDBCTableSource 类构造

```
    private JDBCTableSource(
            JDBCOptions options, JDBCReadOptions readOptions,
                JDBCLookupOptions lookupOptions,
            TableSchema schema, int[] selectFields) {
        this.options = options;
        this.readOptions = readOptions;
```

```
        this.lookupOptions = lookupOptions;
        this.schema = schema;

        this.selectFields = selectFields;

        final TypeInformation<?>[] schemaTypeInfos = schema.getFieldTypes();
        final String[] schemaFieldNames = schema.getFieldNames();
        if (selectFields != null) {
            TypeInformation<?>[] typeInfos = new TypeInformation[selectFields.length];
            String[] typeNames = new String[selectFields.length];
            for (int i = 0; i < selectFields.length; i++) {
                typeInfos[i] = schemaTypeInfos[selectFields[i]];
                typeNames[i] = schemaFieldNames[selectFields[i]];
            }
            this.returnType = new RowTypeInfo(typeInfos, typeNames);
        } else {
            this.returnType = new RowTypeInfo(schemaTypeInfos, schemaFieldNames);
        }
    }
```

这里可以看出：如果selectFields不为空，则会根据表的完整schema进行适配，得到新的returnType；反之，如果selectFields为空，则进行全表列的输出。

（3）getLookupFunction方法实现

由于社区对于JDBCTableSource只提供了getLookupFunction方法（只提供了同步获取数据的方法），所以isAsyncEnabled()方法返回的永远是false，getAsyncLookup-Function()方法也会直接抛出异常（见代码清单9-27）。如果用户实在想自己实现异步方法，则可以自己创建新的TableSource继承JDBCTableSource，然后重写相应的方法。

代码清单9-27　JDBCTableSource的async相关方法

```
@Override
public AsyncTableFunction<Row> getAsyncLookupFunction(String[] lookupKeys) {
    throw new UnsupportedOperationException();
}

@Override
public boolean isAsyncEnabled() {
    return false;
}
```

如代码清单9-28所示，getLookupFunction方法会构建一个JDBCLookupFunction对象。JDBCLookupFunction对象本质上是一个TableFunction，作用是提供根据具体的键从JDBC中查询相应数据的能力（类似于这种SQL的能力：SELECT c, d, e, f from T where a = ? and b = ?）。恰好维表聚合正需要这种能力，所以上面提到的LookupableTableSource很大程度上是为了维表聚合而设计的。

代码清单 9-28 getLookupFunction 方法

```
@Override
public TableFunction<Row> getLookupFunction(String[] lookupKeys) {
    return JDBCLookupFunction.builder()
        .setOptions(options)
        .setLookupOptions(lookupOptions)
        .setFieldTypes(returnType.getFieldTypes())
        .setFieldNames(returnType.getFieldNames())
        .setKeyNames(lookupKeys)
        .build();
}
```

9.3.2 TableSink

TableSink 接口的作用是将一个表的数据输出到外部系统，继承这个接口的有两个类：StreamTableSink 和 BatchTableSink。为了与 9.3.1 节中的 StreamTableSource 对应，这里我们以 JDBCTableSink 为例来进行详细说明。JDBCTableSink 可以分为 JDBCUpsertTableSink 和 JDBCAppendTableSink。从类的名字可以看出这两个 TableSink 的不同：JDBCAppendTableSink 只支持 insert 操作，而 JDBCUpsertTableSink 则同时支持 insert 和 update 操作。方便起见，我们以 JDBCAppendTableSink 为例来讲解。

JDBCAppendTableSink 实现 AppendStreamTableSink 接口，而 AppendStreamTableSink 接口又继承自 StreamTableSink。其中有两个方法需要子类去实现（见代码清单 9-29）。

代码清单 9-29 JDBCAppendTableSink 需要实现的类

```
void emitDataStream(DataStream<T> dataStream);

default DataStreamSink<?> consumeDataStream(DataStream<T> dataStream) {
    emitDataStream(dataStream);
    return null;
}
```

这里需要说明的是，emitDataStream 方法在未来版本中会被舍弃，主要的实现会放到 consumeDataStream 中。这个方法在 JDBCAppendTableSink 中的具体实现如代码清单 9-30 所示。

代码清单 9-30 consumeDataStream 的实现

```
@Override
public DataStreamSink<?> consumeDataStream(DataStream<Row> dataStream) {
    return dataStream
        .addSink(new JDBCSinkFunction(outputFormat))
```

```
            .setParallelism(dataStream.getParallelism())
            .name(TableConnectorUtils.generateRuntimeName(this.getClass(), fieldNames));
}
```

从以上代码可以看出，构建 streamTableSink 的关键是创建一个 JDBCSinkFunction，然后用 DataStream 的 addSink 方法进行设置；而 JDBCSinkFunction 实现的关键在于构建它的参数——outputFormat。这个变量是个 JDBCOutputFormat 实例，继承自 AbstractJDBCOutputFormat，作用是控制外部数据库连接的建立和表数据的写出。

JDBCOutputFormat 通过 open 方法建立与外部数据库的连接，并通过 writeRecord 方法将上游数据写入数据库，如代码清单 9-31 所示。这个类的作用与 JDBCInputFormat 类似，都会与外部数据库连接，只不过 JDBCInputFormat 负责数据库数据的摄入，而这里 JDBCOutputFormat 负责数据的写出。

代码清单 9-31 open 方法和 writeRecord 方法

```
@Override
public void open(int taskNumber, int numTasks) throws IOException {
    try {
        establishConnection();
        upload = connection.prepareStatement(query);
    } catch (SQLException sqe) {
        throw new IllegalArgumentException("open() failed.", sqe);
    } catch (ClassNotFoundException cnfe) {
        throw new IllegalArgumentException("JDBC driver class not found.", cnfe);
    }
}

@Override
public void writeRecord(Row row) throws IOException {
    try {
        setRecordToStatement(upload, typesArray, row);
        upload.addBatch();
    } catch (SQLException e) {
        throw new RuntimeException("Preparation of JDBC statement failed.", e);
    }

    batchCount++;

    if (batchCount >= batchInterval) {
        // 执行 flush 操作
        flush();
    }
}
```

纵览 Flink 中给出的所有 Table Connector，无论是 TableSink 还是 TableSource，实现

都是一样的，继承相似的接口，实现对应的方法即可，这为用户自定义 Table Connector 提供了很大的便利。读者不妨自己去实现一些 Table Connector，以加深对这部分知识的理解（类似 Redis、RocketMQ 等社区都还没有实现）。

9.3.3 SPI 机制在 Table Connector 中的应用

SPI（Service Provider Interface）是 Java 中比较经典的一种机制类型，概括来说，SPI 是“基于接口的编程＋策略模式＋配置文件”组合实现的动态加载机制。在 1.9 之后的 Flink 版本中对 SPI 的使用随处可见，Table Connector 的加载是其中的一个典型使用。

前两节详细说明了 TableSource 和 TableSink 的实现步骤。实现之后，Flink 具体是怎么创建的呢？为了与前面呼应，这里依然以 JDBC 为例进行阐述。

JDBC 在写好 JDBCTableSource 和 JDBCTableSink 后，还会实现一个类：JDBCTableSourceSinkFactory。这个类的作用是创建 JDBCTableSource 和 JDBCTableSink 实例，如代码清单 9-32 所示。

代码清单 9-32 createStreamTableSource 方法和 createStreamTableSink 方法

```
@Override
public StreamTableSource<Row> createStreamTableSource(Map<String, String>
        properties) {
    final DescriptorProperties descriptorProperties =
        getValidatedProperties(properties);

    return JDBCTableSource.builder()
        .setOptions(getJDBCOptions(descriptorProperties))
        .setReadOptions(getJDBCReadOptions(descriptorProperties))
        .setLookupOptions(getJDBCLookupOptions(descriptorProperties))
        .setSchema(descriptorProperties.getTableSchema(SCHEMA))
        .build();
}

@Override
public StreamTableSink<Tuple2<Boolean, Row>> createStreamTableSink(Map<String,
    String> properties) {
    final DescriptorProperties descriptorProperties =
        getValidatedProperties(properties);

    final JDBCUpsertTableSink.Builder builder = JDBCUpsertTableSink.builder()
        .setOptions(getJDBCOptions(descriptorProperties))
        .setTableSchema(descriptorProperties.getTableSchema(SCHEMA));

    descriptorProperties.getOptionalInt(
        CONNECTOR_WRITE_FLUSH_MAX_ROWS).ifPresent(builder::setFlushMaxSize);
    descriptorProperties.getOptionalDuration(CONNECTOR_WRITE_FLUSH_INTERVAL)
```

```
        .ifPresent(s -> builder.setFlushIntervalMills(s.toMillis()));
    descriptorProperties.getOptionalInt(CONNECTOR_WRITE_MAX_RETRIES)
        .ifPresent(builder::setMaxRetryTimes);

    return builder.build();
}
```

以 JDBC 的情况类推，Kafka、HBase 等 Table Connector 的实现也都是如此，都会创建一个 TableSourceSinkFactory 的类去创建相应的 TableSource 和 TableSink。面对如此多的 TableSourceSinkFactory，Flink 是如何知道应该加载哪一个工厂类进行表的实例化的呢？秘密就在 TableFactoryUtil 类中。

当需要建立一个 TableSource 或者 TableSink 的时候，Flink 会调用 TableFactoryUtil 类中的 findAndCreateTableSource 和 findAndCreateTableSink 方法（见代码清单 9-33）。这两个方法的参数都是一个 map，map 里存放着一些必要的键值对。如果我们对 SPI 很熟悉，那么当看到 TableFactoryService 时，心里就已经有了答案：这个类是 SPI 的起始点。上面两个方法的原理是一致的，我们以 findAndCreateTableSource 方法为例继续讲解。

代码清单 9-33 findAndCreateTableSource 方法

```
private static <T> TableSource<T> findAndCreateTableSource(Map<String, String>
        properties) {
    try {
        return TableFactoryService
            .find(TableSourceFactory.class, properties)
            .createTableSource(properties);
    } catch (Throwable t) {
        throw new TableException("findAndCreateTableSource failed.", t);
    }
}

private static <T> TableSink<T> findAndCreateTableSink(Map<String, String> properties) {
    TableSink tableSink;
    try {
        tableSink = TableFactoryService
            .find(TableSinkFactory.class, properties)
            .createTableSink(properties);
    } catch (Throwable t) {
        throw new TableException("findAndCreateTableSink failed.", t);
    }

    return tableSink;
}
```

接着来看看 TableFactoryService 的 find 方法（见代码清单 9-34）。find 方法会直接

调用 findSingleInternal 方法，这个方法的第一步是从指定的 ClassLoader 中加载所有实现 TableFactory 接口的类。

代码清单 9-34　find 方法

```
public static <T extends TableFactory> T find(Class<T> factoryClass, Map<String,
    String> propertyMap) {
    return findSingleInternal(factoryClass, propertyMap, Optional.empty());
}

private static <T extends TableFactory> T findSingleInternal(
        Class<T> factoryClass,
        Map<String, String> properties,
        Optional<ClassLoader> classLoader) {

    List<TableFactory> tableFactories = discoverFactories(classLoader);
    List<T> filtered = filter(tableFactories, factoryClass, properties);

    if (filtered.size() > 1) {
        throw new AmbiguousTableFactoryException(
            filtered,
            factoryClass,
            tableFactories,
            properties);
    } else {
        return filtered.get(0);
    }
}
```

如代码清单 9-35 所示，ServiceLoader.load(TableFactory.class) 就是 SPI 的典型写法，从这里可以将所有实现了 TableFactory 接口的类全部放入 ServiceLoader 对象中。

代码清单 9-35　discoverFactories 方法

```
private static List<TableFactory> discoverFactories(Optional<ClassLoader>
        classLoader) {
    try {
        List<TableFactory> result = new LinkedList<>();
        if (classLoader.isPresent()) {
            ServiceLoader
                .load(TableFactory.class, classLoader.get())
                .iterator()
                .forEachRemaining(result::add);
        } else {
            defaultLoader.iterator().forEachRemaining(result::add);
        }
        return result;
    } catch (ServiceConfigurationError e) {
```

```
        LOG.error("Could not load service provider for table factories.", e);
        throw new TableException(
            "Could not load service provider for table factories.", e);
    }
}
```

接下来会对 ServiceLoader 根据传入的 map 进行过滤，目的是找出唯一的 TableFactory 实现类。那么根据 map 键值对中的哪些键进行筛选呢？或者说应该往 map 中塞入什么样的键值对，才能找到指定的 TableFactory 进行 table source 和 sink 的创建？

我们注意到，在 filterBySupportedProperties 方法中有这么一段代码（见代码清单 9-36）。

代码清单 9-36　TableFactory 过滤

```
for (T factory: classFactories) {
    Set<String> requiredContextKeys = normalizeContext(factory).keySet();
    Tuple2<List<String>, List<String>> tuple2 =
        normalizeSupportedProperties(factory);
    List<String> givenContextFreeKeys = plainGivenKeys.stream()
            .filter(p -> !requiredContextKeys.contains(p))
            .collect(Collectors.toList());
    List<String> givenFilteredKeys = filterSupportedPropertiesFactorySpecific(
            factory,
            givenContextFreeKeys);

    boolean allTrue = true;
    for (String k: givenFilteredKeys) {
        lastKey = Optional.of(k);
        if (!(tuple2.f0.contains(k) || tuple2.f1.stream().anyMatch(k::startsWith))) {
            allTrue = false;
            break;
        }
    }
    if (allTrue) {
        supportedFactories.add(factory);
    }
}
```

这段代码就是通过传入的 map 进行 TableFactory 过滤的。这里有一个 normalizeContext 方法（见代码清单 9-37）。

代码清单 9-37　normalizeContext 方法

```
private static Map<String, String> normalizeContext(TableFactory factory) {
    Map<String, String> requiredContext = factory.requiredContext();
    if (requiredContext == null) {
        throw new TableException(String.format(
            "Required context of factory '%s' must not be null.",
```

```
                factory.getClass().getName()));
        }
        return requiredContext.keySet().stream()
            .collect(Collectors.toMap(String::toLowerCase, requiredContext::get));
    }
```

从这里就可以清晰地看出，TableFactory 的过滤是通过 map 中的键值对是否与具体实现类中的 requiredContext 方法返回值匹配来实现的。我们以 JDBCTableSourceSinkFactory 类为例来说明。

如代码清单 9-38 所示，这个类中的 requiredContext 方法返回一个 map，map 中有两个键值对："connector.type=jdbc"和"connector.property-version=1"。这就意味着想要匹配 JDBCTableSourceSinkFactory 这个类，传参的 map 就一定要有这两个键值对，只要有一个不符合，都不会匹配到。

代码清单 9-38　requiredContext 方法

```
@Override
public Map<String, String> requiredContext() {
    Map<String, String> context = new HashMap<>();
    context.put(CONNECTOR_TYPE, CONNECTOR_TYPE_VALUE_JDBC); // JDBC
    context.put(CONNECTOR_PROPERTY_VERSION, "1");
    return context;
}
```

再回头看一下 TableFactoryUtil 类中的 findAndCreateTableSource。在我们找到对应的 TableFactory 后，findAndCreateTableSource 方法会再调用 createTableSource 方法进行 table source 的创建，至此，table source（sink 同理）创建成功。

SPI 的引入极大改善了 Flink 部分代码的简洁性和可读性，同时为用户自定义 Table Connector 提供了极大便利。

9.4　UDF 与内置算子

UDF（User Defined Function，用户定义函数）和内置算子在 Flink SQL 和 Table 中极其常见。UDF 是一种对 SQL 能力的提升，把数据处理的主动权下放给用户；而内置算子是 Flink 内部提供对 Table 进行转换的 API。这两者一定程度上提高了 SQL 和 Table API 的灵活性和能力。本节就对 UDF 和一些内置算子进行解析。

9.4.1　UDF

Flink 本身为 SQL 提供的内置函数极其有限，在实际开发中完全不能满足用户需求，为了进行扩展，Flink 提供了 UDF 的接口 UserDefinedFunction。这个接口实现了 FunctionDefinition 接口（见代码清单 9-39）和 Serializable 接口。

代码清单 9-39 FunctionDefinition 接口

```
public interface FunctionDefinition {

    FunctionKind getKind();

    default Set<FunctionRequirement> getRequirements() {
        return Collections.emptySet();
    }

    default boolean isDeterministic() {
        return true;
    }
}
```

FunctionDefinition 接口提供以下三种方法。

1）getKind：返回 UDF 的类型。Flink 支持的函数类型如代码清单 9-40 所示，这些类型代表着 UserDefinedFunction 接口的各个实现类。

代码清单 9-40 FunctionKind 枚举类

```
public enum FunctionKind {

    SCALAR,
    TABLE,
    ASYNC_TABLE,
    AGGREGATE,
    TABLE_AGGREGATE,
    OTHER
}
```

2）getRequirements：获得 FunctionDefinition 必须满足的特征集合。这个方法一般返回 none。

3）isDeterministic：对于函数的返回值进行判断，返回值是布尔类型。比如：对于一个 FunctionDefinition，如果传入相同的参数会得到相同的值，那么这个方法返回 true；反之，如果传入相同的参数返回值会发生更改（如对于 random()、date()、now() 这些函数），那么会返回 false。

UserDefinedFunction 方法的实现类为什么要实现 Serializable 接口呢？这是因为 UDF 毕竟是用户自定义的代码，任务需要将其进行序列化和反序列化，才能在每个任务中使用。

下面介绍 4 种最重要的 UDF 类型。

（1）ScalarFunction

这个 UDF 类型主要实现了类似 map 的功能，实现一对一的数据处理。所有继承这个类的 UDF 都需要重写 eval() 方法。eval() 方法可以传入多个参数，对应 SQL 中的各个列值，该方法返回的类型用户可以自己定义。这里需要注意一点：如果返回值是简单类型，比如 String、Int 等，那么不用做额外的工作；但如果返回值是复杂类型，比如 POJO、嵌套类的结构，则需要重写 getResultType 方法，因为 Flink 不能自动解析复杂类型的结构，需要用户自己定义返回类型。

（2）TableFunction

确切来说，这个实现类是一个 UDTF（User Defined Table Function，用户定义表函数），主要实现一对多的数据处理，最常用的是输入一行数据，返回多行数据。实现这个类的 UDF 也必须实现 eval() 方法，但是与 ScalarFunction 不同的是，这个方法不能有返回值，得到的结果直接调用 collect() 即可。

（3）AsyncTableFunction

这个实现类与 TableFunction 作用一致，只是这个函数的实现是异步的，比较适合去外部取数据的场景（连接 HBase 等）。

（4）AggregateFunction

这是个 UTAF（用户定义聚合函数），可以看成跟 TableFunction 相反的操作，它的作用是将多列合并成一列。要继承这个类的子类，必须实现以下三个方法。

- createAccumulator：这个方法用于创建聚合器，也就是创建一个集合类，存储多列数据值。
- accumulate：这个方法用于定义多列数据怎样进行合并。
- getValue：这个方法用于返回最终的值，也就是合并的结果。

举个例子：如果我的 SQL 得到的数据有 4 列，其中有 3 列的值相同，只有一列的值是不同的，那么为了减少数据冗余，我希望对这个数据进行合并，将不同值的那一列用“-”拼接成一个字符串。我要做的就是在 createAccumulator 方法中定义一个 List 集合，然后在 accumulate 中进行拼接操作，并将拼接后的最终值通过 getValue 方法返回。

基本上，通过这 4 种 UDF 可以在 SQL 中实现各种功能来满足我们的需求，极大程度地扩展 SQL 的能力。

9.4.2 内置算子

Flink 针对 Table 提供了很多内置算子，这些算子的实现都在 TableImpl 类中，这节就取几个典型的算子进行详细解析。

1. select 算子

select 算子的具体实现代码如代码清单 9-41 所示。

代码清单 9-41　select 算子

```
@Override
public Table select(String fields) {
    return select(ExpressionParser.parseExpressionList(fields)
        .toArray(new Expression[0]));
}

   @Override
public Table select(Expression... fields) {
    List<Expression> expressionsWithResolvedCalls = Arrays.stream(fields)
            .map(f -> f.accept(lookupResolver))
            .collect(Collectors.toList());
    CategorizedExpressions extracted = OperationExpressionsUtils
        .extractAggregationsAndProperties(
            expressionsWithResolvedCalls
    );

    if (!extracted.getWindowProperties().isEmpty()) {
        throw new ValidationException(
            "Window properties can only be used on windowed tables.");
    }

    if (!extracted.getAggregations().isEmpty()) {
        QueryOperation aggregate = operationTreeBuilder.aggregate(
                Collections.emptyList(),
                extracted.getAggregations(),
                operationTree
        );
        return createTable(operationTreeBuilder.project(extracted.getProjections(),
            aggregate, false));
    } else {
        return createTable(operationTreeBuilder.project(
                expressionsWithResolvedCalls, operationTree, false));
    }
}
```

select 算子主要进行表之间的转换，select 方法的传参是多个列的名称。select 算子会通过 ExpressionParser 类进行列的表达式转换，Expression 可以表示一棵逻辑树。接着调用 OperationExpressionsUtils 的 extractAggregationsAndProperties 方法，提取 Aggragation 相关的表达式，最后根据是否含有聚合 Expression 进行 createTable 操作。这里我们需要注意一个类 ——OperationTreeBuilder，这个类用来构建 QueryOperation，并对构建好的 QueryOperation 利用 createTable 方法进行新 Table 的实现。所有内置算子的实现都是基于这个类的方法。与其说内置算子的实现在 TableImpl 中，不如说实现逻辑都在 OperationTreeBuilder 中。下面就来深入了解这个类。

这个类的关键方法是 project 方法，有多种传参方式。project 方法最终都会调用 projectInternal 方法（见代码清单 9-42）。

代码清单 9-42 projectInternal 方法

```
private QueryOperation projectInternal(
        List<Expression> projectList,
        QueryOperation child,
        boolean explicitAlias,
    List<OverWindow> overWindows) {

    ExpressionResolver resolver = ExpressionResolver
            .resolverFor(tableReferenceLookup, functionCatalog, child)
            .withOverWindows(overWindows)
            .build();
    List<ResolvedExpression> projections = resolver.resolve(projectList);
    return projectionOperationFactory.create(projections, child, explicitAlias,
            resolver.postResolverFactory());
}
```

在 projectInternal 方法中，首先会创建 ExpressionResolver 对象，然后利用这个对象对 Expression 进行转换。ExpressionResolver 用于解析一些特定的 Expression，比如 UnresolvedReferenceExpression 和 BuiltInFunctionDefinitions 等。解析的方法是利用众多的规则对 Expression 进行转换，这些规则都由 ExpressionResolver 提供，这点与 9.2.2 节中介绍的 SQL 优化过程很像。

解析完 Expression 后，就会调用 ProjectionOperationFactory 进行 QueryOperation 的构建，也就是新 Table 的构建。

2. join 算子

join 算子的主要实现如代码清单 9-43 所示。

代码清单 9-43 joinInternal 方法

```
private TableImpl joinInternal(
        Table right,
        Optional<Expression> joinPredicate,
        JoinType joinType) {
    verifyTableCompatible(right);

    return createTable(operationTreeBuilder.join(
            this.operationTree,
            right.getQueryOperation(),
            joinType,
```

```
                joinPredicate,
                false));
    }
```

了解了select算子的原理，对于join或其他内置算子的流程和原理就会了然于胸。join算子与select算子一样也会调用createTable方法，传参是OperationTreeBuilder调用join方法后得到的QueryOperation对象。

其他算子的实现过程与select、join算子大体一致，都提供了Table之间的转换，有兴趣的读者可以查看源代码，这里不一一讲述。

9.5 本章小结

本章主要讲解了Flink中的Table与SQL，分别介绍了StreamTableEnvironment的实现过程、SQL的解析过程，以及UDF和内置算子。之所以要花如此多的篇幅讲解底层代码，是因为在Flink大行其道的今天，很多读者对于基本知识都已经比较熟悉，而更加渴望了解底层细节。希望本章能解开大家对于Flink Table与SQL底层的一些疑惑。

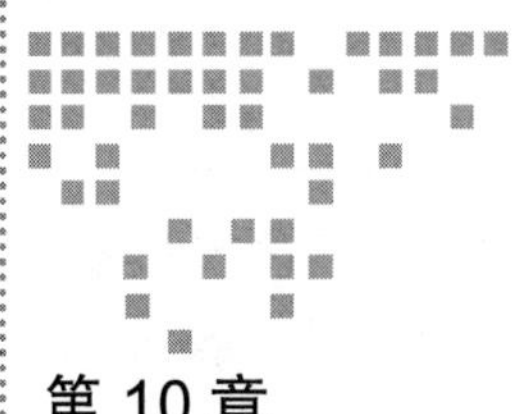

Chapter 10 第 10 章

Flink CEP 原理解析

本章主要针对 Flink CEP 模块进行分析，着重介绍 Flink CEP 的相关 API 语法、CEP 的内部实现原理，以及 CEP 和 SQL 语义的结合。

10.1　CEP 的基本概念

本节主要介绍 CEP 的基本概念、基本 API 语法以及一个简单的样例场景。

10.1.1　什么是 Flink CEP

CEP 是 Complex Event Process（复杂事件处理）的缩写，能够对一组事件序列按照指定的规则进行匹配处理。市面上常见的 CEP 框架有 Esper、Drools、Siddhi 等。Flink CEP 是一个构建在 Flink 之上的 CEP 框架。在流式数据处理场景中，CEP 按照指定的规则进行事件匹配。CEP 与传统数据库的处理逻辑相反：传统数据库是先存储数据，再对其进行查询分析；而 CEP 是先定义好查询 / 规则，再灌入实时数据，进行过滤匹配。目前在 Flink CEP 中支持通过 DataStream API 及 SQL 进行 CEP 任务的开发。

10.1.2　Pattern

Pattern 是用来描述匹配模式的。Pattern 的定义与正则表达式的语义类似。我们来看一个表达式：

```
a b+ c? d
```

这个表达式的含义是：a 元素后接 1 个或多个 b 元素、0 个或 1 个 c 元素、1 个 d 元素。

假设我们处理的上游数据是一个如以下代码所示的 Event 对象。

```
class Event {

    private final String name;
    private final int id;

    public Event(String name, int id) {
        this.name = name;
        this.id = id;
    }
}
```

转化成 CEP 的 Pattern 如下。

```
Pattern<Event, ?> pattern = Pattern.<Event>begin("a")
    .where(new SimpleCondition<Event>() {
        @Override
        public boolean filter(Event event) throws Exception {
            return event.name.equals("a");
        }
    })
    .followedBy("b")
    .where(...)
    .oneOrMore()
    .followedBy("c")
    .where(...)
    .optional()
    .followedBy("d")
    .where(...);
```

从以上代码可以看出以下几点。

- CEP 可以描述各个事件的先后顺序，是一种跨事件的匹配，它通过一系列的连接词 API（比如上例中的 followedBy）来进行关联，表示事件出现的先后顺序。
- CEP 可以定义事件出现的次数，在上面这个匹配规则中，a 事件就是单个事件的匹配，而 b+ 则是一个循环匹配的事件。
- 每一个追加上去的元素都需要指定匹配的判定条件，上面的例子中都是通过 where 条件指定 event 的 name 作为匹配的判定条件。

Pattern 的内部是一个链表结构，链表的初始节点通过 Pattern.begin 方法生成，每一个追加的 Pattern 都描述了一段独立的模式，并且会有一个 previous 指针指向前面的 Pattern，如图 10-1 所示。

需要注意以下两点：

- ❑ 需要为每个 Pattern 指定一个唯一的名字，如果名字重复，在生成 DAG 的过程中就会校验失败；
- ❑ Pattern 的名字不能包含“:”，因为在引擎内部冒号被用作特殊的分隔符，用以创建中间状态，名字包含冒号则会引发名字解析错误。

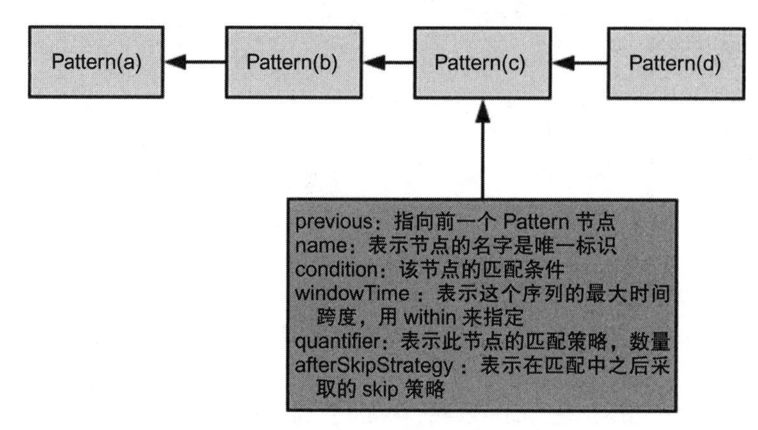

图 10-1　Pattern 链表结构

10.1.3　量词

量词用来指定某个 Pattern 出现的次数。

```
// 定义起始的 start 元素
Pattern start = Pattern.begin("start")
// start 元素出现 4 次
start.times(4);
// start 元素出现 4 次或 0 次
start.times(4).optional();
// start 出现 2~4 次
start.times(2, 4);
// start 出现 2~4 次，并且尽可能多地匹配（贪婪匹配）
start.times(2, 4).greedy();
// start 出现 0、2、3、4 次
start.times(2, 4).optional();
// start 出现 0、2、3、4 次，并且尽可能多地匹配
start.times(2, 4).optional().greedy();
// start 出现一次或多次
start.oneOrMore();
// start 出现一次或多次，并且尽可能多地匹配
start.oneOrMore().greedy();
```

以上列举了 Flink CEP 中支持的量词，可以看到支持指定次数、optional、次数范围、贪婪匹配等。

10.1.4　条件

条件用于过滤事件，其定义方式如下：

```
middle.oneOrMore()
    .subtype(SubEvent.class)
    .where(new IterativeCondition<SubEvent>() {
        @Override
        public boolean filter(SubEvent value, Context<SubEvent> ctx) throws Exception {
            if (!value.getName().startsWith("foo")) {
                return false;
            }

            double sum = value.getPrice();
            for (Event event : ctx.getEventsForPattern("middle")) {
                sum += event.getPrice();
            }
            return Double.compare(sum, 5.0) < 0;
        }
    });
```

这里定义了两个条件：

1）通过 subtype 定义了一个预设的条件，表示进入的元素需要是 SubEvent 的子类，否则返回 false；

2）通过 where 定义了一个与条件，表示不仅需要条件 1 成立，还需要通过 where 定义的自定义条件返回 true，最终的元素才是符合条件的。

条件可以通过 or、where 等关键字拼接成一个复杂条件，这里可以看到实现的条件接口是 IterativeCondition，而不是 SimpleCondition。这两者的区别是需要实现的 filter 函数的入参不同，前者多了一个 context。这里 context 可以用来通过下面代码片段中的 IterativeCondition 方法获取某个前面已经匹配到的元素。我们在判断某个 Pattern 元素是否符合条件时，可能需要将之前匹配到的序列作为判断条件，常见的用例如下：

```
middle.oneOrMore()
    .subtype(SubEvent.class)
    .where(new IterativeCondition<SubEvent>() {
        @Override
        public boolean filter(SubEvent value, Context<SubEvent> ctx) throws Exception {
            if (!value.name.startsWith("shopping")) {
                return false;
            }

            double sum = value.getPrice();
            for (Event event : ctx.getEventsForPattern("middle")) {
                sum += event.getPrice();
```

```
            }
            return Double.compare(sum, 5.0) < 0;
        }
    });
```

以上通过 ctx.getEventsForPattern ("middle") 获取 middle Pattern 中已经匹配到的元素，计算其价格之和，并判断和是否小于 5，最终得到一串名为 shopping 且价格之和小于 5 的数据集。

这里需要注意以下两点：

- ❑ getEventsForPattern() 方法会从状态中提取中间结果，因此相比于简单的匹配条件会多一些运行时开销；
- ❑ filter 函数假设传入的事件对象在匹配的过程中都不会发生改变，如果违背了这一点，产出的结果将会不可预计。

10.1.5 连接

前面举例中是通过 followedBy 将多个 Pattern 连接成一个的，Flink 总共支持以下三种连接模式。

- ❑ Strict Contiguity：需要定义的元素紧跟着前一个元素，中间不能有其他不相关的元素；通过 next() 指定。
- ❑ Relaxed Contiguity：在满足条件的两个元素之前允许有其他不满足条件的元素，在匹配的过程中会将不满足条件的元素忽略；通过 followedBy() 指定。
- ❑ Non-Deterministic Relaxed Contiguity：这是一种更宽松的策略，在匹配到满足条件的元素之后还会尝试继续匹配，得到多种可能的结果；通过 followedByAny() 指定。

举个例子。

Pattern：{a b}

数据流："a", "c", "b1", "b2"

三种连接模式的输出如下：

- ❑ Strict Contiguity 模式没有输出，因为出现 c 导致整个匹配失败；
- ❑ Relaxed Contiguity 输出 {a b1}；
- ❑ Non-Deterministic Relaxed Contiguity 输出 {a b1}, {a b2}。

如果想指定不跟随条件，可以使用 notNext() 和 notFollowedBy()。其中 notFollowedBy() 连接的 Pattern 不能作为整个序列的结尾，这一点将在下一节具体分析。

10.1.6 Flink CEP 作业编写举例

以上简要介绍了 Flink CEP 涉及的一些概念，下面举一个实际的例子来说明 Flink

CEP 的作业应该如何编写。

1. 问题背景

假设我们正在编写一个机房监控的应用程序，每个机房都会有监控温度及电力使用情况的数据上报，基于上报的数据，我们试图发现其中负载过高的节点。

2. 规则

首先，监控温度连续两次超过阈值就产生一次高温告警。一次高温警告可能并不意味着出现了高负载的节点，但是如果连续两次出现高温警告，我们就需要发送告警，找出相应的机架。

```
public abstract class MonitoringEvent {
    private int rackID;
    ...
}

public class TemperatureEvent extends MonitoringEvent {
    private double temperature;
    ...
}

public class PowerEvent extends MonitoringEvent {
    private double voltage;
    ...
}
```

连续出现两次温度高于阈值的情况。

```
Pattern<MonitoringEvent, ?> warningPattern = Pattern.<MonitoringEvent>begin("first")
     .subtype(TemperatureEvent.class)
     .where(new IterativeCondition<TemperatureEvent>() {
         @Override
         public boolean filter(TemperatureEvent value,
                 Context<TemperatureEvent> ctx) throws Exception {
             return value.getTemperature() >= TEMPERATURE_THRESHOLD;
         }
     })
     .next("second")
     .subtype(TemperatureEvent.class)
     .where(new IterativeCondition<TemperatureEvent>() {
         @Override
         public boolean filter(TemperatureEvent value,
                 Context<TemperatureEvent> ctx) throws Exception {
             return value.getTemperature() >= TEMPERATURE_THRESHOLD;
         }
     })
     .within(Time.seconds(10));
```

接着将数据源按照机架分区后进行匹配，得到一个警告流，即得到的都是10s内温度连续两次高于阈值的机架。这里的within条件指定整个匹配过程需要在10s内完成，即起始和结束的元素之间的时间间隔不能超过10s。10s具体是指业务时间还是系统时间取决于应用设置的时间语义。

```
PatternStream<MonitoringEvent> tempPatternStream = CEP.pattern(
    inputEventStream.keyBy("rackID"),
    warningPattern);
```

20s内出现两次警告。

```
Pattern<TemperatureWarning, ?> alertPattern = Pattern
    .<TemperatureWarning>begin("first")
    .next("second")
    .within(Time.seconds(20));
```

得到需要报警的机架的数据流。

```
PatternStream<TemperatureWarning> alertPatternStream = CEP.pattern(
    warnings.keyBy("rackID"),
    alertPattern);
```

最后通过flatSelect函数将满足条件的机架提取出来，同时再做一次判断，即第二次警告。温度要高于第一次的温度，达到监控告警的条件。

```
DataStream<TemperatureAlert> alerts = alertPatternStream.flatSelect(
    (Map<String, List<TemperatureWarning>> pattern, Collector<TemperatureAlert>
        out) -> {
        TemperatureWarning first = pattern.get("first").get(0);
        TemperatureWarning second = pattern.get("second").get(0);

        if (first.getAverageTemperature() < second.getAverageTemperature()) {
            out.collect(new TemperatureAlert(first.getRackID()));
        }
    },
    TypeInformation.of(TemperatureAlert.class));
```

以上通过一个简单的例子对机房监控数据进行了有效匹配，下一节将对CEP的内部实现进行剖析。

10.2 CEP内部实现原理

前面通过一个简单的例子大致了解了一个CEP任务的开发流程：定义Pattern；将Pattern转化成PatternStream；在PatternStream上通过select等函数提取出事件流。本节就来重点讲解CEP匹配过程的内部实现。

10.2.1 NFA 简介

事件的匹配过程等价于 NFA（Nondeterministic Finite Automaton，非确定性自动状态机）的转化过程。Flink 中实现的 NFA 包含以下几部分，状态转化流程如图 10-2 所示。

- ❑ state 状态机，分为 Start、Normal、Final、Stop。
- ❑ StateTransition，表示节点之间转化的过程。
- ❑ StateTransitionAction，表示节点在转化的过程中对于相应元素的策略，分为 Take、Ignore 和 Proceed 三种。

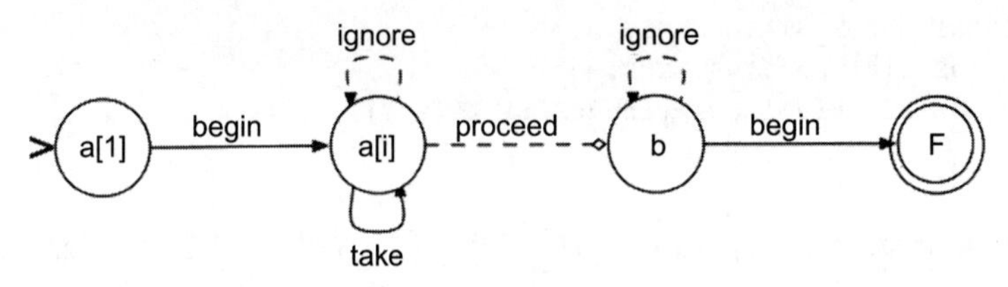

图 10-2 NFA 转化图

用户通过 Pattern API 编写的 pattern 序列会通过 NFACompiler 翻译成以上状态机的转化关系。以上 FinalState 是在编译期自动加上的，表示终止状态，一旦 NFA 到达 Final 节点就完成了本次匹配。

状态机转化在 Flink 内部使用 StateTransition 来表示，转化的行为有以下三种。

- ❑ Take：在事件匹配成功后，前进到“下一个”状态，接收当前的事件并存储到状态中。
- ❑ Proceed：在事件匹配成功后，在状态转换图中事件直接“前进”到下一个目标状态，不存储当前的事件。
- ❑ Ignore：当事件到来时，如果匹配不成功，则忽略当前事件，当前状态不发生任何变化。

10.2.2 匹配过程

在 CEP 算子中维护了这样几个状态：

```
private transient ValueState<NFAState> computationStates;
private transient MapState<Long, List<IN>> elementQueueState;
private transient SharedBuffer<IN> partialMatches;
```

以及一个 NFA 算子：

```
private transient NFA<IN> nfa;
```

首先 NFA 代表了代码中通过 pattern 描述的一串规则流程，在客户端通过 NFACompiler 编译后生成最终的NFA转化图，在CepOperator算子初始化时就会创建NFA及相应的状态。

```
computationStates = context.getKeyedStateStore().getState(
    new ValueStateDescriptor<>(
        NFA_STATE_NAME,
        new NFAStateSerializer()));

partialMatches = new SharedBuffer<>(context.getKeyedStateStore(), inputSerializer);

elementQueueState = context.getKeyedStateStore().getMapState(
    new MapStateDescriptor<>(
        EVENT_QUEUE_STATE_NAME,
        LongSerializer.INSTANCE,
        new ListSerializer<>(inputSerializer)));
```

在以上代码中：

- computationStates是一个value state（Flink的一种状态类型），存储了NFA状态在匹配过程中的中间状态；
- partialMatches是一个SharedBuffer数据结构，负责存储匹配过程中被接收的中间结果（后面会对其存储实现进行分析）；
- elementQueueState是一个队列数据结构，用于存储上游流入数据，存储结构是一个MapState<Long, List>，key为时间戳，Value为list，List中保存相应时间戳的数据。

NFA的匹配过程分为系统时间和事件时间两种实现。

想象一下我们指定了匹配A - B - C这样的序列。在系统时间语义下，我们就按照上游数据到达的顺序来进行匹配，在数据到达时可以直接进行匹配，而不用进行数据存储。而在事件时间语义下，因为需要严格按照数据时间来匹配，就需要先将数据缓存在状态中，等到水位线向前推进时才进行匹配。可以看出事件时间语义下的系统压力会更大。

1. Processing time处理流程

我们先来看在Processing time语义下的数据处理流程：

```
NFAState nfaState = getNFAState();
long timestamp = getProcessingTimeService().getCurrentProcessingTime();
advanceTime(nfaState, timestamp);
processEvent(nfaState, element.getValue(), timestamp);
updateNFA(nfaState);
```

1）computationState保存临时状态。根据上面所描述的，computationState会存储NFA匹配的中间状态，如果没有中间状态，那么会直接从NFA中创建一个初始化的状态。

```
private NFAState getNFAState() throws IOException {
    NFAState nfaState = computationStates.value();
    return nfaState != null ? nfaState : nfa.createInitialNFAState();
}
```

2）将时间向前推进，这会遍历匹配的中间状态。根据我们指定的 within 窗口来判断这个匹配窗口是否过期。如果过期了则根据指定的超时处理器将超时的元素下发，如果没有指定超时处理器，就直接将过期的中间状态清理掉。

```
private void advanceTime(NFAState nfaState, long timestamp) throws Exception {
    try (SharedBufferAccessor<IN> sharedBufferAccessor = partialMatches.
        getAccessor()) {
        Collection<Tuple2<Map<String, List<IN>>, Long>> timedOut =
        nfa.advanceTime(sharedBufferAccessor, nfaState, timestamp);
        if (!timedOut.isEmpty()) {
           processTimedOutSequences(timedOut);
        }
    }
}
```

3）开始处理输入数据，对输入数据进行匹配。匹配的过程如下。

首先，从匹配的中间 NFAState 中获取到所有的 ComputationState，这是上次匹配之后到达的中间状态，在此基础上进行下一次的匹配。

```
private OutgoingEdges<T> createDecisionGraph(
        ConditionContext context,
        ComputationState computationState,
        T event) {
    State<T> state = getState(computationState);
    final OutgoingEdges<T> outgoingEdges = new OutgoingEdges<>(state);

    final Stack<State<T>> states = new Stack<>();
    states.push(state);

    while (!states.isEmpty()) {
        State<T> currentState = states.pop();
        Collection<StateTransition<T>> stateTransitions =
            currentState.getStateTransitions();

        for (StateTransition<T> stateTransition : stateTransitions) {
            try {
                if (checkFilterCondition(context, stateTransition.getCondition(),
                    event)) {
                    switch (stateTransition.getAction()) {
                        case PROCEED:
                            states.push(stateTransition.getTargetState());
                            break;
                        case IGNORE:
                        case TAKE:
                            outgoingEdges.add(stateTransition);
                            break;
                    }
                }
```

```
            } catch (Exception e) {
                throw new FlinkRuntimeException(
                    "Failure happened in filter function.", e);
            }
        }
    }
    return outgoingEdges;
}
```

接着，对输入的数据进行代码中指定的过滤条件判断，并根据状态机转化的边的行为进行转化。如果是 Proceed，那么将目标的状态机压栈，继续匹配；如果是 Ignore 或 Take，则记录相应的转化边。这样就根据输入数据得到了一个可转化的边的集合。

最后，根据转化的边的行为进行数据的存储或丢弃，得到一个新的中间计算状态，将其作为下一条数据的匹配基础。如果在匹配的过程中达到了 Final 状态，则将整个匹配过程的序列提取出来，并返回用户处理。

2. Eventtime 处理流程

如前面介绍的，在 Processing time 语义下，数据到达时直接可以进入匹配流程。而 Eventtime 语义下的匹配流程其实与 Processing time 语义下的类似，只是多了一步在数据到达时进行数据缓存，在水位线推进时，由 timerService 回调触发匹配流程。

```
if (timestamp > lastWatermark) {
    saveRegisterWatermarkTimer();
    bufferEvent(value, timestamp);
}
```

（1）通过 timerService 注册事件时间触发器

```
timerService.registerEventTimeTimer(VoidNamespace.INSTANCE, currentWatermark + 1);
```

（2）缓存数据

```
private void bufferEvent(IN event, long currentTime) throws Exception {
    List<IN> elementsForTimestamp =  elementQueueState.get(currentTime);
    if (elementsForTimestamp == null) {
        elementsForTimestamp = new ArrayList<>();
    }

    elementsForTimestamp.add(event);
    elementQueueState.put(currentTime, elementsForTimestamp);
}
```

在水位线推进时，会触发 onEventTime 方法调用。我们来分析一下这个处理流程。

```
@Override
public void onEventTime(InternalTimer<KEY, VoidNamespace> timer) throws Exception {
```

```
    // 步骤 1
    PriorityQueue<Long> sortedTimestamps = getSortedTimestamps();
    NFAState nfaState = getNFAState();

    // 步骤 2
    while (!sortedTimestamps.isEmpty() && sortedTimestamps.peek() <=
        timerService.currentWatermark()) {
        long timestamp = sortedTimestamps.poll();
        advanceTime(nfaState, timestamp);
        try (Stream<IN> elements = sort(elementQueueState.get(timestamp))) {
            elements.forEachOrdered(
                event -> {
                    try {
                        processEvent(nfaState, event, timestamp);
                    } catch (Exception e) {
                        throw new RuntimeException(e);
                    }
                }
            );
        }
        elementQueueState.remove(timestamp);
    }

    // 步骤 3
    advanceTime(nfaState, timerService.currentWatermark());

    // 步骤 4
    updateNFA(nfaState);

    if (!sortedTimestamps.isEmpty() || !partialMatches.isEmpty()) {
        saveRegisterWatermarkTimer();
    }

    // 步骤 5
    updateLastSeenWatermark(timerService.currentWatermark());
}
```

在代码的注释中也标注得比较清晰，具体分析如下。

1）获取经过排序的时间戳。

```
private PriorityQueue<Long> getSortedTimestamps() throws Exception {
    PriorityQueue<Long> sortedTimestamps = new PriorityQueue<>();
    for (Long timestamp : elementQueueState.keys()) {
        sortedTimestamps.offer(timestamp);
    }
    return sortedTimestamps;
}
```

因为状态后端本身并没有支持排序的 priorityQueue 的实现，因此需要通过 MapState

存储，在触发时获取所有的时间戳。

2）将所有小于水位线的数据提取出来，交给 NFA 处理。这一步相较于 Processing time 的处理多了根据时间排序的过程，而匹配 / 状态机转化过程是类似的。

3）推进数据时间，进行过期数据的处理。

4）将 NFA 处理之后的中间状态重新保存，用于下一次匹配计算。

```
private void updateNFA(NFAState nfaState) throws IOException {
    if (nfaState.isStateChanged()) {
        nfaState.resetStateChanged();
        computationStates.update(nfaState);
    }
}
```

5）注册新的事件时间触发器，并推进水位线，等待下一个水位线到达后继续匹配推进。

至此，CEP 的处理流程已经大致讲完了。当然在实现上还有几个比较重要的部分，主要是状态的存储部分，下面我们继续来看相关的实现。

10.2.3 CEP 状态存储

从上面的处理流程中可以看到，在匹配过程中一旦匹配命中并且是 Take 的行为，就需要存储相应的事件流。在数据比较多的情况下，状态会变得比较大。在 Flink 较早的版本中，将匹配接收的数据直接存储在了 NFA 状态中，导致每次进行数据处理都需要访问比较大的状态，导致性能较差；在 1.9 版本中已经对这部分状态进行了剥离。

1. NFAState

NFAState 的结构存储了当前未到达 Final 状态的中间状态 ComputationState。ComputationState 的结构如下：

```
private final String currentStateName; // 当前处于的 NFA 节点
private final DeweyNumber version; //状态存储的版本号
private final long startTimestamp;

@Nullable
// 记录前一个元素的 ID，在完成匹配时，根据 NodeId 可以回溯拿到整个事件序列
private final NodeId previousBufferEntry;

@Nullable
/ 记录起始事件的 ID，主要用于记录匹配事件序列的起始时间，用于时间过滤

private final EventId startEventID;
```

添加如下事件：

```
public NodeId put(
        final String stateName,
        final EventId eventId,
        @Nullable final NodeId previousNodeId,
        final DeweyNumber version) {

    if (previousNodeId != null) {
        lockNode(previousNodeId);
    }

    NodeId currentNodeId = new NodeId(eventId,
        getOriginalNameFromInternal(stateName));
    Lockable<SharedBufferNode> currentNode = sharedBuffer.getEntry(currentNodeId);
    if (currentNode == null) {
        currentNode = new Lockable<>(new SharedBufferNode(), 0);
        lockEvent(eventId);
    }

    currentNode.getElement().addEdge(new SharedBufferEdge(
            previousNodeId,
            version));
            sharedBuffer.upsertEntry(currentNodeId, currentNode);

    return currentNodeId;
}
```

其逻辑如下。

1）为前一个 NodeId 添加引用计数。

2）创建当前节点的 NodeId，并为当前时间添加引用计数。

3）为当前节点添加边，并指向前一个 NodeId。

可以看到在存储的过程中，实际消息流以 <eventId, event> 的形式存储，对应的 SharedBufferNode 以 <NodeId, SharedBufferNode> 形式存储，两者都有多个节点共享，因此抽象出 Lockable 进行引用计数。

在 org.apache.flink.cep.nfa.sharedbuffer.SharedBuffer 中可以看到，其具体存储的数据结构如下：

```
private MapState<EventId, Lockable<V>> eventsBuffer;
private MapState<NodeId, Lockable<SharedBufferNode>> entries;

// 缓存层
private Map<EventId, Lockable<V>> eventsBufferCache = new HashMap<>();

private Map<NodeId, Lockable<SharedBufferNode>> entryCache = new HashMap<>();
```

此外，在每次匹配的流程中，put/update 都是通过 sharedBufferAccessor 进行操作的，是在 SharedBuffer 上添加了一层缓存层。其设计思路是：因为每次操作状态都会有比较大的消耗，处理每条数据的匹配过程中会存在较多的读取、更新同一节点的行为，所以添加缓存层可以大大减少与状态实际交互的次数，提升整体的性能。

2. SharedBuffer

这是一个多版本的共享缓存，之所以采用一个共享缓存的实现，是因为在 NFA 匹配的过程中会有很多衍生路径，但前置的状态节点的存储内容都是一样的。如果每个都单独存储，那么存储状态量就会翻倍，性能也会随之下降。但是也不能将这些缓存直接合并成一个，因为合并之后回溯就完全依赖于边在连接后的遍历，会导致错误的结果。因此需要一个缓存区，并且要能够区分出匹配路径。

在 Flink 中采用的是杜威十进制分类法，它提供了以下实现：

```
public DeweyNumber increase(int times) {
    int[] newDeweyNumber = Arrays.copyOf(deweyNumber, deweyNumber.length);
    newDeweyNumber[deweyNumber.length - 1] += times;

    return new DeweyNumber(newDeweyNumber);
}

public DeweyNumber addStage() {
    int[] newDeweyNumber = Arrays.copyOf(deweyNumber, deweyNumber.length + 1);

    return new DeweyNumber(newDeweyNumber);
}

public boolean isCompatibleWith(DeweyNumber other) {
    if (length() > other.length()) {
        for (int i = 0; i < other.length(); i++) {
            if (other.deweyNumber[i] != deweyNumber[i]) {
                return false;
            }
        }

        return true;
    } else if (length() == other.length()) {
        int lastIndex = length() - 1;
        for (int i = 0; i < lastIndex; i++) {
            if (other.deweyNumber[i] != deweyNumber[i]) {
                return false;
            }
        }

        return deweyNumber[lastIndex] >= other.deweyNumber[lastIndex];
    } else {
```

```
        return false;
}
```

其具体逻辑如下。

1）increase 是在同一阶段增加末尾版本号。

2）addStage 是增加一个小版本号。

3）判断是否满足兼容要求：前缀完全相等，最后一位当前的版本号更大。

通过这样的多版本共享的处理，数据存储可以共用一个缓存池，从而大幅减少存储成本。

10.2.4　CEP 和 SQL 结合

2016 年 ISO 发布了 SQL 语法新的标准，其中包括行级模式匹配的语法 MATCH_RECOGNIZE。Flink 针对这种 SQL 语法进行了实现，将其转化到相应的 CEP 算子中，增强了 CEP 的表达能力。本节就来介绍 CEP SQL 的实现原理。

CEP SQL 的使用语法如下：

```
SELECT T.aid, T.bid, T.cid
FROM MyTable
    MATCH_RECOGNIZE (
        PARTITION BY userid
        ORDER BY proctime
        MEASURES
            A.id AS aid,
            B.id AS bid,
            C.id AS cid
        PATTERN (A B C)
        DEFINE
            A AS name = 'a',
            B AS name = 'b',
            C AS name = 'c'
    ) AS T
```

由于 CEP SQL 的实现在运行时层，其实是复用的 DataStream API 中的 CepOperator，而 SQL 的解析过程是翻译到 CEP 算子的过程，因此这里主要讲解 CEP SQL 的解析过程。这一部分的详细实现可以参考第 9 章。

具体 SQL 的语义如下。

- PARTITION BY：指定表的逻辑分区，与 group by 的语义类似。
- ORDER BY：指定流入数据的排序方式，可以按照 proctime、eventtime 或者某个字段，所指定的第一个字段需要时间属性且只能按照升序排序，第二字段则可以按照升序或降序排序。
- MEASURES：定义输出语句，类似于 select 语法。

- PATTERN：使用类正则语法指定事件序列。
- DEFINE：定义 pattern 变量需要满足的条件。

此外，还可以针对 MEASURE 和 DEFINE 指定聚合算子。MEASURE 和 DEFINE 的聚合其实主要是针对输入条件和输出结果的聚合。

```
SELECT *
FROM Ticker
    MATCH_RECOGNIZE (
        PARTITION BY symbol
        ORDER BY rowtime
        MEASURES
            FIRST(A.rowtime) AS start_tstamp,
            LAST(A.rowtime) AS end_tstamp,
            AVG(A.price) AS avgPrice
        ONE ROW PER MATCH
        AFTER MATCH SKIP PAST LAST ROW
        PATTERN (A+ B)
        DEFINE
            A AS AVG(A.price) < 15
    ) MR;
```

Flink 使用 Calcite 解析后会得到 LogicalMatch 逻辑节点，经过 FlinkLogicalMatch.CONVERTER 和 StreamExecMatchRule 转换规则后得到 StreamExecMatch 物理节点。在 translateToPlanInternal 阶段，将 SQL 表达的 pattern 和 processFunction 翻译成 CepOperator。

```
final boolean isProctime = TypeCheckUtils.isProcTime(timeOrderFieldType);
final InternalTypeInfo<RowData> inputTypeInfo =
        (InternalTypeInfo<RowData>) inputTransform.getOutputType();
final TypeSerializer<RowData> inputSerializer =
        inputTypeInfo.createSerializer(planner.getExecEnv().getConfig());
final NFACompiler.NFAFactory<RowData> nfaFactory =
        NFACompiler.compileFactory(cepPattern, false);

final MatchCodeGenerator generator =
        new MatchCodeGenerator(
            new CodeGeneratorContext(config),
            planner.getRelBuilder(),
            false, // nullableInput
            JavaScalaConversionUtil.toScala(cepPatternAndNames.f1),
            JavaScalaConversionUtil.toScala(Optional.empty()),
            CodeGenUtils.DEFAULT_COLLECTOR_TERM());

generator.bindInput(
        inputRowType,
        CodeGenUtils.DEFAULT_INPUT1_TERM(),
        JavaScalaConversionUtil.toScala(Optional.empty()));
```

```
final PatternProcessFunctionRunner patternProcessFunction =
        generator.generateOneRowPerMatchExpression(
            (RowType) getOutputType(), partitionKeys, matchSpec.getMeasures());

final CepOperator<RowData, RowData, RowData> operator =
        new CepOperator<>(
            inputSerializer,
            isProctime,
            nfaFactory,
            eventComparator,
            cepPattern.getAfterMatchSkipStrategy(),
            patternProcessFunction,
            null);

final OneInputTransformation<RowData, RowData> transform =
        new OneInputTransformation<>(
            timestampedInputTransform,
            getDescription(),
            operator,
            InternalTypeInfo.of(getOutputType()),
            timestampedInputTransform.getParallelism());

final RowDataKeySelector selector =
        KeySelectorUtil.getRowDataSelector(partitionKeys, inputTypeInfo);
transform.setStateKeySelector(selector);
transform.setStateKeyType(selector.getProducedType());

if (inputsContainSingleton()) {
    transform.setParallelism(1);
    transform.setMaxParallelism(1);
}
return transform;
```

SQL 的主要逻辑就是到这里翻译成物理执行节点，运行时的逻辑与前几节的分析一致，这里不再展开。

10.3　本章小结

本章主要介绍了 Flink 提供的 CEP 框架的内部实现原理。相信学习完本章后大家已经知道，Flink CEP 其实是 Flink 上基于 NFA 的原理实现的内置扩展算子。借助 Flink 框架的丰富算子和内置状态接口，还可以进行很多这样的扩展。Flink 中还有一些其他的内置库，感兴趣的读者可以参照 Flink 官网进行探索。

Chapter 11 第 11 章

Flink 监控

本章主要介绍 Flink 中关于监控的内容，不仅梳理 Flink 中的监控指标，还从工程实践的角度讲解如何建设一个 Flink 的监控体系。Flink 的监控告警对于 Flink 任务的维护和保证至关重要，单纯的 Flink UI 是无法满足实际的业务需求的，因此我们需要建设一个完善的监控告警系统。本章不会过多涉及源代码，而更多的是从工程角度来梳理 Flink 监控的相关内容。

11.1 监控指标

本节我们来纵览下 Flink 有哪些监控指标。

11.1.1 指标类型

本节我们看下 Flink 监控指标体系的一些要点，包括指标类型、指标分类、指标获取方式等。Flink 内部支持 Counter、Gauge、Histogram 和 Meter 类型的指标。

1. Counter

Counter 是一种计数类型的指标，主要方法有 inc()/inc(long n)、dec()/dec(long n)。使用方式如下：

```
public class MyMapper extends RichMapFunction<String, String> {
    private transient Counter counter;

    @Override
```

```
    public void open(Configuration config) {
        this.counter = getRuntimeContext()
            .getMetricGroup()
            .counter("myCounter");
    }

    @Override
    public String map(String value) throws Exception {
        this.counter.inc();
        return value;
    }
}
```

2. Gauge

Gauge是描述当前值的指标，比如描述当前内存使用量。使用方式如下：

```
public class MyMapper extends RichMapFunction<String, String> {
    private transient int valueToExpose = 0;

    @Override
    public void open(Configuration config) {
        getRuntimeContext()
                .getMetricGroup()
                .gauge("MyGauge", new Gauge<Integer>() {
                    @Override
                    public Integer getValue() {
                        return valueToExpose;
                    }
                });
    }

    @Override
    public String map(String value) throws Exception {
        valueToExpose++;
        return value;
    }
}
```

3. Histogram

Histogram，顾名思义，就是直方图，用来统计数据（主要是long类型的数据）的分布，不经常使用。使用方式如下：

```
public class MyMapper extends RichMapFunction<Long, Long> {
    private transient Histogram histogram;

    @Override
    public void open(Configuration config) {
```

```
        this.histogram = getRuntimeContext()
                .getMetricGroup()
                .histogram("myHistogram", new MyHistogram());
    }

    @Override
    public Long map(Long value) throws Exception {
        this.histogram.update(value);
        return value;
    }
}
```

4. Meter

Meter 用来统计平均吞吐量。如果事件行为发生，通过调用 markEvent()/markEvent (long n) 方法来使用。使用方式如下：

```
public class MyMapper extends RichMapFunction<Long, Long> {
    private transient Meter meter;

    @Override
    public void open(Configuration config) {
        this.meter = getRuntimeContext()
            .getMetricGroup()
            .meter("myMeter", new MyMeter());
    }

    @Override
    public Long map(Long value) throws Exception {
        this.meter.markEvent();
        return value;
    }
}
```

11.1.2 系统指标及自定义指标

1. 系统指标

Flink 内部已经定义了非常多的指标，方便我们观察 Flink 的运行状态，包括以下几种。

- 资源方面：CPU、内存、线程数等。
- JVM 层面：GarbageCollection。
- 网络层面：MemorySegments 使用、BufferPool 使用等。
- 检查点层面：检查点各种衡量指标。
- I/O 层面：数据读写的各种指标。
- Connector 层面：各种 Connector 级别的指标，比如 Kafka Connector 提交位点相关的监控指标。

这里我们不展开讨论，下一节会详细地对各种指标梳理分析，以便构建监控大盘时选取合理的指标。

2. 自定义指标

除了 Flink 内置的监控指标外，用户还可以自定义指标。指标定义方法如下：

```
counter = getRuntimeContext()
    .getMetricGroup()
    .addGroup("MyMetricsKey", "MyMetricsValue")
    .counter("myCounter");
```

然后就可以在代码中使用。

11.1.3 指标的使用

要利用上述提到的指标，我们需要获取指标或者把指标发送到外部系统。获取指标最简单的方式就是通过 Flink UI，这本质上也就是 REST API 的方式。此外，还可以通过 Metrics Reporter 把指标发送到外部系统，经过清洗汇聚然后展示使用。

1. REST API

Flink UI 上有很多指标信息的展示，特别是我们经常会看的反压和检查点相关指标。我们可以通过 Flink UI 上的 Dashboard 来具体查询某一个指标，当然也可以通过 REST API 来查看某一类指标，其返回结果是一个 JSON 字符串。

例如：http://hostname:8081/jobs/<jobid>/metrics 可以获取一个作业相关的指标。

获取其他角色的指标：

```
/jobmanager/metrics
/taskmanagers/<taskmanagerid>/metrics
/jobs/<jobid>/metrics
/jobs/<jobid>/vertices/<vertexid>/subtasks/<subtaskindex>
```

还可以加一些限定条件来获取特定的指标：GET。

```
/taskmanagers/metrics?get=metric1,metric2
```

2. Metrics Reporter

通过 Metrics Reporter 可以把指标发送到外部系统，这样做的好处是可以自定义指标的汇聚和展示。Metrics Reporter 可以通过 flink-conf.yaml 进行配置，典型的配置例子如下：

```
metrics.reporters: my_jmx_reporter,my_other_reporter

metrics.reporter.my_jmx_reporter.factory.class: org.apache.flink.metrics
    .jmx.JMXReporterFactory
metrics.reporter.my_jmx_reporter.port: 9020-9040
```

```
metrics.reporter.my_jmx_reporter.scope.variables.excludes:job_id;task_attempt_num

metrics.reporter.my_other_reporter.class: org.apache.flink.metrics.graphite
    .GraphiteReporter
metrics.reporter.my_other_reporter.host: 192.168.1.1
metrics.reporter.my_other_reporter.port: 10000
```

- metrics.reporters：用来指定一个或多个（用逗号分隔）reporter 的名字。
- metrics.reporter..class：用来配置指定名字的 reporter 的实现类。
- metrics.reporter..：用来配置指定名字的 reporter 的属性。
- metrics.reporter..factory.class：用来配置指定名字的 reporter 的工厂类。
- metrics.reporter..interval：用来配置指定名字的 reporter 的上报间隔。

还有一些不常用的配置项，比如 metrics.reporter..scope.delimiter，这里不详细介绍，有需要可以参考 Flink 官方文档。

Flink 中内置了几种 Metrics Reporter，包括 Java 自带的不需要依赖第三方包的 JMX，可以对接第三方监控系统的 Graphite、InfluxDB、Prometheus、PrometheusPushGateway、StatsD、Datadog，以及使用较多的 Slf4j。

3. 自定义 Reporter

如果上述 Reporter 都无法满足我们的需求，我们可以自定义 Reporter。自定义比较简单，就是实现抽象类 AbstractReporter，重写其中的 report 方法，然后在 flink-conf.yaml 中按照上述方法进行配置。

这里举一个使用比较广泛的例子 KafkaReporter，它用来把我们的监控指标发送到 Kafka。

```
public class KafkaReporter extends AbstractReporter implements Scheduled {
    private static final Logger LOG = LoggerFactory.getLogger(KafkaReporter.class);

    @Override
    public void open(MetricConfig config) {
        // 初始化 Kafka 客户端
    }

    @Override
    public void close() {
        // 关闭 Kafka 客户端
    }


    @Override
        public void report() {

        try {
```

```
        for (Map.Entry<Gauge<?>, String> gauge : gauges.entrySet()) {
            if (closed) {
                return;
            }
            reportGauge(gauge.getValue(), gauge.getKey());
        }

        for (Map.Entry<Counter, String> counter : counters.entrySet()) {
            if (closed) {
                return;
            }
            reportCounter(counter.getValue(), counter.getKey());
        }
        for (Map.Entry<Histogram, String> histogram : histograms.entrySet()) {
            if (closed) {
                return;
            }
            reportHistogram(histogram.getValue(), histogram.getKey());
        }

        for (Map.Entry<Meter, String> meter : meters.entrySet()) {
            if (closed) {
                return;
            }
            reportMeter(meter.getValue(), meter.getKey());
        }
        for (Map.Entry<Metered, String> meter : metereds.entrySet()) {
            if (closed) {
                return;
            }
            reportMetered(meter.getValue(), meter.getKey());
        }
    } catch (ConcurrentModificationException | NoSuchElementException e) {
    }
}

private void reportMetered(final String input, final Metered meter) {
    //...
}

private void reportCounter(final String input, final Counter counter) {
    if (counter != null) {
        // 拼接字符串
        String msg = jointString(input, counter.getCount(), appId, containerId,
            appName);
        sendMsg(msg);
    }
}
```

```
    private void reportHistogram(final String input, final Histogram histogram) {
        //...
    }

    private void reportGauge(final String input, final Gauge<?> gauge) {
        //...
    }

    private void reportMeter(final String input, final Meter meter) {
        //...
    }

    private void sendMsg(final String msg) {
        // kafka 客户端发送 msg
    }
}
```

11.2 常用系统指标

本节主要从工程实践的角度对常用的系统指标进行梳理，也为 11.3 节的体系建设做准备。

1. 运行状态指标（描述任务总体运行状态）

- taskSlotsAvailable：可用 Slot 数。
- numRegisteredTaskManagers：注册的 TaskManager 数。
- taskSlotsTotal：Slot 总数。
- numRunningJobs：运行作业数。
- restartingTime：重启时长。
- uptime：运行时长。
- downtime：失败时长。
- numRestarts：重启次数。

这部分指标可以作为最基本的任务状态描述指标。通过这些指标可以看出任务目前是否正常。

2. I/O 指标

- numBytesOut：任务发送的总字节数。
- numBytesOutPerSecond：任务每秒发送的字节数。
- numBuffersOut：任务发送的总的网络缓存数量。
- numBuffersOutPerSecond：任务每秒发送的网络缓存数量。
- isBackPressured：任务是否发生反压。这个指标是一个采样值，不一定准确，而且也不能判断是任务的上游、下游还是任务本身存在性能问题。

- idleTimeMsPerSecond：任务的空闲时间。
- numRecordsIn：任务接收到的记录数量。
- numRecordsInPerSecond：任务每秒接收到的 record 数量。
- numRecordsOut：任务发送到下游的 record 数量。
- numRecordsOutPerSecond：任务每秒发送到下游的 record 数量。
- numLateRecordsDropped：每秒由于消息延迟而丢弃的数量。
- currentInputWatermark：当前的（如果有多个输入，也就是最小的）水位线。

这部分指标可以衡量一个 Flink 任务的处理性能。

3. 检查点指标

- lastCheckpointDuration：上一次检查点花费的时间。
- lastCheckpointSize：上一次检查点大小（单位：字节）。
- lastCheckpointExternalPath：上一次检查点的外部路径。
- lastCheckpointRestoreTimestamp：上一次检查点恢复的时间戳。
- numberOfInProgressCheckpoints：处理中的检查点个数。
- numberOfCompletedCheckpoints：已经完成的检查点个数。
- numberOfFailedCheckpoints：失败的检查点个数。
- checkpointAlignmentTime：检查点屏障对齐花费的时间。

这里列出了检查点相关的主要指标，结合这些指标与 I/O 指标基本可以判断 Flink 任务的反压情况。

4. 网络指标

- inPoolUsage：输入缓存使用占比，结合 outPoolUsage 可判断具体哪个算子的性能是瓶颈。
- outPoolUsage：输出缓存使用占比。
- inputQueueLength：输入缓存队列长度。
- outputQueueLength：输出缓存队列长度。
- AvailableMemorySegments：未被使用的内存段。
- TotalMemorySegments：总共的内存段。

通过查看每个算子的 inPoolUsage、outPoolUsage 可以非常方便地定位具体哪个算子有性能问题，接着就可以进一步定位该算子。

5. Connector 指标

因为 Flink 的数据源中 Kafka 是最常见、使用最广泛的，所以这里主要列出几个 Kafka

Connector 相关的指标。其实通过指标的配置文件也可以把 Kafka Connector 中 Kafka 客户端的监控指标收集起来，就像 Flink 本身的监控指标一样，这样可以更好地监控和排查问题。

- commitsSucceeded：提交偏移量（offset）成功的次数。
- commitsFailed：提交偏移量失败的次数。
- committedOffsets：提交的偏移量。
- currentOffsets：当前消费的偏移量。

如果使用 RocksDB 作为状态后端，那么也可通过 RocksDB 相关的指标来查询 RocksDB 本身的运行状况。

6. RocksDB 指标

- state.backend.rocksdb.metrics.actual-delayed-write-rate：是否写延迟。
- state.backend.rocksdb.metrics.background-errors：后台是否有错误。
- state.backend.rocksdb.metrics.compaction-pending：是否有合并阻塞。
- state.backend.rocksdb.metrics.estimate-num-keys：估算键的数量。
- state.backend.rocksdb.metrics.num-running-compactions：当前正在进行的合并数据。

7. 系统资源指标

- System.CPU：CPU 相关的。
- System.Memory：内存相关的。
- System.Network：网络相关的。

当前也可以自己上报一些 JVM 相关的指标（具体的实现可参考 11.1.2 节），这样就可以将系统相关的指标全部包括进来。

通过上面的指标梳理，从上层的 Flink 应用的运行时指标，到 JVM，再到系统资源 CPU 等指标，从上到下基本全部覆盖，这样不管问题出现在哪个环节都可以及时发现和确定。

这里按照指标的类别列出了大部分常用的指标，在实际的监控体系建设中，一般会按照一些更有利于问题排查或问题发现的维度进行指标的展示，下面再进行详细说明。

11.3 监控体系建设

本节介绍如何利用监控指标及 Flink 运行过程中产生的日志来监控，以及时发现并定位问题。

11.3.1 指标监控及展示

首先通过图 11-1 所示的架构图来从整体上看下如何利用监控指标来建设 Flink 的监控体系。

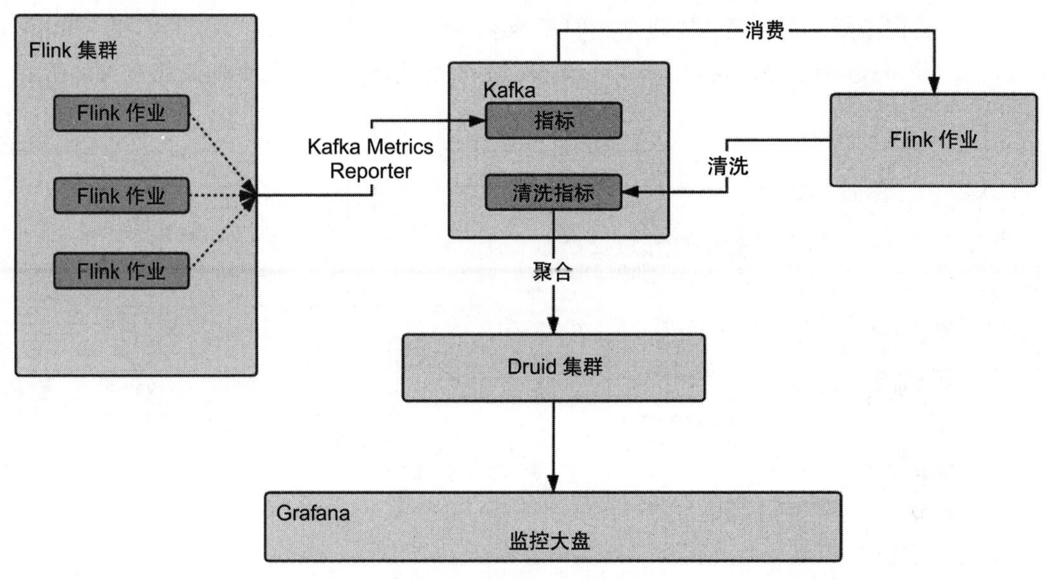

图 11-1　监控体系架构图 1

图 11-1 中提到的 Kafka Metrics Reporter 可以参考 11.1 节。这里 Druid 的作用是聚合指标，当然这里也可以用聚合分析查询引擎（如 HBase、ClickHouse 等），甚至监控系统（如 Prometheus、Graphite 等）。

需要注意监控大盘的展示（这里用的 Grafana，也可以用公司内部的监控大盘）。由于 Flink 指标较多，很多指标是算子甚至任务级别的，这时就需要考虑怎样展示可以方便地监控和定位问题。

首先，我们可以按照不同的任务来查询相应的指标，也就是说在清洗指标进入 Druid 的环节，我们就需要以 jobID 作为聚合维度，把同一个作业的指标先聚合到一起。

其次，在一个 Flink 作业内部也有不同级别的指标。对于作业级别的指标，比如运行状态指标、检查点指标，可以直接进行展示；对于算子级别的指标，比如 I/O 指标，可以在按照算子进行聚合之后对每个算子分别展示；对于任务级别的指标，展示稍微麻烦些。如果并发非常多，那么将每个并发任务都展示几乎是不可能的，这时可以考虑任务级别只展示最大值、最小值、中位数等指标，这样整个监控曲线既不至于太多以致看不过来，又可以定位任务级别的问题。

除了并发任务级别的指标外，还有机器维度的系统指标，如 CPU、内存等，这些指标的展示可以仿照任务级别的指标。如果机器数量（也就是机器维度列个数）不太多，那么可以将每台机器都展示；如果机器数量比较多，那么建议通过跳转的方式进入系统监控平台（也就是运维平台）查看机器维度的监控指标。

除了监控指标，有时候日志也是我们观察系统是否正常工作的主要工具。由于 Flink 是天然的分布式框架，所以我们需要将日志收集和整理好，然后以更友好的方式暴露给用户。

11.3.2 日志分析处理

日志分析处理的整个流程如图 11-2 所示。

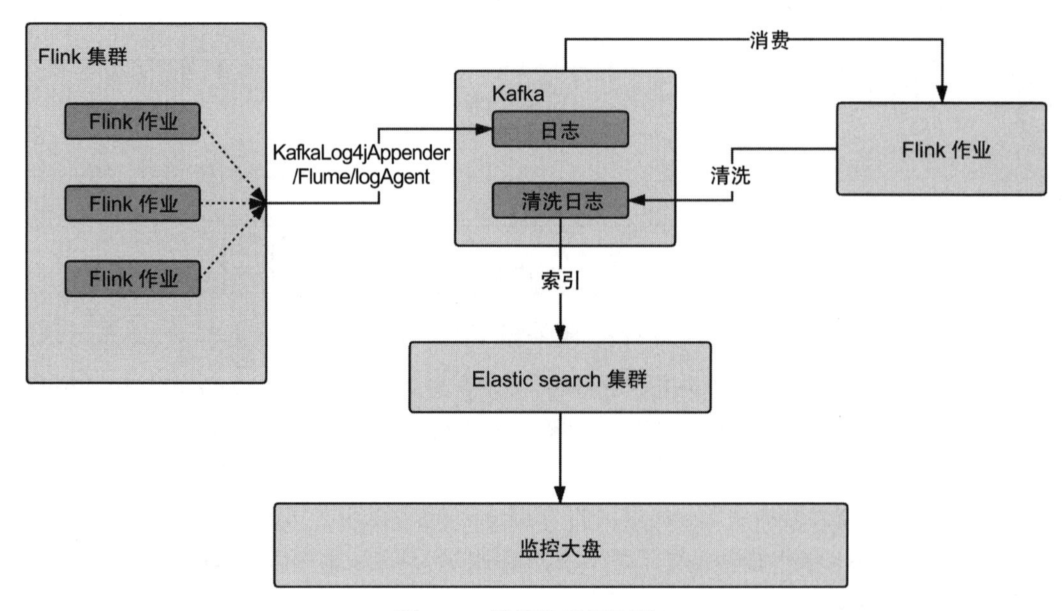

图 11-2 监控体系架构图 2

这里的架构与监控指标的差不多，两个地方都使用消息队列 Kafka 作为数据的中转点，解构系统的直连（提高整个系统的稳定性），而且指标和日志数据写入 Kafka 可以供第三方系统使用，避免数据的重复采集。

这里的日志采集方式有多种，可以通过 kafkalog4jappender 直接将日志发送到 Kafka，也可以通过第三方组件（比如开源的 Flume 或者公司内部的 Agent）将日志采集到 Kafka 中。日志数据经过清洗之后进入 Elasticsearch 集群，以方便后续的检索。这里清洗的目的是过滤掉大部分无用或重复的日志，当然也可以自定义过滤方式，比如过滤掉正常的 Flink 系统日志，只留下错误日志和用户的打印日志。

11.3.3 定位手段

除了使用上面的监控体系进行问题的定位和排查外，通常还需要掌握一些常用的问题定位手段，以方便快速、直接地定位问题。

（1）GC及内存分析

对于GC可以直接查询监控大盘，这里不再赘述。内存的分析主要是在确认内存占用有问题之后，查找具体的占用对象情况。

Java进程可以使用jmap把内存转储下来进行分析。对于堆外内存，可以使用pmap进行分析。常用的命令如下：

```
jstat -gc
jstat -gcutil
jmap -heap
pmap
```

（2）jstack

jstack用于查看进程运行具体过程的命令。如果涉及非Java的调用，可以使用pstack进行查看。

（3）strace

如果发现问题可能出现在系统调用层面，比如发现I/O出现瓶颈，可以通过strace跟踪具体的系统调用过程。

11.4 本章小结

本章主要介绍Flink中关于监控的内容，包括一些具体的监控指标，这些指标在日常定位问题中有很高的使用频率，所以对这些指标要有深入的理解。此外，本章还介绍了一些常见的监控体系的架构和一些定位问题的手段。当然对于实际的线上问题，不是总能依靠单一的监控指标或报错日志来定位和解决，有时候需要依靠完善的监控体系层层定位问题，因此完善的监控体系对于大数据平台的稳定性至关重要。

推荐阅读

Big Data Governance and Security
From Theory to Implementation
大数据治理与安全
从理论到开源实践

Hadoop and Big Data Mining
Hadoop与大数据挖掘

An In-Depth Guide to Hadoop HDFS
深度剖析
Hadoop HDFS

Apache Kylin
权威指南

The Source Code Analysis of Ceph
Ceph源码分析

Source Code Analysis and Application of Kafka
Kafka源码解析与实战

Learning Spark Step By Step
循序渐进学Spark

Distributed Real-time Processing System
分布式实时处理系统
原理、架构与实现

Using Big Data to Build Your Business
大数据架构商业之路
从业务需求到技术方案

推荐阅读

架构即未来：现代企业可扩展的Web架构、流程和组织(原书第2版)

作者：[美] 马丁 L. 阿伯特（Martin L. Abbott） 迈克尔 T. 费舍尔（Michael T. Fisher）

译者：陈斌 ISBN：978-7-111-53264-4 定价：99.00元

可扩展性著作新版，世界互联网技术和管理引领者亲笔撰写，NETSTARSCTO倾情翻译。

互联网技术管理与架构设计的"孙子兵法"，跨越横亘在当代商业增长和企业IT系统架构之间的鸿沟。

有胆识的商业高层人士必读经典，李大学、余晨、唐毅 亲笔作序，涂子沛、段念、唐彬等 联合力荐。

架构真经：互联网技术架构的设计原则(原书第2版)

作者：[美] 马丁 L. 阿伯特（Martin L. Abbott） 迈克尔 T. 费舍尔（Michael T. Fisher）

译者：陈斌 ISBN：978-7-111-56388-4 定价：79.00元

《架构即未来》姊妹篇，系统阐释50条支持企业高速增长的有效而且易用的架构原则。

设计和构建可扩展性系统的深入而且实用的指南，产品构建团队和运营团队的必读书籍。

唐彬、向江旭、叶亚明、段念、吴华鹏、张瑞海、韩军、程炳皓、张云泉、余晨、李大学、霍泰稳联袂力荐。

推荐阅读

企业级业务架构设计：方法论与实践

作者：付晓岩

从业务架构“知行合一”角度阐述业务架构的战略分析、架构设计、架构落地、长期管理，以及架构方法论的持续改良

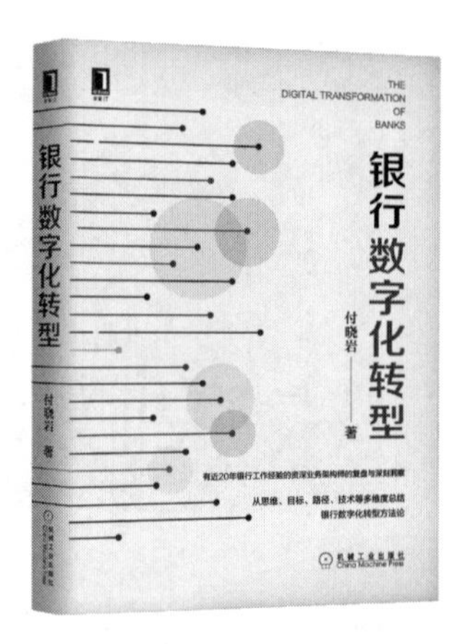

银行数字化转型

作者：付晓岩

有近20年银行工作经验的资深业务架构师的复盘与深刻洞察，从思维、目标、路径、技术多维度总结银行数字化转型方法论

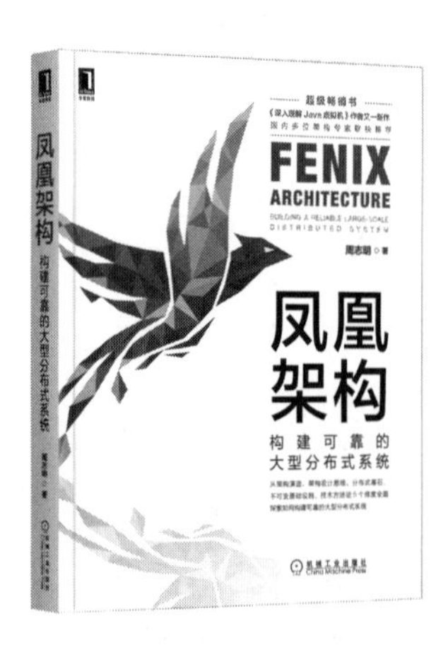

凤凰架构：构建可靠的大型分布式系统

作者：周志明

超级畅销书《深入理解Java虚拟机》作者最新力作，从架构演进、架构设计思维、分布式基石、不可变基础设施、技术方法论5个维度全面探索如何构建可靠的大型分布式系统

架构真意：企业级应用架构设计方法论与实践

作者：范钢 孙玄

资深架构专家撰写，提供方法更优的企业级应用架构设计方法论详细阐述当下热门的分布式系统和大数据平台的架构方法，提供可复用的经验，可操作性极强，助你领悟架构的本质，构建高质量的企业级应用